高职高专"十二五"工学结合精品教材(食品类)

果蔬贮藏加工技术

李海林
刘　静　主编

U0229745

中国计量出版社

图书在版编目(CIP)数据

果蔬贮藏加工技术/李海林,刘静主编.—北京:中国计量出版社,2011.1(2017.2重印)
高职高专"十二五"工学结合精品教材(食品类)
ISBN 978 - 7 - 5026 - 3384 - 4

Ⅰ.①果… Ⅱ.①李… ②刘… Ⅲ.①水果—贮藏—高等学校:技术学校—教材
②蔬菜—贮藏—高等学校:技术学校—教材 ③水果加工—高等学校:技术学校—教材
④蔬菜加工—高等学校:技术学校—教材 Ⅳ.①TS255.3

中国版本图书馆 CIP 数据核字(2010)第 238589 号

内 容 提 要

本书可作为高职高专食品类、园艺类专业的一门核心课程,同时是培养果蔬贮藏保鲜、流通及加工行业生产岗位高级应用型人才而专门设置的"工学结合"课程之一。全书根据果蔬贮藏保鲜、流通和加工行业各生产岗位所需的基本知识与基本技能及综合应用能力,将内容分为果蔬贮藏保鲜技术、果蔬商品化处理技术以及果蔬速冻、干制、罐头、制汁、酿造、糖制、腌制、深加工技术等部分。

全书凸显工学结合、学用一致的现代教学特色,以项目为导向,以生产过程为基础,理论密切联系生产实际,体现"教、学、做"一体化。同时本书图文并茂,简明易懂,既适用高职高专教材,也可作为从事果蔬贮藏保鲜及加工生产者的工作参考书。

中国计量出版社 出版

地　　址　北京和平里西街甲 2 号(邮编 100013)
电　　话　(010)64275360
网　　址　http://www.zgjl.com.cn
发　　行　新华书店北京发行所
印　　刷　中国标准出版社秦皇岛印刷厂
开　　本　787mm×1092mm　1/16
印　　张　17.5
字　　数　415 千字
版　　次　2011 年 1 月第 1 版　2017 年 2 月第 3 次印刷
印　　数　3 001—4 000
定　　价　32.00 元

教材编委会

本书编委会

主　编　李海林　苏州农业职业技术学院

　　　　刘　静　内蒙古商贸职业技术学院

副主编　聂青玉　重庆三峡职业学院

　　　　李金玉　北京汇源饮料食品集团有限公司

　　　　徐吉祥　广东清远职业技术学院

编　委　（按姓氏笔画排序）

　　　　李华山　厦门如意食品集团有限公司

　　　　苗运健　上海获实食品有限公司

　　　　姚　芹　苏州农业职业技术学院

主　审　李延辉　吉林农业科技学院

编写说明

为适应高职高专学科建设、人才培养和教学改革的需要，更好地体现高职高专院校学生的教学体系特点，进一步提高我国高职高专教育水平，加强各高等职业技术学校之间的交流与合作，根据教育部《关于加强高职高专教育人才培养工作的若干意见》等文件精神，为配合全国高职高专规划教材的建设，同时，针对当前高职高专教育所面临的形势与任务、学生择业与就业、专业设置、课程设置与教材建设，由中国计量出版社组织北京农业职业学院、苏州农业职业技术学院、天津开发区职业技术学院、重庆三峡职业学院、湖北轻工职业技术学院、广东轻工职业技术学院、广东新安职业技术学院、内蒙古商贸职业学院、新疆轻工职业技术学院、黑龙江畜牧兽医职业学院等 60 多所全国食品类高职高专院校的骨干教师编写出版本套教材。

本套教材结合了多年来的教学实践的改进和完善经验，吸取了近年来国内外教材的优点，力求做到语言简练，文字流畅，概念确切，思路清晰，重点突出，便于阅读，深度和广度适宜，注重理论联系实际，注重实用，突出反映新理论、新知识和新方法的应用，极力贯彻系统性、基础性、科学性、先进性、创新性和实践性原则。同时，针对高职高专学生的学习特点，注意"因材施教"，教材内容力求深入浅出，易教易学，有利于改进教学效果，体现人才培养的实用性。

在本套教材的编写过程中，按照当前高职高专院校教学改革，"工学结合"与"教学做一体化"的课程建设和强化职业能力培养的要求，设立专题项目，每个项目均明确了需要掌握的知识和能力目标，并以项目实施为载体加强了实践动手能力的强化培训，在编写的结构安排上，既注重了知识体系的完整性和系统性，同时也突出了相关生产岗位核心技能掌握的重要性，明确了相关工种的技能要求，并要求学生利用复习思考题做到活学活用，举一反三。

本套教材在编写结构上特色较为鲜明，通过设置"知识目标"、"技能目标"、"素质目标"、"案例分析"、"资料库"、"知识窗"、"本项目小结"和"复习思考题"等栏目，既方便教学，也便于学生把握学习目标，了解和掌握教学内容中的知识点和能力点。编写过程中也特别注意使用科学术语、法定计量单位、专用名词和名称，及有关系统的规范用法，从而使本套教材更符合实际教学的需要。

相信本套教材的出版，对于促进我国高职高专教材体系的不断完善和发展，培养更多适应市场、素质全面、有创新能力的技术专门人才大有裨益。

教材编委会

2010 年 12 月

前　言

"教育部关于全面提高高等职业教育教学质量的若干意见"文件中明确提出：要大力推行工学结合，突出实践能力培养，改革人才培养模式。工学结合是高职教育人才培养模式的显著特征，也是高职教育的核心理念。随着我国高等职业教育的进一步发展，高职院校目前已将推行工学结合人才培养模式作为改革发展的新突破。

本教材从凸显工学结合、学用一致，以项目为导向，以生产过程为基础，理论密切联系生产实际、"教、学、做"一体化的现代教学特色，注重对学生进行素质和技能培养与提高的实用角度出发，详细阐述了果蔬贮藏加工技术的相关基本理论，并通过典型产品的生产过程，介绍了果蔬贮藏加工中应用技术和操作技能，力求体现果蔬贮藏加工产业发展的特点，在内容和形式上有所创新。

教材采取工学结合项目编写体例，共分 10 个项目分别阐述了果蔬贮藏保鲜技术、商品化处理技术、速冻技术、干制技术、罐头技术、制汁技术、糖制技术、腌制技术、酿制技术和深加工技术。其中，项目一和项目二由聂青玉编写；项目三由苗运健编写；项目四由刘静编写，项目五由徐吉祥编写；项目六由李金玉编写，项目七由姚芹编写，绪论、项目八、项目十由李海林编写，项目九由李华山编写。全书由李海林、刘静统稿与整理，由吉林农业科技学院李延辉教授主审。

本教材由全国多所高职院校和知名食品企业共同参与编写，汇集了东南西北各方的力量，重点突出，紧密结合企业实际，使课程知识与生产更贴近，并能直接指导到生产实践，可操作性强。同时，本书图文并茂，简明易懂，既可作为高职高专的专业应用性教材，也可作为从事实际工作者的参考书。

由于涉及果蔬贮藏、加工，知识面广，内容较多，作者又各居异地，加之编者水平有限，书中错误和不妥之处在所难免，衷心期待诸位同仁和读者的指正。

编　者
2010 年 12 月

目　　录

绪　论

　　果蔬含有人类所需的多种营养物质,在人们的消费中占有相当大的比重。但其生产却存在着较强的季节性、区域性及果蔬本身的易腐性。果蔬贮藏加工业的发展不仅是保证果蔬种植产业迅速发展的重要环节,也是实现采后减损增值,建立现代果蔬产业化经营体系,保证农民增产增收的基础。丰富的果蔬资源为果蔬贮藏加工业的发展提供了充足的原料。预计2010年,我国水果和蔬菜总产量将分别达到1亿吨和6亿吨。因此依靠先进的科学技术,对果蔬进行保鲜及加工是必不可少的。为了适应社会发展及国际市场需求,近年来我国果蔬贮藏加工技术发展很快。在传统工艺基础上,新技术、新设备不断出现,产品标准化、规范化体系逐步确立,已经成为广大农村和农民最主要的经济来源和农村新的经济增长点,成为极具外向型发展潜力的区域性特色、高效农业产业和中国农业的支柱性产业。从而为促进我国果蔬业健康可持续发展、实现更高经济社会效益奠定了良好的基础。

一、我国果蔬贮藏加工产业发展取得的重大技术进展

1. 果蔬采后生理及贮藏技术研究

　　果蔬采后极易引起腐烂变质,这是由于它的采后生理变化所造成的。传统的果蔬采后生理研究已经不能满足现代贮藏技术发展的要求,许多理论性的问题一直没有取得突破,如成熟过程的风味内源调控机制、乙烯跃变机理、成熟启动机制等。目前,果蔬采后生理研究已经深入到分子水平上,正在重点研究乙烯的成熟衰老机制、果蔬采后品质形成与调控的分子基础、成熟衰老相关酶和基因的分离与表达调控以及生物技术手段开发耐贮藏新品种。

　　相对于果蔬采后生理的深入研究,采后贮藏技术和保鲜技术研究一直建立在传统的研究理论之上,贮藏手段、保鲜处理、保鲜剂的开发一直没有新的思路和方法。简易贮藏、机械冷藏、气调贮藏、杀菌剂的使用等贮藏运输过程保鲜中常用的方法和手段,近冰点贮藏技术、超声波处理、抗病诱导剂、抑制乙烯作用的保鲜剂开发、高效安全保鲜剂、农药清除剂的开发等是目前果蔬贮藏保鲜技术的主要内容,也是今后一段时间果蔬贮藏保鲜技术研究与实践应用的重要内容。

2. 果蔬加工技术研究

　　在"十一五"期间,果蔬加工技术领域的研究和发展明显趋向于重点发展柑橘、苹果、番茄、马铃薯和胡萝卜深加工基础理论、技术及产业化示范研究。果蔬汁高效榨汁技术、酶液化与澄清技术、膜技术、高温短时杀菌技术、无菌包装技术等生产中进一步得到广泛应用。

3. 果蔬贮藏加工装备关键技术研究

　　目前,国内气调库的发展主要是组合式冷库。现在我国冷库大多集中在城市,主要用于贮运、运销等环节,而在果蔬种植基地广大农村却十分罕见。组合式冷库具有重量轻、效率高、建造方便、造价低廉等特点,非常适合于果蔬产地的需求。同时,在气调库建造规模上主要以大、中、小结合,大型库(万吨以上)适宜于建在大城市。

冷藏气调集装箱是果蔬产、供、销冷链系统中使用的重要手段,是联系的中间环节,采用冷藏气调集装箱,不仅可以保证易腐果蔬不受损坏,达到保鲜的目的,而且可使港口装卸效率提高8倍,铁路车站装卸效率提高3倍。冷藏气调集装箱将是一个重点发展的方向。

果蔬加工的装备是与加工工艺紧密结合在一起的。近年来,为了提高果蔬加工装备的安全性与可靠性,数字化与智能化设计实用技术不断地应用到果蔬加工装备中。目前我国在杀菌、包装、在线检测与控制等果蔬加工通用设备方面主要依靠国外引进,国内一些企业也有一些模仿性开发,但受知识产权和原创技术缺乏使发展受到制约,与国外相比国产果蔬加工装备存在明显差距。近年来,在杀菌工程研究方面对果蔬的营养成分破坏较小、香气成分损失小以及耗能低的非热力杀菌技术成为开发的热点。另外,为提高果蔬加工产品的附加值和降低劳动成本,在线检测和图像识别等信息化技术也开始被应用在果品等级的分选和加工过程的控制上,这将成为我国果蔬加工产业发展的又一必然趋势。

二、果蔬贮藏加工产业的发展现状

1. 果蔬原料种植基地

目前,我国果蔬产品的出口基地大都集中在东部沿海地区,近年来产业正向中西部扩展,"产业西移转"态势十分明显。

我国的脱水果蔬加工主要分布在东南沿海省份及宁夏、甘肃等西北地区,而果蔬罐头、速冻果蔬加工主要分布在东南沿海地区。在浓缩汁、浓缩浆和果浆加工方面,我国的浓缩苹果汁、番茄酱、浓缩菠萝汁和桃浆的加工占有非常明显的优势,形成非常明显的浓缩果蔬加工带,建立了以环渤海地区(山东、辽宁、河北)和西北黄土高原(陕西、山西、河南)两大浓缩苹果汁加工基地,以西北地区(新疆、宁夏和内蒙)为主的番茄酱加工基地和以华北地区为主的桃浆加工基地,以热带地区(海南、云南等)为主的热带水果(菠萝、芒果和香蕉)浓缩汁与浓缩浆加工基地。而直饮型果蔬及其饮料加工则形成了以北京、上海、浙江、天津和广州等省市为主的加工基地。

2. 果蔬贮藏保鲜领域

在果蔬贮藏领域,果蔬采后基础理论和共性技术的研究、特色果蔬贮藏技术研究、鲜切菜加工技术研究及冷链流通技术均取得了突破性进展。通过采后处理、冷链及鲜切菜加工等制约产业发展的关键技术研究的突破,使果蔬产后损耗率下降了5% ~ 10%;预冷技术、调节气体包装、气调及湿冷技术在果蔬贮运保鲜及出口贸易中已得到广泛的应用,显著提高了我国主要果蔬产地处理技术水平。在特色果蔬的保鲜技术研究领域,通过研究荔枝褐变及腐烂机理,获得了荔枝采后保鲜处理及冷链流通等技术,使我国荔枝保鲜期由3~5d延长至31~34d,好果率达到90%以上,较好地保持了原有的色泽、口感和风味,为我国荔枝产业的发展提供有力保障。此外,还解决了冬枣褐变与发酵、甜樱桃采后病害与生物防治、哈密瓜冷害控制等关键技术,建立了这些特色果品采后贮运保鲜的技术规程,使冬枣、甜樱桃、哈密瓜的贮藏期达到了4个月左右。在特色果蔬小单元组合式气调贮藏装备研制中,开发了9种特色果品专用保鲜剂,并在生产中得到了应用。在鲜切菜保鲜技术领域,通过开展蔬菜清洗、切分、防褐、包装技术研究,获得了切割蔬菜综合保鲜技术,使产品的货架期延长了3~5d,达到了国外同类产品技术水平。

3. 果蔬加工利用领域

"十一五"期间,果蔬加工领域技术的研究和发展明显趋向于重点发展苹果、柑橘、番茄、胡萝卜和马铃薯深加工基础理论、技术及产业化示范研究。果蔬汁高效榨汁技术、高温短时杀菌技术、无菌包装技术、酶液化与澄清技术、膜技术等在生产中进一步得到了广泛应用。在苹果深加工领域，突破了浓缩苹果汁防褐变、棒曲霉素控制、定向吸附等关键技术难题，使浓缩苹果汁各项质量指标远高于国际贸易标准，产品大量出口。目前我国浓缩苹果汁的出口量已达到世界贸易量的70%；通过鲜榨苹果汁加工中的表面清洗技术、陶瓷膜过滤技术、高压脉冲电场等非热杀菌及冷打浆技术的应用，开发出鲜榨苹果汁新产品；苹果酒加工技术中通过苹果酒褐变、发酵等关键技术的解决，开发出优质苹果白兰地。新增12万 t/年浓缩苹果汁生产线、1万 t/年鲜榨苹果汁生产线和1万 t/年苹果酒生产线各一条；在柑橘加工技术方面，研制出橙汁脱苦专用设备，果汁苦味脱除率＞85%；确定了 NFC 橙汁(鲜榨橙汁)生产工艺，开发出 NFC 橙汁新产品，新建3万 t/年橙汁生产线1条，产品已出口到日本，实现了我国橙汁出口突破；通过蔬菜加工技术研究，解决了蔬菜汁加工中酶解液化与终点控制、品质控制等关键技术，使胡萝卜和南瓜出汁率分别提高16%和20%以上，开发出4种果蔬复合汁产品，新建7条蔬菜汁生产线。低温连续杀菌技术和连续化去囊衣技术在酸性水果罐头中得到了广泛应用；高档脱水蔬菜大都采用真空冷冻干燥技术生产，另外，微波干燥和远红外干燥技术也在少数企业中得到应用。近些年，我国的果蔬速冻工艺技术有了许多重大发展。无论是速冻果蔬的形式还是冻结方式以及冷源的使用等，均发生了很大的变革，使冻结速度大幅度提高，速冻蔬菜的质量全面提升。果蔬贮藏加工领域关键技术的突破，已为我国果蔬贮藏加工产业的发展带来了巨大的生机。据统计2009年我国农产品出口创历史新高达391.8亿美元。

4. 果蔬贮藏加工装备领域

果蔬保鲜装备及设备研究领域，通过开展自动控温及报警系统的研究，已获得投资少、可移动的微型节能保鲜库及其配套设备，该装备具有投资少、建设快等特点，非常适合于在我国广大农村推广应用。目前已在全国20多个省、市、自治区推广应用，获3项国家实用新型专利。果蔬加工装备的国产化研究一直以来是该领域研究的重点和难点。据统计，目前我国农产品加工装备制造企业约6000家左右，上规模的企业约3000家，综合排名前50名重点骨干企业生产集中度仅占40%，全行业实现工业总产值650亿元，产品品种约5000多种。基本形成了给以食品为主的农产品加工业提供成套装备的能力，在部分领域形成了大型关键单机生产制造能力。如我国研制的真空冷冻干燥技术，有些设备的工艺技术达到了国外同类设备的先进水平，在国产化道路上迈出了坚实的步伐。一些国内知名冻干设备生产厂家的技术水平已达到国际20世纪90年代同类产品的先进水平。在速冻设备方面，我国已开发出螺旋式速冻机、流态化速冻机等设备，满足了国内速冻行业的部分需求。

5. 果蔬产品标准体系与质量控制体系领域

我国已在果蔬汁产品标准方面建立了近60个国家标准与行业标准，标准内容涉及分类、测定方法、产品标准、技术条件等，涵盖大部分果蔬汁产品，为产品的规范与进入市场提供了法规保障。在质量控制方面，大量企业进行了 HACCP 安全体系管理的认证，特别是对于出口美国的加工企业必须取得美国 FDA 审核的 HACCP 认证。这些标准的制定以及 GMP 与 HACCP 实施为果蔬汁产品提供了质量保障。

在果蔬罐头方面，已经建立了83个果蔬罐头产品标准，而对于出口罐头企业则强制性规定必须进行 HACCP 认证，从而有效保证了我国果蔬罐头产品的质量。

在速冻果蔬方面，我国已制订了一批速冻食品技术与产品标准，包括速冻食品技术规程、无公害食品速冻葱蒜类蔬菜、豆类蔬菜、甘蓝类、瓜类蔬菜及绿叶类蔬菜标准,并正在大力推行市场准入制。2003 年我国制订了蔬菜加工企业 HACCP 体系验证指南。目前,我国的部分速冻食品企业已获得 HACCP 认证。

在脱水蔬菜方面,我国已制订无公害食品脱水蔬菜标准以保证脱水蔬菜产品的安全卫生,并批准了 18 种辐照食品的卫生标准。根据食品辐照国际咨询小组(ICGFI)的推荐,1997 年中国卫生部按类重新批准了六类食品的卫生标准。

在果蔬流通方面,为适应新时期社会经济发展的需要,我国加速了蔬菜标准化制订工作,据统计,与蔬菜有关的标准我国目前已制定了 269 项,其中蔬菜产品标准有 53 项,农残标准 52 项,有关贮运技术的标准有 10 项。

三、果蔬贮藏加工产业存在的问题

1. 果蔬贮藏保鲜技术尚处于初始阶段

在鲜切果蔬技术研究方面的工作才刚刚起步,如在鲜切后蔬菜的生理与营养变化及防褐保鲜技术方面开展了一些初步研究,但尚未形成成熟技术,目前绝大部分蔬菜仍然以毛菜方式上市,致使大量蔬菜垃圾进城,既影响城市环境卫生又造成很大浪费,可见开展这方面的研究和产业化刻不容缓。在无损检测技术方面,由于我国尚处于初始研究阶段,与世界先进水平存在巨大差距。在整个冷链建设方面,预冷技术的落后已经成为制约性问题。现代果蔬流通技术与体系尚处于空白阶段。目前我国进入流通环节的蔬菜商品未实现标准化,基本上是不分等级、规格的,卫生质量未经任何检查便直接上市,而且没有建立完整而切实可行的卫生检验制度及检验方法;流通设施不配套,运输工具和交易方式还十分落后,因此导致我国的果蔬物流与交易成本非常高,与发达国家相比平均高 20%。

2. 果蔬加工技术及装备制造水平低

尽管高新技术在我国果蔬加工业得到了逐步应用,加工装备水平也得到了明显提高,但由于缺乏具有自主知识产权的核心关键技术与关键制造技术,造成了我国果蔬加工业总体加工技术与加工装备制造技术水平偏低。

罐头加工技术中,加工过程的机械化、连续化程度低,对先进技术的掌握、使用、引进、消化能力差。泡菜产品的加工仍然沿用老式盐水泡渍的传统工艺,发酵质量不稳定,发酵周期相对较长,生产力低下,难以实现大规模及标准化工业生产,亚硝酸盐、食盐含量高,食用安全性差。

在果蔬脱水技术方面,目前我国仍采用热风干燥技术,设备则为各种隧道式干燥机,而国际上发达国家基本上不再采用隧道式干燥机,而常用效率较高、温度控制较好的托盘式干燥机、多级输送带式干燥机和滚筒干燥机。我国生产脱水蔬菜的企业机械化程度普遍不高,大部分生产过程仍由手工操作完成,产品中的细菌总数、大肠菌群等卫生标准难以控制。在喷雾干燥设备方面,我国针对某些物料研发的干燥塔的体积蒸发强度已达 $3 \sim 9\text{kg}(\text{H}_2\text{O})/(\text{m}^3 \cdot \text{h})$,但国外同类产品的体积蒸发强度高达 $20\text{kg}(\text{H}_2\text{O})/(\text{m}^3 \cdot \text{h})$。

果蔬汁加工领域无菌大罐技术、PET 瓶和纸盒无菌灌装技术、反渗透浓缩技术等没有突破;关键加工设备的国产化能力差、水平低,特别是在榨汁机、膜过滤设备、蒸发器、PET 瓶和纸盒无菌灌装系统等关键设备的国产化方面难度大,国内难以生产能够在设备性能方面相似的加工设备。我国已能生产的浓缩汁设备主要有水果破碎机、卧式螺旋沉降离心机、碟片式离心分离机、带式榨汁机、板式蒸发器、降膜管式三效蒸发器、二级提香装置、超高温瞬时灭菌机、无菌包装机,但是在设备性能方面与国外产品相比存在较大的差距。

我国果蔬速冻工业,在加工机理和工艺方面的研究不足。国外由于对速冻果蔬的质量要求变得越来越高,因而对果蔬食品在速冻及随后的冷藏过程中的变化格外重视,研究也非常深入。尤其值得注意的是,国外在深温速冻对物料的影响方面,已有较深入的研究,对一些典型物料玻璃态温度的研究通过建立数据库,已转入实用阶段。解冻技术对速冻蔬菜食用质量有重要影响,国内对此开展的研究较少,而在发达国家,随着一些新技术逐渐应用于冷冻食品的解冻,对微波解冻、欧姆解冻、远红外解冻等机理研究和技术开发较为热门。我国的速冻企业装备水平不高,冷链建设滞后。在速冻设备方面,目前国产速冻设备仍以传统的压缩制冷机为冷源,虽具有安全可靠、成本低等优点,但其制冷效率有很大限制,要达到深冷就比较困难。

四、果蔬贮藏加工产业的发展趋势

进入 21 世纪,我国果蔬产业遇到了前所未有的发展机遇但也面临巨大的挑战,机遇与挑战并存。未来 5 ~ 10 年,我国果蔬产业要在保证果蔬供应量的基础上,努力提高其品质并调整品种结构,加大果蔬采后贮运、加工力度,使我国果蔬业由数量效益型向质量效益型转变,既要重视鲜食品种的改良与发展,又要重视加工专用品种的引进与推广,保证鲜食与加工品种合理布局的形成;培育果蔬贮藏加工骨干企业,加速果蔬产、加、销一体化进程,形成果蔬生产专业化、加工规模化、服务社会化和科工贸一体化;按照国际质量标准和要求规范果蔬贮藏加工产业,在"原料—加工—流通"各个环节中建立全程质量控制体系,用信息、生物等高新技术改造、提升果蔬贮藏加工产业的工艺水平。同时,要加快我国果蔬深加工和综合利用的步伐,重点发展果蔬贮运保鲜、果蔬汁、果酒、果蔬粉、切分蔬菜、脱水蔬菜、速冻蔬菜、果蔬脆片等产品及果蔬皮渣的综合利用,加大提高果蔬资源利用率的力度。力争果蔬加工处理率由 20% ~ 30% 增加至目前的 40% ~ 45%,采后损失率从 25% ~ 30% 降低至 15% ~ 20%。

我国果蔬贮藏加工产业发展的关键领域应包括:①果蔬优质加工专用型品种原料基地的建设;②果蔬采后防腐保鲜与商品化处理;③特色果蔬保鲜预切果蔬和净菜加工与产业化;④果蔬中功能成分的提取、利用与产业化;⑤果蔬汁饮料加工与产业化;⑥果酒等发酵制品与产业化;⑦果蔬速冻加工与产业化;⑧果蔬脱水、果蔬脆片及果蔬粉加工与产业化;⑨现代果蔬加工新工艺、关键新技术及产业化;⑩传统果蔬加工(罐藏、糖制及腌制)的工业化、安全性控制与产业化;⑪果蔬加工的综合利用;⑫果蔬加工的产品标准和质量控制体系;⑬果蔬加工的快速检测和无损伤检测与产业化;⑭果蔬加工机械设施与包装等。

1. 进一步加强科技支撑体系及学科平台建设

在加大政府政策、资金支持力度,创造良好机制、体制、政策环境的同时,要特别加强各省在科技支撑平台建设中的作用。目前,国家科技支撑平台建设已达到一个较完善的程度,各地方政府可以根据自身产业优势,以国家科技支撑体系为基础,大力引导和建设果蔬加工科技创新平台。以国家农产品加工布局战略为方向,给予相应的资金支持和保障,尽快组建和建设一批农产品加工重点实验室和农产品加工工程中心,共同构筑区域科技创新载体。第二,发挥各省的行政职能作用,建立和完善更加有效的科技创新机制。要建立以企业为主体,政府宏观指导、社会中介组织参与以及各方协同配合的科技进步和技术创新体系及运行机制。倡导产学研联合,推动企业成为技术创新主体,组建产学研创新技术联盟,引进国内外高新科技企业和高校科研单位共建研发生产基地,加快新型产学研一体化进程。第三,要大力加强科技创新环境建设,积极构建各地大型科学仪器设备、科技文献信息、产业共性技术、知识产权等7个具有基础性、公益性、开放性等特点的科技公共服务平台。企业建立相应的政策机制,为企业服务,建立企业吸引人才、凝聚人才、培养人才、善用人才,提高人员素质等方面的机制,稳定和培育一支高水平、高素质、专业化的科技队伍。强化企业研发中心建设、加快产学研一体化建设。倡导产学研联合,推动企业成为技术创新主体,推进了产业化,为农业发展、产业结构调整、培育和发展新兴产业以及人才培养和基地建设等方面做出重要贡献,为促进社会协调可持续发展及人民生活质量提高提供强有力的科技支撑。

2. 加速高新技术在果蔬加工中的产业化研究进程

在高新技术研究领域,高效制汁技术、非热杀菌技术、高效节能干燥技术、微波技术、速冻技术、膜技术、无菌贮藏与包装技术、超高压技术、超微粉碎技术、超临界流体萃取技术、膨化与挤压技术、基因工程技术及果蔬综合利用技术和相关设备研究与应用,仍然是果蔬贮藏加工学科领域的研究重点。这些技术与设备的合理应用,在美国、德国、瑞典、英国等发达国家果蔬深加工领域被迅速应用,并得到不断提升。高新技术的产业化应用对提高产品质量及国际竞争力具有重要的作用。在加深这些高新技术研究同时,应进一步加强技术比对研究。对于不同的产品品种和加工方式,以高效、节能、适应市场需求为基点,推进优势技术在产业中的应用。

3. 全面提高果蔬贮藏加工的技术水平

在果蔬贮藏加工领域,目前,在国际领先水平的技术还不多,果蔬贮藏加工领域的国内专利比较多,但还没有具有国际影响力的国际性专利。建设方面,目前果蔬加工拥有的专利还比较少,具有国际水平的专利太少,在标准方面,对于在国际贸易中具有优势的产品,要进一步加强标准化工作,让我国果蔬加工标准化水平进入国际领域,加强我国果蔬加工制品在国际贸易中的影响力。通过对高新技术的应用研究和推广,加强基础领域的研究,多发表在国际上有影响力的高水平学术论文。全力提升我国果蔬加工学科在国际学术领域的影响力。加强国内高等科研院所与国外相关领域科研院所的合作和交流,多渠道、多手段、多方式推动和提升我国果蔬加工学科技术水平。

项目一　果蔬贮藏保鲜技术

【知识目标】

1. 了解呼吸作用、乙烯代谢、水分蒸腾、冷害、休眠等基本概念;
2. 理解果蔬采后生理对其贮藏保鲜的影响;
3. 熟悉果蔬贮藏保鲜的基本方法和技术。

【技能目标】

1. 学会果蔬呼吸强度的测定及贮藏环境条件的测定与控制;
2. 根据不同情况,编制果蔬贮藏技术方案,并提出果蔬贮藏库的初步设计方案。

任务 1　果蔬贮藏保鲜相关知识

一、果蔬产品的化学构成及其采后变化

果蔬产品营养丰富,不同的产品具有自身特有的风味及营养,这是由其组织内不同的化学成分及其含量所决定的,同时与果蔬的生理代谢密切相关,它们在采后贮运过程中的变化直接影响产品的品质。根据这些化学成分的性质及功能,可将其分为色素物质、风味物质、质地物质、营养物质。

1. 色素物质

各种色素物质的存在构成果蔬特有的颜色,它们是评价果蔬质量的重要感官指标,在一定程度上反映了果蔬的新鲜度、成熟度。共同的果蔬色素主要有叶绿素、类胡萝卜素和花青素。其中叶绿素与类胡萝卜素为非水溶性色素,花青素为水溶性色素。

(1)叶绿素　使果蔬呈现绿色,其性能稳定,在贮藏过程中叶绿素受叶绿素水解酶、酸和氧的作用而分解消失。

(2)类胡萝卜素　主要有胡萝卜素、番茄红素、番茄黄素、辣椒黄素、辣椒红素、叶黄素等,构成果蔬的黄色、红色、橙黄色或橙红色。当果蔬进入成熟阶段时,这类色素的含量增加,使其显示出特有的色彩。在果蔬中杏、黄桃、番茄、胡萝卜成熟后表现的橙黄色都是类胡萝卜素的颜色。

(3)花青素　是一类非常不稳定的色素,存在于表皮的细胞液中,在果蔬中多以花青苷的形式存在,在果实成熟时合成,是果蔬红、蓝、紫色的主要来源。如苹果、葡萄、李、草莓、心里美萝卜成熟时显示的颜色。花青素是一种感光色素,充足的光照有利于形成。生长在背阴处的蔬菜,花青素含量会受影响。

2. 风味物质

果蔬的风味是构成其品质的主要因素之一,不同果蔬与所含风味物质的种类和含量使果蔬风味各异。果蔬基本风味一般有香、甜、酸、涩、苦、辣、鲜等几种。

（1）香味物质　水果、蔬菜具有的香味源于其所含有的芳香物质。果蔬芳香物质是成分繁多而含量极微的油状挥发性混合物，包括醇、酯、酮、萜类等有机物质，也称精油。水果的香味物质以醇类、酯类和酸类物质为主，蔬菜则以一些含硫化合物和高级醇、醛、萜为主。芳香物质在水果、蔬菜内部组织中含量很少，主要存在于水果、蔬菜的皮中。它的化学结构很复杂。由于不同的水果、蔬菜中含的成分不同，所以各种水果、蔬菜表现出特有的不同香味（见表1—1）。

表1—1　常见果蔬芳香物质的主要成分

名称	香气成分	名称	香气成分
苹果（成熟）	乙基-2-甲基丁酸盐	黄瓜	2,6-壬二烯
苹果（绿色）	己醛、2-己烯醛	甘蓝（生）	烯丙基介子油
香蕉（绿色）	己烯醛	甘蓝（煮熟）	二甲基二硫化合物
香蕉（成熟）	丁子香酚	蘑菇	2-辛烷-3-醇蘑菇香精
香蕉（过熟）	异戊醇	马铃薯	2-甲基-3-吡嗪-2,5-二甲基吡嗪
葡萄柚	Nootakatone	叶菜类	叶醇
柠檬	柠檬醛	花椒	天竺葵醇、香茅醇
杏	丁酸戊酯	萝卜	4-甲硫-反-3-丁醛异硫
桃	乙酸戊酯、r-葵酸内酯	蒜	二烯丙基二硫化物、甲烯丙基二硫化物、烯丙基
柑橘	蚊酸、乙酸、乙醇、丙酮、苯乙醇及甲酯和乙酯		

随着果蔬的成熟，芳香物质逐渐合成，完全成熟时含量最多，香味最浓。芳香物质极易挥发而且具有催熟作用，在贮藏过程中，应及时通风换气。

（2）甜味物质　糖是水果、蔬菜甜味的主要来源，主要有葡萄糖、果糖和蔗糖，此外还有少量甘露糖、半乳糖、木糖、核糖及山梨醇、甘露醇、木糖醇等。大多数果蔬中都含有糖。果品含糖量较高，一般为7.5%～25%，而蔬菜除番茄、胡萝卜等含糖量较高外，大多较低，一般为5%以下。不同种类和品种中含糖量差异很大，而且各种的比例也不同（见表1—2）。

表1—2　常见果蔬中糖的种类及含量　　　　　　　单位:g/100g(鲜重)

名称	果糖	葡萄糖	蔗糖
苹果	6.5～11.8	2.5～5.5	1.0～5.3
梨	6.0～9.7	1.0～3.7	0.4～2.6
香蕉	6.9(4)	6.9(6)	2.7(7)
草莓	1.6～3.8	1.8～3.1	0～1.1
桃	3.9～4.4	4.2～6.9	4.8～10.7
杏	0.1～3.4	0.1～3.4	2.8～10.9
葡萄	7.2	7.2	0～1.5
李	1.0～7.0	1.5～5.2	1.5～9.2
番茄		2	0
橘子	1.48	0.66	4.51
樱桃	7	5	0
菠萝	1	2	8

对于在生长过程中以积累淀粉为主的果实来说,在果实成熟时碳水化合物成分发生明显的变化,淀粉含量不断减少,还原糖含量增加,果实变甜(如图1—1)。

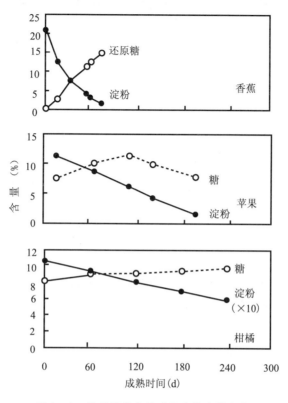

图1—1 几种果蔬完熟过程中糖含量变化

蔗糖、葡萄糖和果糖,这三种糖的比例在成熟过程中也经常发生变化。

果蔬的甜味不仅与含糖的总量有关,还与所含糖的种类相关,同时还受到有机酸、单宁等物质的影响。在评定风味时常用糖酸比值(糖/酸)来表示。由于果实成熟时糖含量逐渐增加而酸含量逐渐减少,所以糖酸比往往随果实的成熟而逐渐增高,用糖酸比可作为果实成熟的指标之一。另一个常用于风味评定的指标是固酸比,它是果实品质或成熟度常用的参考指标之一。这里的"固"是指可溶性固形物,通常可用手持糖量计测定,在生产上通常用可溶性固形物的测定值作为糖含量的参考数据。

糖是水果、蔬菜贮藏期呼吸的主要基质,同时也是微生物繁殖的有利条件。随着贮藏时间的延长,糖逐渐消耗而减少。所以贮藏过程中糖分的消耗对水果、蔬菜的贮藏特性具有一定的影响。

(3)酸味物质 水果、蔬菜中的酸味是由于汁液中存在游离的氢离子。果蔬中的有机酸通常叫果酸,主要有柠檬酸、苹果酸和酒石酸三种,另外还有其他酸,如草酸、琥珀酸和挥发性酸等。不同品种的果蔬其总的含酸量与含酸种类不相同,同类果实不同品种也有区别。柑橘类、番茄类含柠檬酸较多,苹果、梨、桃、杏、樱桃、莴苣等含苹果酸较多,葡萄含酒石酸较多,草酸普遍存在于蔬菜中,果品中含量很少(见表1—3)。

有机酸也是果蔬贮藏期间的呼吸基质之一,贮藏过程中有机酸随着呼吸作用的消耗逐渐减少,使酸味变淡,甚至消失。其消耗的速率与贮藏条件有关。

表1—3　几种果蔬中的有机酸种类及含量　（周山涛，1988,《果蔬贮运学》）

名称	pH	总酸量（%）	柠檬酸（%）	苹果酸（%）	草酸（%）
苹果	3.00 ~ 5.00	0.2 ~ 1.6	+	+	-
梨	3.20 ~ 3.95	0.1 ~ 0.5	0.24	0.12	0.03
杏	3.40 ~ 4.00	0.12 ~ 2.6	0.1	1.30	0.14
桃	3.20 ~ 3.90	0.2 ~ 1.0	0.2	0.50	-
李	-	0.4 ~ 3.5	+	0.36 ~ 2.90	0.06 ~ 0.12
甜樱桃	3.20 - 3.95	0.3 ~ 0.8	0.1	0.5	-
葡萄	2.50 ~ 4.50	0.3 ~ 2.1	0	0.22 ~ 0.9	0.08
草莓	3.8 ~ 4.40	1.3 ~ 3.0	0.9	0.1	0.1 ~ 0.8

注：+表示存在，-表示微量，0表示缺乏

（4）涩味物质　果蔬中的涩味主要来源于单宁，它是几种多酚类化合物的总称，在果实中普遍存在，在蔬菜中含量很少。一般成熟果中单宁含量在0.03% ~ 0.1%之间，与糖和酸的比例适当时能表现酸甜爽口的风味；当单宁含量达到0.25%以上时，就可感到明显的涩味；当单宁含量达到1% ~ 2%时，就会产生强烈的涩味。

单宁分为水溶性和不溶性两种形式。水溶性单宁具有涩味，在未成熟的果实中这种单宁含量居多。它引起果蔬涩味的原因是，味觉细胞的蛋白质遇到单宁后凝固而产生的一种收敛感。随着果蔬的成熟，水溶性单宁的含量下降，涩味减弱，甚至消失。

由于水果、蔬菜的种类不同，单宁含量差异很大。同一品种的果蔬未成熟时，单宁物质含量比成熟时要高。某些水果、蔬菜在贮藏过程中经过后熟，苦涩味有所减少，称之为脱涩。单宁物质的存在与果蔬的抗病性有关。当果蔬在采后受到机械伤，或贮藏后期果蔬衰老时，单宁物质在多酚氧化酶的作用下发生不同程度的氧化褐变，影响贮藏的质量。因此，在采收前后应尽量避免机械伤，控制衰老，防止褐变，保持品质，延长贮藏寿命。

（5）苦味物质　果蔬中的苦味主要来自一些糖苷类物质，当苦味物质与甜、酸或其他味感恰当组合时，可赋予果蔬特定的风味。常见的苦味物质有存在于桃、李、杏、樱桃中的苦杏仁苷，存在于萝卜、芥菜等十字花科蔬菜中的黑芥子苷，存在于茄科植物中的茄碱苷，存在于柑橘类果实的白皮层、种子、囊皮中的柚皮苷。

（6）辣味物质　辣椒、姜、蒜、洋葱等蔬菜中含有大量的辣味物质。辣味的主要成分是姜酮（酚、醇）、辣椒素、硫化物等。

（7）鲜味物质　果蔬的鲜味主要来自一些具有鲜味的氨基酸、酰胺和肽等含氮物质。果蔬中的含氮物质种类很多，主要是蛋白质及氨基酸。蔬菜中含氮物质的含量很丰富，如豆类蛋白质含量为1.9% ~ 13.6%，果品中含氮物质一般在0.2% ~ 1.2%之间。果蔬中含氮物质虽少，但其对果蔬及其制品的风味有着重要的影响，其中以氨基酸中的L-谷氨酸、L-天冬氨酸、L-谷氨酰胺、L-天冬酰胺最为重要，它们广泛存在于果蔬中，如梨、桃、柿子、葡萄、番茄中。

3. 质地物质

果蔬的质地主要体现为脆、绵、硬、软、柔嫩、粗糙、致密、疏松等。不同的生长发育阶段、质地发生不同的变化,会影响到果蔬的食用品质及贮藏寿命。因此,质地是判断果蔬成熟度、确定采收期的重要参考指标,也是评价果蔬品质的重要指标。与质地相关的化学成分主要有水、果胶物质、纤维素和半纤维素。

（1）水分 果蔬含水量因其种类品种的不同而不同。一般果蔬的含水量在80%～90%之间。西瓜、草莓含水量达90%以上,葡萄含水量在77%～85%,水果中含水量低的山楂为65%左右。水分是影响果蔬新鲜度、脆度、口感的重要成分,与果蔬的风味品质也密切相关。含水量高的果蔬细胞膨压大,使果蔬具有饱满挺拔、色泽鲜亮的外观,口感脆嫩的质地。同时含水量高的果蔬生理代谢非常旺盛,物质消耗快,极易衰老败坏,微生物繁殖快,产品易腐烂变质。果蔬采摘后,水分供应被切断,而呼吸作用、蒸腾作用仍在进行,带走了一部分水,造成了水果、蔬菜的萎蔫,从而促使酶的活力增加,加快了一些物质的分解,造成营养物质的损耗,因而减弱了果蔬的耐贮性和抗病性,引起品质劣变。

（2）果胶物质 果胶属多糖类化合物,是构成细胞壁的重要成分,果蔬的种类不同,果胶的含量与性质也不同。果胶通常在水果、蔬菜中以原果胶、果胶和果胶酸三种形式存在。未成熟的果蔬中果胶物质主要以原果胶形式存在。原果胶不溶于水,它与纤维素等把细胞与细胞壁紧紧地结合在一起,使组织坚实脆硬。随着水果、蔬菜成熟度的增加,原果胶受水果中原果胶酶的作用,逐渐转化为可溶性果胶,并与纤维素分离,引起细胞间结合力下降,硬度减小。果实进入过熟阶段,果胶在果胶酶的作用下,分解为果胶酸与甲醇,果胶酸无粘结性,使相邻细胞失去粘结,果蔬组织变得松软无力,弹性消失。果胶物质的形态变化是导致果蔬硬度下降的主要原因。因此,在果蔬的贮藏过程中,常以不溶性果胶含量的变化作为鉴定贮藏效果和能否继续贮藏的标志。

（3）纤维素类 纤维素类主要指纤维素、半纤维素以及由它们与木质素、栓质、角质、果胶等结合成的复合纤维。它们的含量与存在状态决定着细胞壁的弹性、伸缩强度和可塑性。果品中纤维素的含量为0.2%～4.1%,半纤维素含量为0.7%～2.7%。蔬菜中纤维素的含量为0.3%～2.3%,半纤维素含量为0.2%～3.1%。细嫩果蔬中纤维素多为水合纤维素,因此质地柔软、脆嫩;贮藏中随着果蔬组织的老化,纤维素则木质化、角质化,组织变得坚硬粗糙,影响质地,食用品质下降。

4. 营养物质

果蔬是人体所需维生素、矿物质、膳食纤维的重要来源,有些果蔬中还含有淀粉、糖、蛋白质等维持人体生命活动必需的营养物质。

（1）维生素 维生素在水果、蔬菜中含量极为丰富。据报道,人体所需维生素C的98%、维生素A的57%左右来自于果蔬。水果、蔬菜在贮藏、加工时,维生素C极易破坏,在维生素酶的作用下,遭到分解。因此应当掌握好果蔬的贮藏条件,使维生素C的损失减少到最低。

（2）矿物质 水果、蔬菜中含有丰富的钾、钠、铁、钙、磷和微量的铅、砷等元素,与人体有密切的关系。水果蔬菜中的矿物质容易为人体吸收,而且被消化后分解产生的物质大多呈碱性,可以中和鱼、肉、蛋和粮食消化过程中产生的酸性物质,起调节人体酸、碱平衡的作用。因此,果蔬又叫"碱性食品"。

在果蔬中,矿物质也会影响果蔬的质地及贮藏效果。如钙可以保护细胞膜不易被破坏,能够提高果蔬本身的抗性,预防贮藏期间的生理病害的发生。近年来的研究又肯定了钙在果蔬采后成熟衰老过程中的重要性,钙、钾含量高时,苹果、梨、草莓、葡萄、柑橘、香蕉、芒果等果实硬、脆度大,果肉致密,贮藏中软化进度慢,耐贮藏。矿物质较稳定,在贮藏中不易损失。

(3)淀粉 淀粉是植物体贮藏物质的一种形式,属多糖类。主要存在于未熟果实及根茎类、豆类蔬菜中,如板栗和枣淀粉含量为16%~40%、马铃薯14%~25%、藕12%~19%等,碗豆为6%,其他果蔬含量较少。水果、蔬菜在未成熟时含有较多的淀粉,但随着果实的成熟,淀粉水解成糖,其含量逐渐减少。贮藏过程中淀粉常转化为糖类,以供应采后生理活动能量的需要,随着淀粉水解速度的加快,水果、蔬菜的耐贮性也减弱。温度对淀粉转化为糖的影响很大,如在常温下晚熟苹果品种中淀粉较快转化为糖,促进水果老化,味道变淡;而在低温冷藏条件下淀粉转化为糖的活动进行得较慢,从而推迟了苹果老化。因此采用低温贮藏,能抑制淀粉的水解。

另外,果蔬中的、果胶、纤维素、酚和类黄酮物质等具有重要的营养和保健价值。近年来的研究表明,果蔬中的酚类和类黄酮物质具有较强的清除氧自由基的作用,因此,这些物质也是评价果蔬营养品质的重要指标。

二、果蔬采后生理对贮运的影响

采收后的新鲜果蔬产品脱离母体后,利用自身已有的贮藏物质继续进行着生命活动。它们仍然进行着一系列的生理生化变化,如呼吸、蒸腾、休眠、衰老等。果蔬采后的败坏除了由于微生物活动引起的腐烂变质外,另一个重要原因就是环境因素及产品自身的生命活动引起的物理、化学和生理变化造成的品质下降。因此,要保持产品品质,提高贮藏特性,必须先了解产品采后的生理变化,才能采取有效的的措施控制或减弱不利的生理过程,保持良好的产品品质。

1. 果蔬的成熟与衰老

(1)成熟与衰老相关概念

果实发育过程可分为三个主要阶段,即生长、成熟和衰老。

生长包括细胞分裂和以后的细胞膨大,到产品达到大小稳定这一时期,果实内部物质发生极明显的变化,从而使产品可以食用。

果实发育的过程,从开花受精后,完成细胞、组织、器官分化发育的最后阶段通常称为成熟或生理成熟。成熟过程是发生在果实停止生长之后进行的一系列的生物化学变化。对某些果实如苹果、梨、柑橘、荔枝等来说,生理成熟时已达到可以采收的阶段和可食用阶段。但对一些果实如香蕉、菠萝、番茄等来说,达到生理成熟(有的称为"绿熟"或"初熟")时不一定是最佳食用阶段。这类果实停止生长后还要进行一系列生物化学变化,逐渐形成本产品固有的色、香、味和质地特征,然后达到最佳的食用阶段,称完熟。达到食用标准的完熟可以发生在植株上,也可以在采后,把果实采后呈现特有的色、香、味的成熟过程称为后熟。我们通常也将果实达到生理成熟到完熟过程都叫成熟(包括了生理成熟和完熟)。生理成熟的果实在采后可以自然后熟,达到可食用品质,而幼嫩果实则不能后熟。香蕉、菠萝、番茄等果实通常不能在完熟时才采收,因为这些果实在完熟阶段的耐藏性明显下降。成熟阶段是在树上或植株上进行的,而完熟过程可以在树上进行,也可以在采后发生。生长和成熟阶段合称为生长期,生长和成熟统称为发育阶段。

衰老是指由合成代谢(同化)的生化过程转入分解代谢(异化)的过程,从而导致组织老化、细胞崩溃及整个器官死亡的过程。果实中最佳食用阶段以后的品质劣变或组织崩溃阶段称为衰老。果实在充分完熟之后,进一步发生一系列的劣变,最后才衰亡,所以,完熟可以视为衰老的开始阶段。果实的完熟是从成熟的最后阶段开始到衰老的初期。

生长、成熟和衰老这三个阶段很难明确地划分(如图1—2)。植物的根、茎、叶、花及变态器官从生理上不存在成熟,只有衰老问题。一般将产品器官细胞膨大定型、充分长成,由营养生长开始转向生殖生长或生理休眠时,或根据人们的食用习惯达到最佳食用品质时,称产品已经成熟。果蔬在很长的生理时期内,从成熟开始之前很久的时候起一直到衰老开始都可以收获。采收后的果蔬逐步走向衰老和死亡。

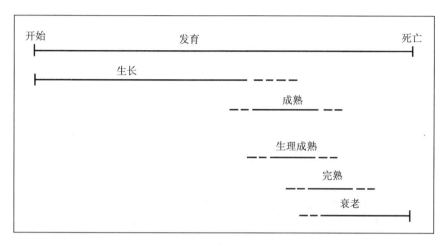

图1—2　果实的生长、成熟、完熟和衰老示意图

(2)成熟衰老中的生理生化变化

在成熟衰老过程中,与果蔬的颜色、风味、气味和质地等密切相关的化学成分发生了一系列的转变,表现出其特有的风味与颜色,达到最佳的食用状态。果蔬的成熟不只是一个物质分解的过程,同时还有合成过程发生,二者交织在一起(见表1—4)。

表1—4　果实成熟的有关生理生化变化

降解	合成
叶绿体破坏	保持线粒体结构
叶绿体分解	形成类胡萝卜素和花色素苷
淀粉的水解	糖类互相转化
酸的破坏	促进 TCA 循环
底物氧化	ATP 生成增加
由酚类物质引起钝化	合成香气挥发物
果胶质分解	增加氨基酸的掺入
水解酶活化	加快转录和翻译速率
膜渗透开始	保存选择性的膜
由乙烯引起细胞壁软化	乙烯合成途径的形成

注:(Bialeh 和 Yoang,1981)

2. 呼吸作用

呼吸作用是果蔬采收之后具有生命活动的重要标志,是果蔬组织中复杂的有机物质在酶的作用下缓慢地分解为简单有机物,同时释放能量的过程。这种能量一部分用来维持果蔬正常的生理活动,一部分以热量形式散发出来。通过呼吸作用还可防止对组织有害中间产物的积累,将其氧化或水解为最终产物;此外,呼吸作用在分解有机物过程中产生许多中间产物,它们是进一步合成植物体内新的有机物的物质基础。所以,呼吸作用可使各个反应环节及能量转移之间协调平衡,维持果蔬其他生命活动有序进行,保持耐藏性和抗病性。但是,呼吸作用过强,则会使贮藏的有机物过多地被消耗,含量迅速减少,果蔬品质下降;同时过强的呼吸作用,也会加速果蔬的衰老,缩短贮藏寿命;呼吸作用使营养消耗,导致果蔬品质下降、组织老化、重量减轻、失水和衰老。因此,控制和利用呼吸作用这个生理过程来延长贮藏期是至关重要的。控制采后果蔬呼吸作用的原则有:第一,保持该产品的正常生命活动,不发生生理障碍,使其能够正常发挥贮藏性、抗病性的作用;第二,维持缓慢的代谢,延缓其贮藏性和抗病性的衰变,延长产品寿命。

(1)呼吸作用的类型

依据呼吸过程中是否有氧的参与,可将呼吸作用分为有氧呼吸和无氧呼吸两大类型,其产物因呼吸类型的不同而有差异。

①有氧呼吸:通常是呼吸的主要方式,是在有氧气参与的情况下,将本身复杂的有机物(如糖、淀粉、有机酸等物质)逐步分解为简单物质(如水和二氧化碳),并释放能量的过程。以葡萄糖作用呼吸底物为例,有氧呼吸可以表示为:

$$C_6H_{12}O_6 + 6O_2 \rightarrow 6CO_2 + 6H_2O + 2.82 \times 10^6 J(674kcal)$$

②无氧呼吸:是指在无氧气参与的情况下,将复杂有机物降解为不彻底的氧化产物,同时释放出能量的过程。无氧呼吸可以产生酒精,也可以产生乳酸,以葡萄糖作用呼吸底物为例,无氧呼吸可以表示为:

$$C_6H_{12}O_6 \rightarrow 2C_2H_5OH + 2CO_2 + 1.00 \times 10^5 J(24kcal)$$

$$C_6H_{12}O_6 \rightarrow 2CH_3CHOHCOOH + 7.52 \times 10^4 J(18kcal)$$

无氧呼吸对于产品贮藏是不利的:一方面它提供的能量比有氧呼吸少,消耗的呼吸底物更多,使产品更快失去生命力;另一方面,无氧呼吸生成的有害物乙醛、乙醇和其他有毒物质会在细胞内积累,并且会输导到组织的其他部分,造成细胞死亡或腐烂。因此,在贮藏期应防止产生无氧呼吸。通常情况下,大多数果蔬产品贮藏期间 CO_2 小于1% ~5%即出现无氧呼吸。

(2)与呼吸相关的几个概念

①呼吸强度(respiration rate):是用来衡量呼吸作用强弱的一个指标,又称为呼吸速率。是指一定温度下,单位重量的产品进行呼吸时所吸入的氧气或释放二氧化碳的毫克数或毫升数,单位通常用 O_2 或 CO_2 的 mg(mL)/(h·kg)(鲜重)来表示。呼吸强度高,说明呼吸旺盛,消耗的呼吸底物(糖类、蛋白质、脂肪、有机酸)多而快,贮藏寿命不会太长。例如,在20~21℃下,马铃薯的呼吸强度是 8~16mg(CO_2)/(kg·h),而菠菜的呼吸强度是172~287mg(CO_2)/(kg·h)的,约是马铃薯的20倍,因此,菠菜不耐贮藏,更易腐烂变质。测定果蔬产品呼吸强度的方法有多种,常用的方法有气流法、红外线气体分析仪、气相色谱法等,通常以测 CO_2 生成量为多。

②呼吸商(respiratory quotient, RQ):又称为呼吸系数,是指产品呼吸过程中释放 CO_2 和吸入 O_2 的体积比。$RQ = V_{CO_2}/V_{O_2}$,RQ 的大小与呼吸底物有关。RQ = 1,以葡萄糖为底物的有氧呼吸;RQ > 1,以含氧高的有机酸为底物的有氧呼吸;RQ < 1,以含碳多的脂肪酸为底物的有氧呼吸。RQ 值也与呼吸状态及呼吸类型(有氧呼吸、无氧呼吸)有关。RQ 值越大,无氧呼吸所占的比例越大。当 RQ > 1.33,以无氧呼吸为主导。RQ 值还与贮藏温度有关。同种水果,不

同温度下,RQ 值也不同,如茯苓夏橙 0～25℃时 RQ 为 1 左右,而 38℃为 1.5。根据测得的 RQ 值,可以推测呼吸所消耗的主要成分及呼吸类型。

③呼吸热:是呼吸过程中产生的、除了维持生命活动以外而散发到环境中的那部分热量。以葡萄糖为底物的有氧呼吸,每释放 1mg CO_2 相应释放 10.68J 的热量。计算呼吸热的目的在于确定冷库的容量及设备的制冷能力。由于测定呼吸热的方法极其复杂,果蔬贮藏运输时,常采用测定呼吸速率的方法间接计算它们的呼吸热。

④呼吸温度系数(Q_{10}):果蔬所处的环境温度是影响果蔬生理活性的重要因素。在生理温度范围内,温度升高 10℃时呼吸速率与原来温度下呼吸速率的比值即温度系数,用 Q_{10} 来表示;它能反映呼吸速率随温度而变化的程度,该值越高,说明产品呼吸受温度影响越大(见表 1—5)。

表 1—5 几种果蔬 Q_{10} 与不同温度范围的关系

蔬菜	10～24℃	0.5～10℃	水果	15～25℃	5～15℃
菜豆	2.5	5.1	柠檬(青果)	2.3	13.4
菠菜	2.6	3.2	柠檬(成熟)	1.6	2.8
胡萝卜	1.9	3.3	橘子(青果)	3.4	19.8
豌豆	2.0	3.9	橘子(成熟)	1.7	1.5
辣椒	3.2	2.8	桃(加尔曼)	2.1	—
番茄	2.3	2.0	桃(阿尔巴特)	2.25	—
黄瓜	1.9	4.2	苹果	2.6	—
马铃薯	2.2	2.1			

(3)呼吸跃变与贮藏保鲜

①呼吸跃变的概念:一些果实进入完熟期时,呼吸强度急剧上升,达到高峰后又转为下降,直至衰老死亡,这个呼吸强度急剧上升的过程称为呼吸跃变(图 1—3),这类果实(如香蕉、番茄、苹果等)称为跃变型果实。另一类果实(如柑橘、草莓、荔枝等)在成熟过程中没有呼吸跃变现象,呼吸强度只表现为缓慢的下降,这类果实称为非跃变型果实(表 1—6)。

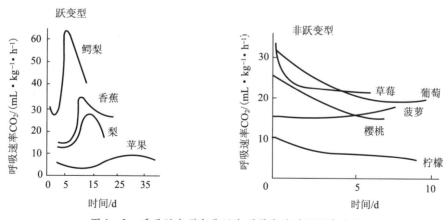

图 1—3 呼吸跃变型和非跃变型果实的呼吸强度曲线

表1—6　跃变型和非跃变型果蔬的分类

跃变型果实		非跃变型果实	
苹果	罗马甜瓜	伞房花越橘	甜橙
杏	蜜露甜瓜	可可	菠萝
鳄梨	番木瓜	腰果	蒲桃
香蕉	鸡蛋果	欧洲甜樱桃	草莓
面包果	桃	葡萄	毕当茄
南美番荔枝	柿	葡萄柚	树西红柿
中华猕猴桃	李	南海蒲桃	nor-西红柿
费约果	加锡猕罗果	柠檬	nn-西红柿
无花果	刺果番荔枝	荔枝	黄瓜
番石榴	西红柿	山苹果	
蔓密苹果	梨	橄榄	
芒果			

②跃变型果实和非跃变型果实的区别：跃变型果实出现呼吸跃变伴随着的成分和质地变化，可以辨别出从成熟到完熟的明显变化。而非跃变型果实没有呼吸跃变现象，果实从成熟到完熟发展过程中变化缓慢，不易划分。非跃变型果实也表现出与完熟相关的大多数变化，只不过是这些变化比跃变型果实要缓慢些而已。非跃变型果实呼吸的主要特征是呼吸强度低，并且在成熟期间呼吸强度不断下降。柑橘是典型的非跃变型果实，呼吸强度很低，完熟过程拖得较长，果皮褪绿而最终呈现特有的果皮颜色（图1—4）。

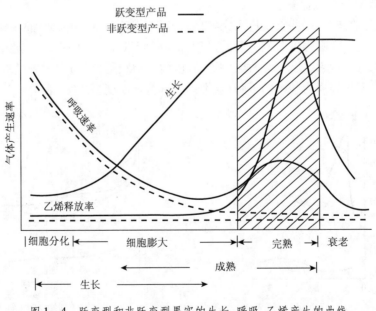

图1—4　跃变型和非跃变型果实的生长、呼吸、乙烯产生的曲线

大多数的蔬菜在采收后不出现呼吸跃变，只有少数的蔬菜在采后的完熟过程中出现呼吸跃变。

（4）影响呼吸强度的因素

影响产品呼吸作用的因素有内在和外在因素两种，前者包括产品种类和品种、发育程度等，后者主要是贮藏的环境因子如温度、湿度、气体成分、机械伤和微生物侵害等。

①果蔬本身的因素：包括产品种类和品种、发育程度等果蔬本身的因素。不同种类果蔬的呼吸强度有很大的差别。一般来说，夏季成熟的果实比秋季成熟的果实呼吸强度要大，南方水果比北方水果呼吸强度大。在蔬菜中，叶菜类和花菜类的呼吸强度最大，果菜类次之，作为贮藏器官的根和块茎蔬菜如马铃薯、胡萝卜等的呼吸强度相对较小，也较耐贮藏。

在产品的系统发育成熟过程中，幼果期幼嫩组织处于细胞分裂和生长期代谢旺盛阶段，且保护组织尚未发育完善，便于气体交换而使组织内部供氧充足，呼吸强度较高、呼吸旺盛，随着生长发育、果实长大，呼吸逐渐下降。成熟产品表皮保护组织如蜡质、角质加厚，使新陈代谢缓慢，呼吸较弱。跃变型果实在成熟时呼吸升高，达到呼吸高峰后又下降，非跃变型果实成熟衰老时则呼吸作用一直缓慢减弱，直到死亡。

果蔬同一器官的不同部位，其呼吸强度的大小也有差异。如蕉柑的果皮和果肉的呼吸强度有较大的差异。

②温度：呼吸作用是一系列酶促生物化学反应过程，在一定温度范围内，随温度的升高而增强（如图1—5）。一般在0℃左右时，酶的活性极低，呼吸很弱，跃变型果实的呼吸高峰得以推迟，甚至不出现呼吸高峰。为了抑制产品采后的呼吸作用，常需要采取低温，但也并非贮藏温度越低越好。应根据产品对低温的忍耐性，在不破坏正常生命活动的条件下，尽可能维持较低的贮藏温度，使呼吸降到最低的限度。另外，贮藏期温度的波动会刺激产品体内水解酶活性，加速呼吸。

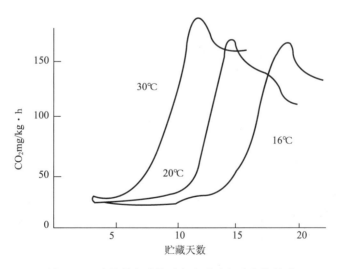

图1—5　香蕉果实后熟过程中呼吸与温度的关系

③湿度：湿度对呼吸的影响还缺乏系统研究，在大白菜、菠菜、温州蜜柑中已经发现轻微的失水有利于抑制呼吸（如图1—6）。一般来说，在RH高于80%的条件下，产品呼吸基本不受影响；过低的湿度则影响很大。如香蕉在RH低于80%时，不产生呼吸跃变，不能正常后熟。

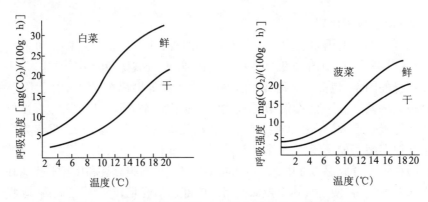

图1—6　新鲜和晾晒后的大白菜和菠菜呼吸强度的变化

④机械损伤和微生物侵染:果蔬在采收、采后处理及贮运过程中,很容易受到机械损伤。果蔬受机械损伤、微生物侵染后,通过激活氧化系统,加强呼吸而为恢复和修补伤口提供能量和底物,加速愈伤,因此呼吸强度和乙烯的产生量明显提高(如图1—7)。组织因受伤引起呼吸强度不正常的增加称为"伤呼吸"。

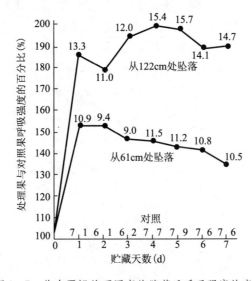

图1—7　伏令夏橙从不同高处堕落后呼吸强度的变化

⑤气体成分:贮藏环境中影响果蔬呼吸的气体主要有CO_2,O_2,乙烯。O_2是呼吸的底物,降低O_2浓度,可以降低呼吸强度,只有当环境中的O_2浓度降到5%～7%,才会对呼吸作用产生强烈的抑制作用。然而,O_2浓度不能太低,低于2%会诱发产品进入无氧呼吸,不仅消耗大量的贮藏物质,而且产生的乙醛和乙醇对产品产生毒害。因此,大多数产品贮藏时的O_2浓度保持在2%～5%,提高环境中的CO_2对呼吸有抑制作用,大多数果蔬适宜的CO_2浓度为1%～5%,过高会造成生理伤害。此外,乙烯也是影响果蔬呼吸的主要气体物质,对果蔬贮藏库要通风换气或放上乙烯吸收剂,排除乙烯,可以延长果蔬贮藏时间。

3. 乙烯与成熟衰老

迄今认为植物体内存在着五大类植物激素,即生长素(IAA)、赤霉素(GA)、细胞分裂素(CTK)、脱落酸(ABA)、乙烯(ETH),它们之间相互协调,共同作用,调节着植物生长发育的各个阶段。其中,乙烯(ethylene)是植物成熟衰老的重要激素,是影响呼吸作用的重要因素。通过抑制或促进乙烯的产生,可调节果蔬的成熟进程,影响贮藏寿命。因此,了解乙烯对果品蔬菜成熟衰老的影响、乙烯的生物合成过程及其调节机理,对于做好果蔬的贮运工作有重要的意义。

(1)乙烯与果品蔬菜成熟衰老的关系

乙烯是成熟激素,可诱导和促进跃变型果实成熟。乙烯生成量增加与呼吸强度上升时间进程一致,通常出现在果实的完熟期间;外源乙烯处理可诱导和加速果实成熟。通过抑制乙烯的生物合成(如使用乙烯合成抑制剂 AVG,AOA)或除去贮藏环境中的乙烯(如减压抽气、乙烯吸收剂等),能有效地延缓果蔬的成熟衰老;使用乙烯作用的拮抗物(如 Ag^+,CO_2,1-MCP)可以抑制果蔬的成熟。

虽然非跃变型果实成熟时没有呼吸跃变现象,但是用外源乙烯处理能提高呼吸强度,同时也能促进叶绿素破坏、组织软化、多糖水解等。所以,乙烯对非跃变型果实同样具有促进成熟、衰老的作用(如图1—8)。

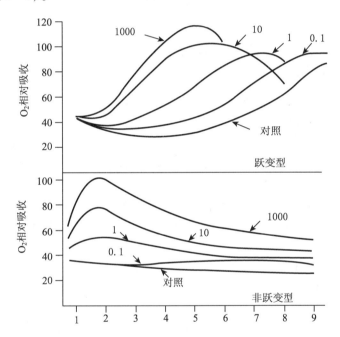

图1—8　不同浓度的乙烯对跃变型和非跃变型果实呼吸作用的影响

(2)乙烯作用的机理

①提高细胞膜的透性:据研究表明,乙烯的受体蛋白可能存在于细胞膜系统上。当乙烯在膜上与受体结合后,使细胞膜的透性增大,气体交换加强,并引起多种水解酶从细胞内大量外渗。在提高呼吸速率的基础上,引起了体内一系列生理生化反应的变化,这也是乙烯推动生理过程,促果实成熟的基本原理之一。

②促进 RNA 和蛋白质的合成:乙烯对 IAA 氧化酶、过氧化物酶、淀粉酶、纤维素酶、果胶酶、苯丙氨酸解氨酶等 20 多种酶都具有较强的激活作用。此外,乙烯还能通过对 RNA 的合成和转录的调节,促进纤维素酶、果胶酶、叶绿素酶等水解酶的合成。因而表现出很多特殊的生理效应。例如:很多果实成熟时果皮由绿色逐渐变黄,是由于释放的乙烯刺激了叶绿素酶的合

成并提高活性,从而加速了叶绿素的分解而显现出类胡萝卜素特有颜色;苯丙氨酸解氨酶的作用使果实具有香味;纤维素酶、果胶酶和过氧化物酶的作用促进了离层的形成和细胞壁的分解导致器官脱落;淀粉酶促使淀粉转化为可溶性糖,果实甜味增加;果胶酶、纤维酶促使细胞松散,果实由硬变软,最终使成熟的果实色、香、味俱全。

③乙烯受体与乙烯代谢:乙烯可通过多方面的作用途径降低植物体内的生长素浓度,因而导致器官的衰老、脱落、生长受抑制等一系列生长发育的变化。现认为,乙烯对生长素水平的影响可能是:抑制 IAA 的生物合成;阻碍了 IAA 的运输;增强 IAA 氧化酶、过氧化物酶的活性,加速了 IAA 的分解。

(3)乙烯的生物合成与调节

乙烯生物合成主要途径是:蛋氨酸(Met)—S-腺苷蛋氨酸(SAM)—1-氨基环丙烷-1-羧酸(ACC)—乙烯。Met 与 ATP 通过腺苷基转移酶催化形成 SAM,这并非限速步骤,体内 SAM 一直维持着一定水平。SAM—ACC 是乙烯合成的关键步骤,催化这个反应的酶是 ACC 合成酶,专一以 SAM 为底物,需磷酸吡哆醛为辅基,强烈受到磷酸吡哆醛酶类抑制剂氨基乙氧基乙烯基甘氨酸(AVG)和氨基氧乙酸(AOA)的抑制,该酶在组织中的浓度非常低,为总蛋白的 0.0001%,存在于细胞质中。果实成熟、受到伤害、吲哚乙酸和乙烯本身都能刺激 ACC 合成酶活性。最后一步是 ACC 在乙烯形成酶(EFE)的作用下,在有 O_2 的参与下形成乙烯,一般不成为限速步骤。EFE 是膜依赖的,其活性不仅需要膜的完整性,且需组织的完整性,组织细胞结构破坏(匀浆时)时合成停止。因此,跃变后的过熟果实细胞内虽然 ACC 大量积累,但由于组织结构瓦解,乙烯的生成降低了。多胺、低氧、解偶联剂(如氧化磷酸化解偶联剂二硝基苯酚 DNP)、自由基清除剂和某些金属离子(特别是 Co^{2+})都能抑制 ACC 转化成乙烯。ACC 除了氧化生成乙烯外,另一个代谢途径是在丙二酰基转移酶的作用下与丙二酰基结合,生成无活性的末端产物丙二酰基—ACC(MACC)。此反应是在细胞质中进行的,MACC 生成后,转移并贮藏在液泡中。果实遭受胁迫时,因 ACC 增高而形成的 MACC 在胁迫消失后仍然积累在细胞中,成为一个反映胁迫程度和进程的指标。果实成熟过程中也有类似的 MACC 积累,成为成熟的指标。

乙烯的生物合成调节主要表现在以下几个方面。

①乙烯对乙烯生物合成的调节:乙烯对乙烯生物合成的作用具有二重性,既可自身催化,也可自我抑制。用少量的乙烯处理成熟的跃变型果实,可诱发内源乙烯的大量增加,提早呼吸跃变,乙烯的这种作用称为自身催化。乙烯自身催化作用的机理很复杂,也可能是间接过程。有人认为呼吸跃变前,果蔬中存在有成熟抑制物质,乙烯处理破坏了这种抑制物质,由此果实成熟,并导致了乙烯的大量增加。非跃变型果实施用乙烯后,虽然能促进呼吸,但不能增加内源乙烯的增加。

②逆境胁迫刺激乙烯的产生:胁迫的因素包括机械损伤、高温、低温、病虫害、化学物质等。胁迫因子促进乙烯合成是由于提高了 ACC 合成酶活性。

③Ca^{2+} 调节乙烯产生:采后用钙处理可降低果实的呼吸强度和减少乙烯的释放量,并延缓果实的软化。

④其他植物激素对乙烯合成的影响:脱落酸、生长素、赤霉素和细胞分裂素对乙烯的生物合成有一定的影响。许多研究结果表明果实成熟是几种激素平衡的结果。果实采后,GA,CTK,IAA 含量都高,组织抗性大,虽有 ABA 和乙烯,却不能诱发后熟,随着 GA,CTK,IAA 逐渐

降低,ABA和乙烯逐渐积累,组织抗性逐渐减小,ABA或乙烯达到后熟的阈值,果实后熟启动。

(4)贮藏运输实践中对乙烯以及成熟的控制

①控制适当的采收成熟度:跃变型果实中乙烯的生成有两个调节系统:系统Ⅰ负责跃变前果实中低速率合成的基础乙烯,系统Ⅱ负责成熟过程中跃变时乙烯自我催化大量生成,有些品种在短时间内系统Ⅱ合成的乙烯可比系统Ⅰ增加几个数量级。两个系统的合成都遵循蛋氨酸途径。不同成熟阶段的组织对乙烯作用的敏感性不同。跃变型果实在跃变发动之前乙烯发生速率很低,与之相应的ACC合成酶活性和ACC含量也很低。跃变发动时ACC大量上升与乙烯的大量产生一致,ACC合成酶的合成或活化是果实成熟时乙烯大量增加的关键。当把外源ACC供给跃变前番茄组织时,乙烯产生仅增加几倍,从1.5nmol/g增加到7.2nmol/g,表明跃变前果实组织EFE活性很低,也是乙烯产生的一个限制因素。同时跃变前的果实对乙烯作用不敏感,系统Ⅰ生成的低水平乙烯不足以诱导成熟;随果实发育,在基础乙烯不断作用下,组织对乙烯的敏感性不断上升,当组织对乙烯敏感性增加到能对内源乙烯(低水平的系统Ⅰ)作用起反应时,便启动了成熟和乙烯的自我催化(系统Ⅱ),乙烯便大量生成,长期贮藏的产品一定要在此之前采收。采后的果实对外源乙烯的敏感程度也是如此,随成熟度的提高,对乙烯越来越敏感。非跃变果实乙烯生成速率相对较低,变化平稳,整个成熟过程只有系统Ⅰ活动,缺乏系统Ⅱ,这类果实只能在树上成熟,采后呼吸一直下降,直到衰老死亡,所以应在充分成熟后采收。

②防止机械损伤:贮藏前要严格去除有机械伤、病虫害的果实,这类产品不但呼吸旺盛,传染病害,还由于其产生伤乙烯,会刺激成熟度低且完好的果实很快成熟衰老,缩短贮藏期。干旱、淹水、温度等胁迫以及运输中的震动都会使产品形成伤乙烯。

③避免不同种类果蔬的混放:对于自身产生乙烯少的非跃变果实或其他蔬菜、花卉等产品,绝对不能与跃变型果实一起存放,以避免受到这些果实产生的乙烯的影响。同一种产品,特别对于跃变型果实,贮藏时要选择成熟度一致,以防止成熟度高的产品释放的乙烯刺激成熟度低的产品,加速后熟和衰老。

④乙烯吸收剂的应用:产品一旦产生少量乙烯,会诱导ACC合成酶活性,造成乙烯迅速合成,因此,贮藏中要及时排除已经生成的乙烯。采用高锰酸钾等做乙烯吸收剂,方法简单,价格低廉。一般采用氧化铝为载体以增加反应面积,将它们放入饱和的高锰酸钾溶液中浸泡15~20min,自然晾干。

⑤控制贮藏环境条件(适当的低温;降低O_2浓度和提高CO_2浓度):乙烯合成的最后一步是需氧的,低O_2可抑制乙烯产生。提高环境中CO_2浓度能抑制ACC向乙烯的转化和ACC的合成,CO_2还被认为是乙烯作用的竞争性抑制剂,因此,适宜的高CO_2从抑制乙烯合成及乙烯的作用两方面都可推迟果实后熟。在贮藏中,需创造适宜的温度、气体条件,既要抑制乙烯的生成和作用,也要使果实产生乙烯的能力得以保存,才能使贮后的果实能正常后熟,保持特有的品质和风味。

⑥利用臭氧(O_3)和其他氧化剂

⑦使用乙烯受体抑制剂1-MCP:1-MCP的化学名是1-甲基环丙烯,商品名EthylBloc TM,是一种环状烯烃类似物,化学式C_4H_6,相对分子质量54,物理状态为气体,在常温下稳定,无不良气味,无毒。

据研究,1-MCP的作用模式是结合乙烯受体,从而抑制内源和外源乙烯的作用。

⑧利用乙烯催熟剂促进果蔬成熟:用乙烯进行催熟,对调节果蔬的成熟期具有重要的作用。在商业上用乙催熟果蔬的方式有用乙烯气体和乙烯剂(液体)。

4. 蒸腾对果蔬贮藏影响

新鲜果品蔬菜含水量高达85%~95%,采收后由于蒸腾作用,水分很容易损失,导致果蔬的失重和失鲜,严重影响果蔬的商品外观和贮藏寿命。因此,有必要进一步了解影响果蔬蒸腾作用的因素,以采取相应的措施,减少水分的损失,保持果蔬的新鲜长。

蒸腾作用,是指水分以气体状态,通过植物体(采后果实、蔬菜)的表面,从体内散发到体外的现象。蒸腾作用受组织结构和气孔行为的调控,它与一般的蒸发过程不同。

(1)蒸腾对果品蔬菜的影响

①失重和失鲜:果蔬的含水量很高,大多在65%~96%之间,某些瓜果类如黄瓜可高达98%,这使得这些鲜活果蔬产品的表面具有光泽并有弹性,组织呈现坚挺脆嫩的状态,外观新鲜。采后的果蔬失去母体和土壤的营养和水分补充,蒸腾失水不能得到补充,造成失重和失鲜。失重,又称为自然损耗,是指贮藏过程器官的蒸腾失水和干物质损耗所造成的重量减少。水分蒸散是失重的重要原因。失鲜是产品质量的损失,表面光泽消失、形态萎蔫、失去外观饱满、新鲜和脆嫩的质地,甚至失去商品价值。许多果实失水高于5%就引起失鲜,商业上也常以失水量5%为划分产品商业价值的界限。不同产品失鲜的具体表现有所不同,如叶菜失水很容易萎蔫、变色、失去光泽;萝卜失水,外表变化不大,内部糠心;苹果失鲜不十分严重时,外观也不明显,表现为果肉变沙。

②破坏正常的代谢过程:多数产品失水都对贮藏产生不利影响,失水严重还会造成代谢失调。果蔬萎蔫时,原生质脱水,促使水解酶活性增加,加速水解。例如,风干的甘薯变甜,就是水解酶活性加强,引起淀粉水解为糖的结果。水解加强使呼吸基质增多,促进了呼吸作用,加速营养物质的消耗,削弱组织的耐藏性和抗病性,加速腐烂。例如,萎蔫的甜菜腐烂率显著增加。萎蔫程度越高,腐烂率越大。失水严重时,还会破坏原生质胶体结构,干扰正常代谢,产生一些有毒物质。细胞液浓缩,某些物质和离子(如NH_4^+)浓度增高,也能使细胞中毒。过度缺水还使脱落酸(ABA)含量急剧上升,时常增加几十倍,加速了脱落和衰老。

③降低耐贮性和抗病性:果蔬失水严重,原生质脱水,为微生物活动提供了方便,加速产品腐烂,降低货架期。

(2)影响蒸腾的因素

蒸散失水与果蔬产品自身特性和贮藏环境的外部因素有关。水分蒸散过程是先从细胞内部到细胞间隙,再到表皮组织,最后从表面蒸散到周围大气中的。因此,产品的组织结构是影响水分蒸散直接的内部因素,包括以下几个方面。

①表面积比:即单位重量或体积的果蔬具有的表面积。因为水分是从产品表面蒸发的,表面积比越大,蒸散就越强。

②表面保护结构:水分在产品的表面的蒸散有两个途径,一是通过气孔、皮孔等自然孔道,二是通过表皮层。气孔的蒸散速度远大于表皮层。表皮层的蒸散因表面保护层结构和成分的不同差别很大。角质层不发达,保护组织差,极易失水;角质层加厚,结构完整,有蜡质、果粉则利于保持水分。

③细胞持水力:原生质亲水胶体和固形物含量高的细胞有高渗透压,可阻止水分向细胞壁和细胞间隙渗透,利于细胞保持水分。此外,细胞间隙大,水分移动的阻力小,也会加速失水。

除了组织结构外,新陈代谢也影响产品的蒸散速度,呼吸强度高、代谢旺盛的组织失水较快。

影响蒸腾作用的环境因素主要有以下几方面。

①空气湿度:是影响产品表面水分蒸腾的主要因素。表示空气湿度的常见指标包括:绝对湿度、饱和湿度、饱和差和相对湿度。贮藏中通常用空气的相对湿度(RH)来表示环境的湿度,RH 是绝对湿度与饱和湿度之比,反映空气中水分达到饱和的程度。鲜活的果蔬产品组织中充满水,其蒸汽压一般是接近饱和的,高于周围空气的蒸汽压,水分就蒸腾,其快慢程度与饱和差成正比。因此,在一定温度下,绝对湿度或相对湿度大时,饱和差小,蒸腾就慢。

②温度:不同产品蒸腾的快慢随温度的变化差异很大。温度的变化主要是造成空气湿度发生改变而影响到表面蒸腾的速度。环境温度升高时饱和湿度增高,若绝对湿度不变,饱和差上升而相对湿度下降,产品水分蒸腾加快;温度降低时,由于饱和湿度低,在同一绝对湿度下,水分蒸腾下降甚至结露。库温的波动会在温度上升时加快产品蒸散,而降低温度时,不但减慢产品蒸腾,往往会造成结露现象,不利于贮藏。在同一 RH 的情况下,饱和差=饱和湿度-绝对湿度=饱和湿度-饱和湿度×RH=饱和湿度(1-RH)。温度高时,饱和湿度高,饱和差就大,水分蒸散快。因此,在保持了同样相对湿度的两个贮藏库中,产品的蒸散速度也是不同的,库温高的蒸散更快。此外,温度升高,分子运动加快,产品的新陈代谢旺盛,蒸腾也加快。产品见光可使气孔张开,提高局部湿度,也促进蒸腾。

③空气流动:在靠近果蔬产品的空气中,由于蒸散而使水气含量较多,饱和差比环境中的小,蒸腾减慢,在空气流速较快的情况下,这些水分被带走,饱和差又升高,就不断蒸散。

④气压:气压也是影响蒸腾的一个重要因素。在一般的贮藏条件之下,气压是正常的一个大气压,对产品影响不大。采用真空冷却、真空干燥、减压预冷等减压技术时,水分沸点降低,很快蒸腾。此时,要加湿以防止失水萎蔫。

(3)控制果蔬蒸腾失水的措施

对于容易蒸散的产品,可用各种贮藏手段防止水分散失。

①直接增加库内空气湿度:贮藏中可以采用地面洒水、库内挂湿帘的简单措施,或用自动加湿器向库内喷迷雾和水蒸气的方法,以增加环境空气中的含水量。

②增加产品外部小环境的湿度:最普遍而简单有效的方法是用塑料薄膜或其他防水材料包装产品,使小环境中产品依靠自身蒸散出的水分来提高绝对湿度,从而减轻蒸散。用塑料薄膜或塑料袋包装后的产品需要在低温贮藏时,一定要在包装前,先预冷,使产品的温度接近库温,然后在低温下包装;否则,高温下包装,低温下贮藏,将会造成结露,加速产品腐烂。用包果纸和瓦楞纸箱包装比不包装堆放失水少得多,一般不会造成结露。

③采用低温贮藏是防止失水的重要措施:低温下饱和湿度小,饱和差很小,产品自身蒸腾的水分能明显增加环境相对湿度,失水缓慢;另一方面,低温抑制代谢,对减轻失水也有一定作用。

④用给果蔬打蜡或涂膜的方法在一定程度上,有阻隔水分从表皮向大气中蒸散作用。

5. 果蔬产品的休眠

(1)休眠现象

一些块茎、鳞茎、球茎、根茎类蔬菜,在结束生长时,产品器官积累了大量的营养物质,原生质内部发生了剧烈的变化,新陈代谢明显降低,水分蒸腾减少,生命活动进入相对静止状态,这就是所谓的休眠。

休眠是植物在长期进化过程中形成的一种适应逆境生存条件的特性,以度过严寒、酷暑、干旱等不良条件而保存其生命力和繁殖力。对果蔬贮藏来说,休眠是一种有利的生理现象。

(2)休眠的生理生化特性

①休眠期可分为三个阶段

第一阶段:休眠前期(准备期)是从生长到休眠的过渡阶段。此时产品器官已经形成,但刚收获新陈代谢还比较旺盛,伤口逐渐愈合,表皮角质层加厚,属于鳞茎类产品的外部鳞片变成膜质,水分蒸散下降,从生理上为休眠做准备。此时,产品如受到某些处理可以阻止下阶段的休眠而萌发生长或缩短第二阶段。

第二阶段:生理休眠期(真休眠,深休眠)产品的新陈代谢显著下降,外层保护组织完全形成,此时即使给适宜的条件,也难以萌芽,是贮藏的安全期。这段时间的长短与产品的种类和品种、环境因素有关。如洋葱管叶倒伏后仍留在田间不收,有可能因为鳞茎吸水而缩短生理休眠期;低温(0~5℃)处理也可解除洋葱休眠。

第三阶段:休眠苏醒期(强迫休眠期)第三阶段为休眠苏醒期(强迫休眠期),果蔬度过生理休眠期后,产品开始萌芽,新陈代谢逐步恢复到生长期间的状态,呼吸作用加强,酶系统也发生变化。此时,生长条件不适宜,生长就缓慢,给予适宜的条件则迅速生长。实际贮藏中采取强制的办法,给予不利于生长的条件如温、湿度控制和气调等手段延长这一阶段的时间。因此,又称强迫休眠期。

②植物激素与休眠:植物的休眠现象与植物激素有关。休眠一方面是由于器官缺乏促进生长的物质,另一方面是器官积累了抑制生长的物质。如果体内有高浓度ABA和低浓度外源赤霉素(GA)时,可诱导休眠;低浓度的ABA和高浓度GA可以解除休眠。GA、生长素、细胞分裂素是促进生长的激素,能解除许多器官的休眠。深休眠的马铃薯块茎中,脱落酸的含量最高,休眠快结束时,脱落酸在块茎生长点和皮中的含量减少4/5~5/6。马铃薯解除休眠状态时,生长素、细胞分裂素和赤霉素的含量也增长,使用外源激动素和玉米素能解除块茎休眠。

(3)延长休眠期的措施

植物器官休眠期过后就会发芽,使得体内的贮藏物质分解并向生长点运输,导致产品重量减轻、品质下降。因此,贮藏中需要根据休眠不同阶段的特点,创造有利于休眠的环境条件,尽可能延长休眠期,推迟发芽和生长以减少这类产品的采后损失。

①温度、湿度的控制:块茎、鳞茎、球茎类的休眠是由于要度过高温、干燥的环境。创造此条件有利于休眠,而潮湿、冷凉条件会使休眠期缩短。如0~5℃使洋葱解除休眠,马铃薯采后2~4℃能使休眠期缩短,5℃打破大蒜的休眠期。因此,采后先使产品愈伤,然后尽快进入生理休眠。休眠期间,要防止受潮和低温,以防缩短休眠期。度过生理休眠期后,利用低温可强迫休眠而不萌芽生长。板栗的休眠是由于要度过低温环境,采收后就要创造低温条件使其延长休眠期,延迟发芽。一般要低于4℃。

②气体成分:调节气体成分对马铃薯的抑芽效果不是很有效,洋葱可以利用气调贮藏。但由于气体成分与休眠期关系的研究结果不一致,生产上很少采用。

③药物处理:青鲜素(MH)对块茎、鳞茎类以及大白菜、萝卜、甜菜块根有一定的抑芽作用;但对洋葱、大蒜效果最好。采前2周将0.25%MH喷施到洋葱和大蒜的叶子上,药液吸收并渗入组织中,转移到生长点,起到抑芽作用,0.1%MH对板栗的发芽也有效。抑芽剂CIPC

对防止马铃薯发芽有效。美国将 CIPC 粉剂分层喷在马铃薯中,密闭24～48h,用量为 1.4kg/kg(薯块)。

④射线处理:辐射处理对抑制马铃薯、洋葱、大蒜和鲜姜都有效,许多国家已经在生产上大量使用。一般用 60～150Gy 的 γ-射线照射可防止发芽。应用最多的是马铃薯。

（4）采后生长与控制

①采后生长现象及其对品质的影响:果蔬采收后由于中断了根系或母体水分和无机物的供给,一般看不到生长,但生长旺盛的分生组织能利用其他部分组织中的营养物质,进行旺盛的细胞分裂和延长生长,这会造成品质下降,并缩短贮藏期,不利于贮藏。如石刁拍(芦笋)是在生长初期采收的幼茎,其顶端有生长旺盛的生长点,贮藏中会继续伸长并木质化。蒜薹顶端薹苞膨大和气生鳞茎的形成,需要利用基部的营养物质,造成食用部位纤维化,甚至形成空洞。胡萝卜、萝卜收获后,在有利于生长的环境条件下抽茎时,由于利用了薄壁组织中的营养物质和水分,致使组织变糠,最后无法食用。蘑菇等食用菌采后开伞和轴伸长也是继续生长的一种,这些都将造成品质下降。

②延缓采后生长的方法:产品采后生长与自身的物质运输有关,非生长部分组织中贮藏的有机物通过呼吸水解为简单物质,然后与水分一起运输到生长点,为生长合成新物质提供底物,同时呼吸作用释放的能量也为生长提供能量来源。因此,低温、气调等能延缓代谢和物质运输的措施可以抑制产品采后生长带来的品质下降。此外,将生长点去除也能抑制物质运输而保持品质,如蒜薹去掉茎苞后薹梗发空的现象减轻;胡萝卜去掉芽眼,减少了糠心,但形成的刀伤容易造成腐烂,实际应用时应根据具体情况采取措施。

有时也可以利用生长时的物质运输延长贮藏期。如菜花采收时保留 2～3 个叶片,贮藏期间外叶中积累养分并向花球转移而使其继续长大、充实或补充花球的物质消耗,保持品质。假植贮藏也是利用植物的生长缓慢吸收养分和水分,维持生命活力,不同的是这些物质来源于土壤,而不是植物自身。

三、果蔬采后病害

果蔬贮运过程中常常会发生病变腐烂现象,造成贮藏损失。病害发生的种类概括起来可分为两大类:一是生理性病害;二是侵染性病害。此外还有由于挤压、撞击等外部机械力及虫害造成的机械损伤。其中尤以侵染性病害造成的损失最为严重,而生理病害和机械损伤更易加剧侵染性病害的发生和发展,因此均应尽量避免。

1. 生理病害

果蔬采后的生理病害也称为采后生理失调,是由于环境条件不适或生长发育期间营养不良造成的。一切会引起生物体生理功能失常的环境条件都属于逆境。生理失调是果蔬对逆境产生的一种反应。逆境伤害主要有低温伤害(冷害和冻害)、气体伤害等。

（1）低温伤害

低温是保存水果和蔬菜的最好方法,但是不同的产品起源地不同,对低温的要求也不一样,如果使用了不适当的低温贮藏水果蔬菜,就会导致产品发生冷害,造成严重的采后损失。果蔬在其组织冰点以上的低温中贮藏时发生的代谢失调称为冷害。冷害发生的温度依果蔬的品种和种类不同而不同,一般在 0～15℃。易发生冷害的产品称为冷敏感产品。从植物分类看,以葫芦科,柑橘科的果蔬偏多,从地域环境看,热带、亚热带原产果蔬多具冷敏性。大部分冷害症状在低温环境或冷库内不会立即表现出来,而是产品运输到温暖的地方或销售市场时才显现出来。因此,冷害所引起的损失往往比我们所预料到的更加严重。有些批发市场和冷库经常将多种果蔬混装在一起,容易使冷敏产品产生冷害。

果蔬冷害的常见症状:早期由于皮下细胞坏死,失水干缩塌陷,出现表面凹陷和斑点等症状,凹陷扩大逐渐连成大块凹坑,典型的表皮或组织内部褐变,出现水浸状斑块。有的果蔬不能正常后熟,产生异味或腐烂。影响冷害的因素除与果蔬的种类、品种有关外,还受其成熟度的影响。

防止果蔬冷害的措施主要有以下几种。

①适温下贮藏:防止冷害的最好方法是掌握果蔬菜的冷害临界温度,不要将果蔬菜置于临界温度以下的环境中。

②温度调节和温度锻炼:将果蔬放在略高于冷害临界的环境中一段时间,可以增加果蔬的抗冷性,但是也有研究表明,有些果蔬在临界温度以下经过短时间的锻炼,然后置于较高的贮藏温度中,可以防止或减轻冷害。

③间歇升温:间歇升温是果蔬贮藏过程中用一次或多次短期升温处理来中断其冷害的方法,苹果、柑橘、黄瓜、桃、油桃、番茄、甘薯、秋葵贮藏用间歇升温的方法可延长贮藏寿命和增加对冷害的抗性。

④变温处理:变温处理是产品在贮藏过程中使用不同的温度,如鸭梨贮藏早期发生的黑心病是由于采后突然将温度降到$0℃$引起的冷害症状,若将其入贮温度提高到$10℃$,然后采取缓慢降温的方式,在$30\sim40d$内,将贮藏温度降至$8℃$,则可减少黑心病的发生,贮前逐步降温效应与果实代谢类型有关,只有跃变型果实才有反应,非跃变型的果实如柠檬和葡萄柚逐步降温对减轻冷害无效。

⑤气调贮藏:气调贮藏是降低贮藏环境中氧气的浓度,提高二氧化碳浓度的一种贮藏方法,气调贮藏有利于减轻调料、葡萄柚、秋葵、番木瓜、桃、油桃、菠萝、西葫芦的冷害,但气调贮藏会加重黄瓜、甜椒的冷害。气调贮藏对减轻冷害的作用是不稳定的,与处理时期、处理的持续时间及贮藏温度的影响也有关系。在有些果实中,气调对冷害的作用还与产品的采收期有关。

⑥湿度的调节:接受100%的相对湿度可以减轻冷害症状,相对湿度过低却会加重冷害症状。用塑料袋包装可以减轻冷害症状,其原因一方面是袋内的温度较高,另一方面可能是袋内湿度较高的缘故。实际上高湿并不能减轻低温对细胞的伤害,高湿并不是使冷害减轻的直接原因,只是环境的高湿度降低了产品的蒸腾作用,同样,涂了蜡的葡萄柚和黄瓜凹陷斑之所以降低也是因为抑制了水分的蒸发。

⑦化学处理:有些化学物质可以增加果蔬对冷害的忍受力,有效地减轻冷害。如贮藏前用氯化钙处理,可以减少鳄梨维管束发黑及减少苹果和梨的内部败坏,也可减轻番茄、秋葵的冷害,但不影响其成熟。用乙氧基喹和苯甲酸钠处理黄瓜和甜椒,可减轻其冷害。贮藏前应用二甲基聚硅氧烷,红花油和矿物油处理,可减轻香蕉的失水和防止表皮变黑。此外,一些杀菌剂加噻苯唑、苯若明可减少柑橘果实腐烂及对冷害的敏感性。

⑧激素控制:用脱落酸进行预处理可以减轻葡萄柚、南瓜的冷害,用乙烯处理甜瓜可以减轻贮藏期间的冷害。用外源多胺处理可减少南瓜、苹果冷害。

(2)冻害

冻结对任何水果蔬菜都有害,解冻后果蔬很快就会腐烂。但在高寒地区利用零下低温贮藏一些耐寒性蔬菜,如芹菜、香菜、大葱等,使之长期保持冻结状态,也是一种有效的保鲜手段,但要避免忽冻忽化。果蔬产品的冰点以下的低温引起的伤害叫冻害。冻害主要是导致细胞结冰破裂,组织损伤,出现萎蔫、变色和死亡。蔬菜冻害一般表现为水泡状,组织透明或半透明,有的组织产生褐变,解冻后有异味。果蔬产品的冰点温度一般比水的冰点0℃要低,这是由于细胞液中有一些可溶性物质存在,所以越甜的果实其冰点温度就越低,而含水量越高的产品也越易产生冻害,不同种类和品种的果蔬其冻害温度也不同。有的产品如洋葱轻微的冻伤还可恢复,但大多数蔬菜则不行。

(3)气体伤害

果蔬贮藏在不恰当的气体浓度环境中,正常的呼吸代谢受阻而造成呼吸代谢失调,又叫气体伤害。最常见的主要是低氧伤害和高二氧化碳伤害。当贮藏环境中氧浓度低于2%时,果蔬正常的呼吸受到影响,导致无氧呼吸,产生和积累大量的挥发性代谢产物,如乙醇、乙醛等,毒害组织细胞,产生异味,使风味品质恶化。二氧化碳作为植物呼吸作用的产物在新鲜空气中的含量只有0.03%。当环境中的二氧化碳含量超过10%时,要影响呼吸的正常进行,导致丙酮酸向乙醛和乙醇转化,引起组织伤害和出现风味品质恶化。不同的果蔬贮藏时能耐受的低氧和高二氧化碳浓度有差异,因此贮藏时应选择透气量不同的保鲜袋包装,以免因气体不适造成伤害。而这种伤害在较高的温度下将会更为严重,因为高温加速了果实的呼吸代谢。

上述由不适宜温度和气体条件造成的生理病害通常无传染性,但由于环境对果蔬的影响是均匀的,其受害也带有普遍性。果蔬产生生理病害后往往易感染病原菌,导致传染性病害发生,因此应尽量避免。

2. 侵染性病害

据初步调查,青椒、黄瓜、西红柿等主要果菜采后侵染性病害造成的损失约占总损失量的50%～90%。引起新鲜果蔬采后腐烂的病原菌主要有真菌和细菌。其中真菌是最主要和最流行的病原微生物,它侵染广,危害大,是造成果蔬在贮运期间损失的重要原因。水果贮运期间的传染性病害几乎全由真菌引起,这可能与水果组织多呈酸性有关。而叶用蔬菜,细菌则是主要的病原物。

(1)常见病害种类及其发生情况

①果腐病(交链孢腐烂病):此病多发生在果实裂口处或日灼处,也可发生在果实的其他部位。受害部位首先变褐,呈水浸状圆形斑,后发展变黑并凹陷,有清晰的边缘,病斑上有短绒毛状黄褐色至黑色霉层。该病在成熟西红柿和青椒贮藏中极为常见,在黄瓜上也有发生。在西红柿等遭受冷害的情况下尤其容易发病,一般是从冷害引起的凹陷部位侵染,进而造成腐烂。

②根霉腐烂病:该病原菌引起采后西红柿、青椒等果实软腐。软腐果一般不变色,呈一泡水状,果皮起皱折,其上长出污白色粗糙纤维状菌丝,并带有白色至黑色小球状孢子囊。该病菌在田间几乎不发病,仅在收获后引起果实腐烂。病菌多从果柄切口或其他受伤处侵入果实,但患病果与无病果接触可很快传染。该病发展迅速,可使果实软烂,汁液溢流,危害很大。该病菌广泛存在于空气中,土壤内或各种贮运工具上。因此,采收贮运过程中应尽量避免各种机械伤,用于贮运的各种包装和工具均应事先清洗、消毒。

③灰霉病:甜椒等贮运期间易发生灰霉病,尤其在果实遭受冷害后更加严重。果实上病斑

呈水渍状,褐色,不规则形,大小不一。如发生在受冷害的果实上,病斑呈灰白色,病斑上生灰色霉状物,发展极快,被害果实迅速腐烂。灰霉病菌可广泛地存在于菜筐内、工具上,甚至贮藏场所的墙上都可存在。只要果实有损伤,便迅速侵入。青椒、黄瓜、西红柿、豆角等均易发生此病。

④青椒疫病:青椒果实疫病多从蒂部开始发生,先出现水渍状斑点,暗绿色,后病斑迅速扩大,果皮变褐软腐、植株上果实多脱落或失水变成淡褐色僵果。病果表面易产生白色紧密的霉层,果皮内有灰白色菌丝及孢子囊。病果易受细菌二次感染,产生恶臭。贮藏中的疫病多因果实田间带菌引起,因此,预防此病应从田间开始。

⑤软腐病:软腐病主要危害果实。病果初生水浸状暗绿色斑,后变褐软腐,有恶臭味,内部果肉腐烂,果皮变白。在田间整个果实失水后干缩,挂在枝蔓上,稍遇外力即脱落。贮藏期间果实软烂,果皮破裂后汁液流出,引起其他果实腐烂。

软腐病的菌原为欧文氏杆菌,属细菌,除侵染青椒等茄科蔬菜外,还可侵染十字花科蔬菜及葱类、芹菜、胡萝卜、莴苣等。贮运中,细菌主要由果柄的剪口、裂口,或因昆虫爬动、取食造成的伤口侵入果实。一旦侵入,迅速造成烂果。软腐病在贮藏期间最易发生,危害也最大,因此应予以高度重视,避免将染有软腐病菌的果实进行贮藏。

(2)病害发生原因及其防治

果蔬采后病害发生的原因是复杂的,采前田间带病、采后机械损伤、温湿度条件及管理不当造成的生理失调等都是促成发病的因素。病害的防治措施则与这些因素密切相关。

据调查发现,多数采后病害和田间病害是同一个病原菌。如果腐病、炭霉病、软腐病、疫病和绵疫病、绵腐病、炭疽病等,发生这些病害的地块收获的果蔬往往带有大量病原菌,虽然收获时看不出有病,但很可能病菌已侵入而暂时处于潜伏状态,这种果实采收之后则大量发病。有的病原菌如根霉在田间不引起病害,只在采后引起腐烂,但这种病原菌在田间也可大量繁殖。因此采前防病与采后病害的发生密切相关,即使在田间不致病,只在采后为害的病害,收获前减少田间病原菌的密度的措施也同样有效。采前防病应采用各种保证果蔬健壮生长的综合栽培措施,包括选择抗病耐藏品种栽培、做好田间卫生管理、选择适当的药剂防治(安全间隔期为7~14d)。收获时应选择健康地块采收,而不能从有病地块中挑选没病没伤的果实贮藏,这一点不可忽视。

果蔬采后病害中有些病原菌是寄生性较强的,如疫霉菌、炭疽菌等,可直接从果实表皮侵入引起发病。但更多的病菌是弱寄生性的或腐生性的,需从伤口侵入或产品受到生理伤害(如冷害)时大量发生。例如,灰霉和根腐是由伤口或柔嫩的花瓣侵入的,由于青椒开过花的花瓣容易脱落,所以花端感病较少,大部分腐烂是由病菌从果柄切口处侵入造成的。黄瓜的花瓣常沾附在瓜上,所以黄瓜的灰霉病多发生在花端。对于这类病害,下述措施有一定的防治效果:①尽量减少机械损伤;②采收时采用锋利的剪刀将果柄处剪成平滑的切口,使其切口尽快形成愈伤组织;③摘掉凋萎的花瓣。

在采收运输过程中还应注意所用包装物品的清洁卫生,装菜用的菜筐在使用之前应消毒,因为菜筐长年累月用于装菜,不可避免地会带有腐烂菌,如不消毒,就会在采运过程中传染健康果实,造成果实发病。

在贮藏过程中应严格控制适宜的温度。多数采后病害在较高的温度下发展迅速,适宜的低温可控制其发展。但果菜类切忌贮温过低造成冷害。果腐病、灰霉病等往往在果实发生冷害的情况下大量发生,因此应严格控制适宜的贮藏温度,减少腐烂损失。

果蔬贮藏中为防止水分损失,常采用塑料薄膜包装,因此常处于高湿状态。如结合适当的化学药剂处理可明显减少腐烂。如防霉灵熏蒸剂(含50%仲丁胺)、SB(仲丁胺衍生物)、CHC(次氯酸钙制剂)等用于果菜类有较好的效果。但这些药剂多数是对沾附于水果蔬菜表面的病菌如炭疽病、灰霉病、果腐病等有良好的抑制作用,而对于用药前就已侵入果蔬内部的病原菌如软腐病、疫病等作用效果不理想。

贮藏中应经常检查贮藏情况,发现病果及时拣出。但拣出时要注意,病果和健果应避免传染,即取出病果时病果的汁液不要滴落到健果上,手拿过病果后要先洗手消毒,然后再接触好果,或者用方便袋裹出坏果,否则会造成好果腐烂。贮藏挑选过程中不注意病、健果隔离,是部分贮户贮藏中愈倒袋坏果愈多的根本原因。包括白菜、土豆、萝卜、胡萝卜等的贮藏,均存在越倒越坏的现象,原因亦在于此。

总之,采后病害的防治,首先应从采前防治开始,从植株生长健壮、基本无病虫害的地块无伤采收、装运健康果实,以确保入贮产品不带病,少带菌。入贮后应控制适宜的温湿度条件,采用适当的保鲜包装,要避免机械损伤和各种生理伤害,适当的化学药剂处理也是有效的辅助手段。

四、果蔬贮藏保鲜基础技术

果蔬产品贮藏的方式很多,常用的有常温贮藏、机械冷藏和气调贮藏等。不管采用何种方法,均应根据其生物学特性,创造有利于产品贮藏所需的适宜环境条件,降低导致新鲜果蔬产品质量下降的各种生理生化及物质转变的速度,抑制水分的散失、延缓成熟衰老和生理失调的发生,控制微生物的活动及由病原微生物引起的病害,达到延长产品的贮藏寿命、市场供应期和减少产品损失的目的。

1. 常温贮藏

常温贮藏通常指在构造相对简单的贮藏场所,利用环境条件中的温度随季节和昼夜不同时间变化的特点,通过人为措施使贮藏场所的贮藏条件达到接近产品贮藏要求的一种方式。常温贮藏的常温实际上是指不通过机械的方法制冷而利用天然的较低温度,常温贮藏方式在很多情况下也利用了自发气调的形式。

(1)常温贮藏方式

①沟坑式:是在选择好符合要求的地点,根据贮藏量的多少挖沟或坑,将产品堆放于沟坑中,然后覆盖上土、秸秆或塑料薄膜等,随季节改变(外界温度的降低)增加覆盖物厚度。这类贮藏方法的代表有苹果、梨、萝卜等的沟藏(如图1—9),板栗的坑藏和埋藏等。

②窖窖式:即在山坡或地势较高的地方挖地窖或土窑洞,也可采用人防设施,将新鲜果蔬产品散堆或包装后堆放在窖窖内。产品堆放时注意留有通风道,以利通风换气和排除热量。根据需要增设换气扇,人为地进行空气交换。同时注意做好防鼠、虫、病害等工作。这类贮藏方法的代表有四川南充地区用于甜橙贮藏的地窖(如图1—10),西北黄土高原地区用于苹果、梨等贮藏的土窑洞,以及江苏、安徽北部及山东、山西等苹果、梨种植

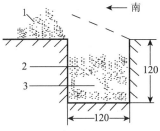

图1—9　萝卜、胡萝卜
沟藏示意图
1—土堆;2—覆土;3—萝卜

区结合建房兴建用于贮藏此类果品的地窖等(如图1—11)。

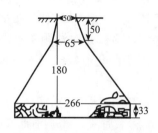

图1—10 南充地窖示意图

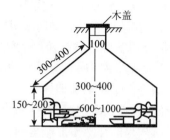

图1—11 山西井窖示意图

③通风库贮藏:指在有较为完善隔热结构和较灵敏通风设施的建筑中,利用库房内、外温度的差异和昼夜温度的变化,以通风换气的方式来维持库内较稳定和适宜贮藏温度的一种贮藏方法。通风库贮藏在气温过高和过低的地区和季节,如果不加其他辅助设施,仍难以达到和维持理想的温度条件,且湿度也不易精确控制,因而贮藏效果不如机械冷藏。通风库有地下式、半地下式和地上式三种形式,其中地下式与西北地区的土窖洞极为相似。半地下式在北方地区应用较普遍,地上式以南方通风库为代表。

④其他常温贮藏方式:包括缸藏、冰藏、假植贮藏、挂藏等。

假植贮藏又称囤菜,是北方秋冬季节贮藏芹菜等叶菜类的特有方式。蔬菜连根收获并密集地假植在阳畦或其他贮藏场所,这种环境下蔬菜处于极其微弱的生长状态下继续保持其缓慢生长的能力。

留树贮藏主要用于柑橘,在冬季最低气温不低于 −6 ~ −5℃的四川、湖南、广东和福建等地区可以实行,主要措施是秋季喷2,4 − D结合适度的肥水管理防止果实脱落,一般可贮至翌年二、三月。

常温贮藏无论从地域、季节还是适用的对象均缺乏应用的广泛性。另外,常温贮藏因不能使贮藏条件(温度、相对湿度)达到理想状况,且会发生较大波动,故应用于新鲜果蔬产品贮藏时,产品质量下降的速度较快,贮藏寿命不能得到最大限度延长。因此,常温贮藏方式主要用于新鲜果蔬产品的短期和临时性贮藏。

(2)常温贮藏管理

常温贮藏是利用环境温度的变化来调节贮藏场所温度的,且相对湿度会随温度的改变而变化,选择具体的简易贮藏方法时应充分考虑当地的地形地貌、气候条件和需贮藏对象的生物学特性。同时,在贮藏前或贮藏中采用防腐剂、被膜剂或植物生长调节物质等处理以提高贮藏效果和减少产品的腐烂损失。

常温贮藏以温度管理最为重要。温度管理大致可分为降温和保温两个阶段,即在贮藏环境温度高于贮藏要求时,采取一切行之有效措施尽快降温;温度达到贮藏要求后,尽可能地保持温度的稳定。降温阶段,沟坑式贮藏新鲜果蔬产品,在产品入贮后白天用秸秆、草帘等覆盖,防止太阳光的直接照射;晚上掀开覆盖物让冷空气进入沟坑中,降低贮藏环境温度和产品的品温。在贮藏环境的温度达到规定要求后的维持、稳定阶段,根据外界温度下降的速度和程度及时增加沟坑的覆盖物厚度、缩短通风时间或减少通风量来维持通风库和窖窖内温度的稳定,防止因温度太低对产品造成伤害。贮藏环境会因相对湿度太低而造成产品失重,贮藏期间需采用一定方法进行增湿,如沟坑覆盖物上喷水、通风库地坪撒水、空气喷雾等。

常温贮藏期间还应做好病虫和鼠害的预防工作,以免造成损失。此外,必须重视常温贮藏过程中的产品检查。

2. 果蔬机械冷藏

冷藏是果蔬产品商品贮藏的主要方式。机械冷藏指的是利用致冷剂的相变特性,通过制冷机械循环运动的作用产生冷量并将其导入有良好隔热效能的库房中,根据不同贮藏商品的要求,控制库房内的温、湿度条件在合理的水平,并适当加以通风换气的一种贮藏方式。

机械冷藏要求有坚固耐用的贮藏库,且库房设置有隔热层和防潮层以满足人工控制温度和湿度贮藏条件的要求,适用产品对象和使用地域广大,库房可以周年使用,贮藏效果好。机械冷库根据制冷要求不同分为高温库(0℃左右)和低温库(低于 -18℃)两类,用于贮藏新鲜果蔬产品的冷藏库为前者。

(1)机械冷库的设计与构建

通常冷库都是由围护结构、制冷系统、辅助性建筑等几大部分组成。有些大型冷库为分出控制系统、电源动力和仪表系统。小型冷库和一些现代化的新型冷库(如挂机自动冷库)无辅助性建筑。

①围护结构:围护结构是冷库的主体结构,给果蔬产品保鲜贮藏提供一个结构牢固、温度稳定的空间。目前,围护结构主要有三种基本形式,即土建式、装配式及土建装配复合式。土建式冷库的围护结构是夹层保温形式(早期的冷库多是这种形式)。装配式冷库的围护结构是由各种复合保温板现场装配而成,可拆卸后异地重装,又称活动式。土建装配复合式的冷库,承重和支撑结构是土建形式,保温结构是各种保温材料内装配形式,常用的保温材料是聚苯乙烯泡沫板多层复合贴敷或聚氨酯现场喷涂发泡。

②制冷系统:制冷系统是实现人工制冷及按需要向冷藏间提供冷量的致冷剂和制冷机械组成的一个密闭循环制冷系统。制冷机械是由实现循环往复所需的各种设备和辅助装置所组成,其中起决定作用并缺一不可的部件有压缩机、冷凝器、节流阀膨胀阀、调节阀和蒸发器。压缩机工作时,向一侧加压而形成高压区,对另一侧有抽吸作用而成为低压区。节流阀为高压区和低压区的另一个交界点。从蒸发器进入压缩机的工质为气态,经加压后压力增至 p_k,同时升温至 T_f,工质仍为气态。这种高压高温的气体,在冷凝器中与冷却介质(通常为水或空气)进行热交换,温度下降至 T_c 而液化,压力仍保持为 p_k。以后,液态工质通过节流阀,因受压缩机的抽吸作用,压力下降至 p_0,便在蒸发器中气化吸热,温度降为 T_0,并与蒸发器周围介质热交换而使后者冷却,最终两者温度平衡为 T_r,完成一个循环(如图1—12)。

除此之外的其他部件是为了保证和改善制冷机械的工作状况,提高制冷效果及其工作时的经济性和可行性而设置的,它们在制冷系统中处于辅助地位。这些部件包括贮液器、电磁阀、油分离器、过滤器、空气分离器、相关的阀门、仪表和管道等。

离开蒸发器的气态工质,已经吸收了蒸发器周围介质中的热,温度为 T_r,经压缩机加压至 p_k 时,温度升至 T_f,高于冷却介质,在冷凝器中可顺利地进行热交换而冷却液化。被冷却介质去除的热,包括从蒸发器周围介质中带来的和由压缩机消耗的功所转化的热能。在整个制冷系统中,压缩机起着心脏的作用,提供补偿过程;冷凝器和蒸发器是两个热交换器;膨胀阀是控制液态工质流量的关卡和压力变化的转折点;制冷工质循环往复,是热能的载运工具。

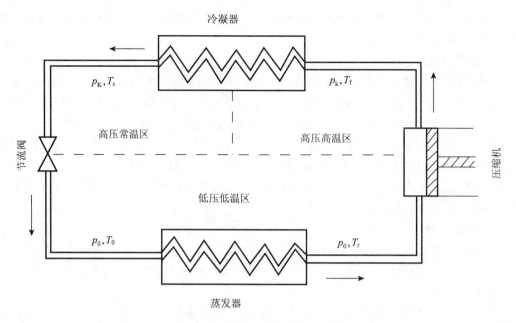

图1—12　单级制冷系统示意图

致冷剂是指在制冷机械反复不断循环运动中起着热传导介质作用的物质。理想的致冷剂应符合以下条件:汽化热大,沸点温度低,冷凝压力小,蒸发比容小,不易燃烧,化学性质稳定,安全无毒,价格低廉等。自机械冷藏应用以来,研究和使用过的致冷剂有许多种,目前生产实践中常用的有氨(NH₃)和氟里昂(freon)等。氨的最大优点是汽化热达125.6kJ/kg,比其他致冷剂大许多,因而氨是大中型生产能力制冷压缩机的首选致冷剂。氨还具有冷凝压力低,沸点温度低,价格低廉等优点。但氨自身有一定的危险性,泄漏后有刺激性味道,对人体皮肤和粘膜等有伤害,在含氨的环境中新鲜果蔬产品有发生氨中毒的可能。空气中氨含量超过16%时,有燃烧和爆炸的危险。所以利用氨制冷时对制冷系统的密闭性要求很严。氟里昂是卤代烃(chloroflurocarbon)的商品名,简写为CFCs,最常用的是氟里昂12(R1),氟里昂22(R2)和氟里昂11(R11)。氟里昂对人和产品安全无毒,不会引起燃烧和爆炸,且不会腐蚀制冷设备等。但氟里昂汽化热小,制冷能力低,仅适用于中小型制冷机组。另外,氟里昂价格较贵,泄漏不易被发现。研究证明氟里昂能破坏大气层中的臭氧(O₃),国际上正在逐步禁止使用,并积极研究和寻找替代品。目前积极开展研究和应用的四氟乙烷和二氯三氟乙烷(R123,CHCl₂CF)、溴化锂及7-醇等取得良好的效果。但这些取代物生产成本高,在生产实践中完全取代氟利昂并被普遍采用还有待进一步研究完善。

③冷库的冷却方式:冷库冷却方式有直接冷却、间接冷却、鼓风冷却三种方式。直接冷却是将制冷系统的蒸发器安装在冷藏库房内直接冷却库房中的空气而达降温目的;而间接冷却则将制冷系统的蒸发器安装在冷藏库房外的盐水槽中,先冷却盐水而后再将已降温的盐水泵入库房中吸取热量以降低库温。但在新鲜果蔬产品冷藏专用库中目前很少采用。现代新鲜果蔬产品贮藏库普遍采用的是鼓风冷却方式,即将蒸发器安装在空气冷却器内,借助鼓风机的吸力将库内的热空气抽吸进入空气冷却器而降温,冷却的空气由鼓风机直接或通过送风管道(沿冷库长边设置于天花板)输送至冷库的各部位,形成空气的对流循环。这一方式冷却速度快,库内各部位的温度较为均匀一致,并且通过在冷却器内增设加湿装置而调节空气湿度。这

种冷动方式由于空气流速较快,如不注意湿度的调节,会加重新鲜果蔬产品的水分损失,导致产品新鲜程度和质量的下降。

(2)机械冷藏的管理

机械冷藏库用于贮藏新鲜果蔬产品时效果的好坏受诸多因素的影响,在管理上特别要注意以下方面。

①温度:温度是决定新鲜果蔬产品贮藏成败的关键。各种不同果蔬产品贮藏的适宜温度是有差别的,即使同一种类品种不同也存在差异,甚至成熟度不同也会产生影响。苹果和梨,前者贮藏温度稍低些,苹果中晚熟品种如国光、红富士、秦冠等应采用0℃,而早熟品种则应采用3~4℃的温度。选择和设定的温度太高,贮藏效果不理想;太低则易引起冷害,甚至冻害。其次,为了达到理想的贮藏效果和避免田间热的不利影响,绝大多数新鲜果蔬产品贮藏初期降温速度越快越好,对于有些果蔬产品由于某种原因应采取不同的降温方法,如中国梨中的鸭梨应采取逐步降温方法,避免贮藏中冷害的发生。另外,选择和设定的贮藏温度使贮藏环境中水分过饱和会导致结露现象,这一方面增加了湿度管理的困难,另一方面液态水的出现有利于微生物的活动繁殖,致使病害发生,腐烂增加。因此,贮藏过程中温度的波动应尽可能小,最好控制在±0.5℃以内,尤其是相对湿度较高时(0℃的空气相对湿度为95%时,温度下降至-1.0℃就会出现凝结水)。此外,库房所有部分的温度要均匀一致,这对于长期贮藏的新鲜果蔬产品来说尤为重要。因为微小的温度差异,长期积累可达到令人难以相信的程度。最后,当冷藏库的温度与外界气温有较大(通常超过5℃)的温差时,冷藏的新鲜果蔬产品在出库前需经过升温过程,以防止"出汗"现象的发生。升温最好在专用升温间或在冷藏库房穿堂中进行。升温的速度不宜太快,维持气温比品温高3~4℃即可,直至品温比正常气温低4~5℃为止。出库前需催熟的产品可结合催熟进行升温处理。综上所述,冷藏库温度管理的要点是适宜、稳定、均匀及合理的贮藏初期降温和商品出库时升温的速度。对冷藏库房内温度的监测、温度的控制可人工或采用自动控制系统进行。

②相对湿度:对于绝大多数新鲜果蔬产品来说,相对湿度应控制在80%~95%,较高的相对湿度对于控制新鲜果蔬产品的水分散失十分重要。水分损失除直接减轻了重量以外,还会使果蔬产品新鲜程度和外观质量下降(出现萎蔫等症状),食用价值降低(营养含量减少及纤维化等),促进成熟衰老和病害的发生。与温度控制相似的是相对湿度也要保持稳定。要保持相对湿度的稳定,维持温度的恒定是关键。库房建造时,增设能提高或降低库房内相对湿度的湿度调节装置是维持湿度符合规定要求的有效手段。人为调节库房相对湿度的措施有:当相对湿度低时需对库房增湿,如地坪撒水、空气喷雾等;对产品进行包装,创造高湿的小环境,如用塑料薄膜单果套袋或以塑料袋作内衬等是常用的手段。库房中空气循环及库内外的空气交换可能会造成相对湿度的改变,管理时在这些方面应引起足够的重视。蒸发器除霜时不仅影响库内的温度,也常引起湿度的变化。当相对湿度过高时,可用生石灰、草木灰等吸潮,也可以通过加强通风换气来达到降温目的。

③通风换气:通风换气是机械冷藏库管理中的一个重要环节。新鲜果蔬产品由于是有生命的活体,贮藏过程中仍在进行各种活动,需要消耗氧气,产生二氧化碳等气体。另外,有些气体对于新鲜果蔬产品贮藏是有害的,如水果、果蔬产品正常生命过程中形成的乙烯、无氧呼吸的乙醇、苹果中释放的 α-法尼烯等,因此需将这些气体从贮藏环境中除去,其中简单易行的是通风换气。通风换气的频率视果蔬产品种类和入贮时间的延长而有差异。对于新陈代谢旺盛

的对象,通风换气的次数可多些。产品入贮时,可适当缩短通风间隔的时间,如 10~15d 换气一次。一般到了建立起符合要求、稳定的贮藏条件后,通风换气一个月一次。通风时要求做到充分彻底。通风换气时间的选择要考虑外界环境的温度,理想的是在外界温度和贮温一致时进行,防止库房内外温度不同带入热量或过冷对产品带来不利影响。生产上常在每天温度相对最低的晚上到凌晨这一段时间进行。

④库房及用具的清洁卫生和防虫防鼠:贮藏环境中的病、虫、鼠害是引起果蔬产品贮藏损失的主要原因之一。果蔬产品贮藏前库房及用具均应进行认真彻底地清洁消毒,做好防虫、防鼠工作。用具(包括垫仓板、贮藏架、周转箱等)用漂白粉水进行认真的清洗,并晾干后入库。用具和库房在使用前需进行消毒处理,常用的方法有用硫磺薰蒸,福尔马林薰蒸,过氧乙酸薰蒸,用 0.3%~0.4% 有效氯漂白粉或 0.5% 高锰酸钾溶液喷洒等。以上处理对虫害亦有良好的抑制作用,对鼠类也有驱避作用。

⑤产品的入贮及堆放:新鲜果蔬产品入库贮藏时,如已经预冷可行一次性入库后建立适宜贮藏条件贮藏。若未经预冷处理则应分次、分批进行,入贮量第一次以不超过该库总量的 1/5,以后每次以 1/10~1/8 为好。商品入贮时堆放的科学性对贮藏有明显影响。堆放的总要求是"三离一隙"。"三离"指的是离墙、离地坪、离天花。一般产品堆放距墙 20~30cm。离地指的是产品不能直接堆放在地面上,用垫仓板架空可以使空气能在垛下形成循环,保持库房各部位温度均匀一致。应控制堆的高度不要离天花板太近。一般原则是离天花 0.5~0.8m,或者低于冷风管道送风口 30~40cm。"一隙"是指垛与垛之间及垛内要留有一定的空隙,以保证冷空气进入垛间和垛内,排除热量。留空隙的多少与垛的大小、堆码的方式有密切相关。"三离一隙"的目的是为了使库房内的空气循环畅通,避免死角的发生,及时排除田间热和呼吸热,保证各部分温度的稳定均匀。商品堆放时要防止倒塌情况的发生(底部容器不能承受上部重力),可搭架或堆码到一定高度时(如 1.5m)用垫仓板衬一层再堆放的方式解决。

新鲜果蔬产品堆放时,要做到分等、分级、分批次存放,尽可能避免混贮情况的发生。不同种类的产品其贮藏条件是有差异的,即使同一种类,品种、等级、成熟度不同、栽培技术措施不一样等均可能对贮藏条件选择和管理产生影响。混贮对于产品是不利的,尤其对于需长期贮藏,或相互间有明显影响的如串味、对乙烯敏感性强的产品等,更是如此。

⑥冷库检查:新鲜果蔬产品在贮藏过程中,不仅要注意对贮藏条件(温度、相对湿度)的检查、核对和控制,并根据实际需要记录、绘图和调整等,还要组织对贮藏库房中的商品进行定期的检查,了解果蔬产品的质量状况和变化。

3. 果蔬气调贮藏

气调贮藏技术的科学研究,发源于 19 世纪的法国。到 1916 年,英国人在前人成果的基础上,1928 年应用于商业,50 年代初得到迅速发展,70 年代后得到普通应用。现已在许多发达国家的多种果蔬产品尤其是苹果、猕猴桃等果品的长期贮藏中得到了广泛采用,且气调贮藏的量达到了很高比例(超过 50%)。我国的气调贮藏开始于 20 世纪 70 年代,经过 20 多年的不断研究探索,气调贮藏技术得到迅速发展,现已具备了自行设计、建设各种规格气调库的能力,且近年来全国各地兴建了一大批规模不等的气调库,气调贮藏新鲜果蔬产品的量不断增加。

(1)气调贮藏的概念和原理

气调贮藏是调节气体成分贮藏的简称,指的是改变新鲜果蔬产品贮藏环境中的气体成分(通常是增加 CO_2 浓度和降低 O_2 浓度以及根据需求调节其气体成分浓度)来贮藏产品的一种方法。正常空气中 O_2 和 CO_2 的浓度分别为 20.9% 和 0.03%，其余的则为氮气（N_2）等。在 O_2 浓度降低、CO_2 浓度增加，改变了气体浓度组成的环境中，果蔬产品的呼吸作用受到抑制，降低了呼吸强度，推迟了呼吸峰出现的时间，延缓了新陈代谢速度，推迟了成熟衰老，减少营养成分和其他物质的降低和消耗，从而有利于果蔬产品品质的保持。同时，较低的 O_2 浓度和较高的 CO_2 浓度能抑制乙烯的生物合成、削弱乙烯生理作用的能力，有利于果蔬贮藏寿命的延长。适宜的低 O_2 和高 CO_2 浓度具有抑制某些生理性病害和病理性病害发生发展的作用，减少产品贮藏过程中的腐烂损失。

气调贮藏并非简单地改变贮藏环境的气体成分，而是包括温控、增湿、气密、通风、脱除有害气体和遥测遥控在内的多项技术的有机体，它们互相配合、互相补充、缺一不可。气调冷藏库能精确地控制果蔬保鲜的三要素，可根据贮藏物的生化特点，选择最佳的气调冷藏工艺参数（温度、空气成分、相对湿度），并通过制冷系统、气调系统和加湿系统的精确运作，达到长期保鲜贮藏的目的。对于某些适合气调的果蔬产品，气调贮藏寿命往往比一般冷藏的长一倍甚至更长。但气调是技术含量最高，成本最高的贮藏方式，有些果蔬产品不宜气调或易发生气调伤害，这限制了气调技术的应用。

（2）气调贮藏分类

①自发气调（modified atmosphere storage，MA）：又称限气气调，是指利用果蔬产品呼吸自然消耗氧气和自然积累二氧化碳的一种贮藏方式。自发气调的主要方式有塑料大帐气调贮藏，塑料薄膜小袋气调贮藏，硅窗袋气调贮藏等，主要不同在于薄膜的成分和厚度。塑料大帐气调贮藏采用 0.2～0.25mm 厚的聚乙烯或聚氯乙烯膜，透气性较差，要经常检测帐内气体成分浓度变化，必要时换气。塑料薄膜小袋气调贮藏采用 0.02～0.07mm 厚的聚乙烯膜，透气性能较好，短期贮藏不需通风。硅窗袋是在普通塑料袋两侧开有小口，然后将硅橡胶膜镶上去的一种塑料袋。硅窗袋膜的透气性比塑料膜高 200～300 倍，由于透气性好，而且对 CO_2 的透性比 O_2 高 3～4 倍，一般能较好地维持过高的 CO_2 和较低的 O_2，因而不需通风。

②人工气调（controlled atmosphere storage，CA）：是指人工调节贮藏环境气体成分浓度的一种贮藏方式。气调最适温高于冷藏最适温约 0.5℃，气调最适相对湿度与冷藏相同，气调最适气体条件各有不同，要考虑温度、湿度和气体成分三者之间的相互协调关系，寻找三者之间的最佳配合。

人工气调分单指标气调（只控制氧气或二氧化碳中的一种），双指标气调和多指标气调（包含乙烯等）。目前气调新方法还有快速 CA，低氧 CA，低乙烯 CA，双维 CA 等。

（3）气调贮藏的特点

①鲜藏效果好：气调贮藏由于强烈地抑制了产品采后的衰老进程而使形态、质地、色泽、风味、营养等指标得以很好地保存或改善，不少水果经气调长期贮藏（如 6～8 个月）之后，仍然色泽艳丽、果柄青绿、风味纯正、外观丰满，与刚采收时相差无几。以陕西苹果为例，气调贮藏之后的果肉硬度明显高于冷藏，充分显示了气调贮藏的优点。在其他果蔬产品上，如新疆库尔勒香梨、河南的猕猴桃、山东的苹果、河北的白菜等皆表现出了同样的效果。

②贮藏时间长：由于气调低温环境强烈抑制了果蔬采后的新陈代谢，致使贮藏时间得以延长。据陕西苹果气调研究中心观察，一般认为气调贮藏 5 个月的苹果质量，相当于冷藏 3 个月左右苹果的质量。用目前的 CA 技术处理优质苹果，已完全可以达到周年供应鲜果的目的。

③减少贮藏损失：气调贮藏能明显地降低了贮藏期间的损耗。据河南生物研究所对猕猴

桃的观察证实,在贮藏时间相同的条件下,普通冷藏的损耗高达15%～20%,而气调贮藏的总损耗不足4%。

④延长了货架期:气调贮藏由于长期受到低氧和高二氧化碳的作用,当解除CA状态后,果蔬产品仍有一段很长时间的"滞后效应",这就为延长货架期提供了理论依据。据陕西在苹果上试验表明:在保持相同质量的前提下,气调贮藏的货架期是冷藏的2～3倍。

⑤有利于开发无污染的绿色食品:在果蔬产品气调贮藏过程中,不用任何化学药物处理,所采用的措施全是物理因素,果蔬产品所能接触到的氧气、氮气、二氧化碳、水分和低温等因子都是人们日常生活中所不可缺少的物理因子,因而也就不会造成任何形式的污染,完全符合绿色食品标准。

⑥利于长途运输和外销:以CA技术处理后的新鲜果蔬产品,由于贮后质量得到明显改善而为外销和远销创造了条件。气调运输技术的出现又使远距离大吨位易腐商品的运价比空运降低4～8倍,无论对商家还是对消费者都极具吸引力。

⑦具有良好的社会效益和经济效益:气调贮藏由于具有贮藏时间长和贮藏效果好等多种优点,因而可使多种果蔬产品几乎可以达到季产年销和周年供应,在很大程度上解决了我国新鲜果蔬产品"旺季烂、淡季断"的矛盾,既满足了广大消费者的需求,长期为人们提供高质量的营养源,又改善了水果的生产经营。近年来我国北方不少优质苹果产区,由于采用先进的气调技术贮藏,在鲜销中"优质优价"更为明显,甚至出现了气调果供不应求的局面。

(4)气调库的设计与构建

人工气调是在冷藏基础上发展起来的一项贮藏技术,因此人工气调库均是冷藏库,对气调库的要求基本上与冷藏库一致。气调库比冷藏库特别要求的是气密性,因而在围护结构上要加气密层。通常由气密性围护结构、气体调节系统、调压设备等几部分组成。

①气密性围护结构:主要由墙壁、地坪、天花板组成。要求具有良好的气密温变、抗压和防震功能。其中墙壁应具有良好的保温隔湿和气密性。地坪除具有保隔湿和气密功能外,还应具有较大的承载能力,它由气密层、防水层、隔热层、钢层等组成。天花板的结构与地坪相似。气调库的围护结构必须具有良好的热惰性。为使墙体保持良好的整体性和克服温变效应,在施工时应采用特殊的新墙体与地坪和天花板之间联成一体,以避免"冷桥"的产生。常用的气密介质有钢板,铝合金板,铝箔沥青纤维板,胶合板,玻璃纤维,增强塑料等。

②气调系统:气调系统主要有制氮机、CO_2洗涤器、乙烯脱除设备及用于气体分析检测的测氧仪、二氧化碳测定仪等。

制氮机(也叫降氧机,保鲜机) 通过制氮机快速降O_2,2～4d即可将库内O_2降至预定指标,然后在水果耗O_2和人工补O_2之间,建立起一个相对稳定的平衡系统,达到控制库内O_2含量的目的。新一代制氮设备,即膜分离制氮机。它将洁净的压缩空气通过膜纤维组件将O_2和N_2分开。这种制氮机所产N_2比催化燃烧式更纯净,其机械结构比碳分子筛制氮机更加简单,也更易于自动控制和操作,但目前在价格上仍稍高于碳分子筛制氮机。

CO_2洗涤器 根据贮藏工艺要求,库内CO_2必须控制在一定范围之内,否则将会影响贮藏效果或导致CO_2中毒。通过CO_2脱除器可将库内的多余CO_2脱掉,如此往复循环,使CO_2浓度维持在所需的范围之内。CO_2脱除器的工作原理:以活性炭吸附混合气体中的CO_2,当活性炭饱和后,用新鲜空气吹扫,使二氧化碳解吸附,活性炭再生。

③调压设备:气调贮藏库内常常会发生气压的变化,正压、负压都有可能。如吸除CO_2

时,库内就会出现负压。为保障气调库的安全运行,保持库内压力的相对平衡,须设置压力平衡装置。常见的压力平衡装置有缓冲气囊和压力平衡器,前者是一只具有伸缩功能的塑胶袋,当库内压力波通过此囊的膨胀或收缩进行调节,使库内压力相对保持平衡。压力平衡器是采用水封栓装置来调压,当库内外压差较大时(如大于 $\pm 10mmH_2O$,mmH_2O 是非法定计量单位,它与法定计量单位的换算关系是 $1mmH_2O = 9.81Pa$),压力平衡器的水封即可自动鼓泡泄气,以保持库内外的压差在允许范围之内,使气调库得以安全运转。

(5)气体指标选择与控制

①双指标,总和约21%:将果蔬产品贮藏在密闭容器内,呼吸消耗掉的 O_2 约与释放的 CO_2 体积相等,即 O_2 和 CO_2 体积之和仍近于21%。此后,定期或连续地从封闭器内排出一定体积的气体,同时充入等体积的新鲜空气,就可稳定地维持这个配合比例。它的缺点是初期 O_2 较高(>10%),CO_2 就觉太低,不能充分发挥气调贮藏的优越性;而后期可能 O_2 较低(<10%),CO_2 过高而招致生理损伤。将 O_2 和 CO_2 控制于相近的指标(两者各约10%,有时 CO_2 稍高于 O_2,简称高 O_2 高 CO_2 指标,可以应用于一些耐 CO_2 的果蔬产品,但其效果终究不如低 O_2 低 CO_2 好。不过这种指标因其设备和管理简单,在条件受限制的地方仍是值得应用的。

②双指标,总和低于21%:O_2 和 CO_2 的含量都比较低,两者之和不到21%。这是当前国内外广泛应用的配合方式,效果要比上一种方式好得多。目前国内习惯上把气体含量在2%~5%范围的称低指标,5%~8%范围的称中指标。比较地说,大多数果蔬产品都以低 O_2 低 CO_2 指标较适宜。但这种配合操作管理较麻烦,所需设备也较复杂。

③O_2 单指标:上面两种双指标配合,都是同时控制 O_2 和 CO_2 于指定含量。有时为了简化管理手续,或者有的作物对 CO_2 很敏感,则可采用 O_2 单指标,即只控制 O_2 的含量,CO_2 用吸收剂全部吸收掉。O_2 单指标必然是一个低指标,因为当无 CO_2 存在时,O_2 影响植物呼吸的阈值大约为7%,必须低于这个水平,才能有效地抑制呼吸强度。对于多数果蔬产品来说,这种方式的效果不如上述第二种方式好,但比第一种方式可能要优越些,操作上也比较简便,在我国当前的生产条件下比较容易推广普及。

(6)气调贮藏的管理

气调贮藏的管理与操作在许多方面与机械冷藏相似,包括库房的消毒、商品入库后的堆码方式、温度,相对湿度的调节和控制等,但也存在一些不同。

①原料选择:用于气调贮藏的新鲜果蔬产品质量要求很高。没有入贮前的优质原料基础,就不可能获得气调贮藏的高效。贮藏用的产品最好在专用基地生产,加强采前的管理。另外,要严格把握采收的成熟度,并注意采后商品化处理技术措施的配套综合应用,以利于气调效果的充分发挥。

②产品入库和出库:新鲜果蔬产品入库贮藏时要尽可能做到分种类、品种、成熟度、产地、贮藏时间要求等分库贮藏,不要混贮,以避免相互间的影响。气调条件解除后,产品应在尽可能短的时间内一次出清。

③温度:气调贮藏的新鲜果蔬产品采收后,有条件的应立即预冷,排除田间热后入库贮藏。经过预冷可使产品一次入库,缩短装库时间及有利于尽早建立气调条件;另外,在封库后建立气调条件期间,可避免因温差太大导致内部压力急剧下降,增大库房内外压力差而对库体造成伤害。气调贮藏时对温度波动范围有更严格的要求,因为温度波动会影响库内外气压差对库体造成伤害。

④相对湿度:气调贮藏过程中由于能保持库房处于密闭状态,且一般不行通风换气,能保持库房内较高的相对湿度,降低了湿度管理的难度,有利于产品新鲜状态的保持。气调贮藏期间可能会出现短时间的高湿情况,一旦发生这种现象即需除湿(如 CaO 吸收等)。

⑤空气洗涤:气调条件下贮藏产品挥发出的有害气体和异味物质逐渐积累,甚至达到有害的水平,气调贮藏期间这些物质不能通过周期性的库房内外气体交换方法等被排走,故需增加空气洗涤设备(如乙烯脱除装置、CO_2 洗涤器等)定期工作来达到空气清新的目的。

⑥气体调节:气调贮藏的核心是气体成分的调节。根据新鲜果蔬产品的生物学特性、温度与湿度的要求决定气调的气体组分后,采用相应的方法进行调节使气体指标在尽可能短的时间内达到规定的要求,并且整个贮藏过程中维持在合理的范围内。

气调贮藏采取的调节气体成分方法有调气法和气流法两类。调气法是应用机械人为地或(和)利用产品自身的呼吸降低贮藏环境中的 O_2 浓度,提高 CO_2 浓度或(和)调节其他气体成分的浓度至需要的水平。如呼吸降 O_2 和升高 CO_2,除 O_2 燃烧法降 O_2,充 N_2 降 O_2,真空后充 N_2 或 CO_2,分子筛或活性炭吸收降 CO_2,抽真空后充 N_2 降 CO_2 生碳等吸收 CO_2 等多种方式。气流法是采用将不同气体按配比指标要求人工预先混合配制好后,通过分配管道输送入气调贮藏库,从贮藏库输出的气体经处理调整成分后再重新输入分配管道注入气调库,形成气体的循环。这一方法较调气法操作简单、指标平稳、效果好。

气调库房运行中要定期对气体成分进行监测。不管采用何种调气方法,气调条件要尽可能与设定的要求一致,气体浓度的波动最好能控制在 0.3% 以内。

⑦安全性:由于新鲜果蔬产品对低 O_2 和高 CO_2 等气体的耐受力是有限度的,产品长时间贮藏在超过规定限度的低 O_2、高 CO_2 等气体条件下会受到伤害,导致损失。因此,气调贮藏时要注意对气体成分的调节和控制,并做好记录,以防止意外情况的发生,及有助于意外发生后原因的查明和责任的确认。另外,气调贮藏期间应坚持定期通过观察窗和取样孔加强对产品质量的检查。

任务2 果蔬呼吸强度的测定

一、工作原理

呼吸作用既是维持果蔬产品正常采后寿命所必需的,又是导致果蔬产品贮藏期间品质下降的主导因子。通过呼吸速率测定可对果蔬产品的耐贮性进行判断。呼吸强度的测定是采用定量碱液吸收果蔬在一定时间内呼吸所释放出来的 CO_2,再用酸滴定剩余的碱,即可计算出呼吸所释放出的 CO_2 量,求出其呼吸强度。其单位为每公斤每小时释放出 CO_2 毫克数。

反应如下:

$$2NaOH + CO_2 \rightarrow Na_2CO_3 + H_2O$$
$$Na_2CO_3 + BaCl_2 \rightarrow BaCO_3 \downarrow + 2NaCl$$
$$2NaOH + H_2C_2O_4 \rightarrow Na_2C_2O_4 + 2H_2O$$

测定可分为气流法和静置法两种。气流法设备较复杂,结果准确。静置法简便,但准确性较差。

二、材料准备

苹果、梨、柑橘、番茄、黄瓜、青菜等果蔬产品;钠石灰、20%氢氧化钠、0.4mol/L氢氧化钠、0.2mol/L草酸、饱和氯化钡溶液、酚酞指示剂、正丁醇、凡士林;真空干燥器、大气采样器、吸收管、滴定管架、铁夹、25mL滴定管、15mL三角瓶、500mL烧杯、ϕ8cm培养皿、小漏斗、10mL移液量管、洗耳球、100mL容量瓶等。

三、工作步骤

1. 气流法

气流法的特点是果蔬处在气流畅通的环境中进行呼吸,比较接近自然状态,因此,可以在恒定的条件下进行较长时间的多次连续测定。测定时使不含CO_2的气流通过果蔬呼吸室,将果蔬呼吸时释放的CO_2带入吸收管,被管中定量的碱液所吸收,经一定时间的吸收后,取出碱液,用酸滴定,由碱量差值计算出CO_2量。

(1)按图1—13(暂不连接吸收管)连接好大气采样器,同时检查不使有漏气,开动大气采样器中的空气泵,如果在装有20% NaOH溶液的净化瓶中有连续不断的气泡产生,说明整个系统气密性良好,否则应检查各接口是否漏气。

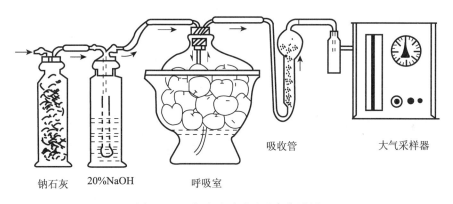

钠石灰　　20%NaOH　　呼吸室　　　　　　吸收管　　　　大气采样器

图1—13　气流法测呼吸强度装置图

(2)用台秤称取果蔬材料1kg,放入呼吸室,先将呼吸室与安全瓶连接,拨动开关,将空气流量调节在0.4L/min;将定时钟旋钮反时钟方向转到30min处,先使呼吸室抽空平衡半小时,然后连接吸收管开始正式测定。

(3)空白滴定用移液管吸取0.4mol/L的NaOH 10mL,放入一支吸收管中;加一滴正丁醇,稍加摇动后再将其中碱液毫无损失地移到三角瓶中,用煮沸过的蒸馏水冲洗5次,直至显中性为止。加少量饱和的$BaCl_2$溶液和酚酞指示剂2滴,然后用0.2mol/L草酸滴定至粉红色消失即为终点。记下滴定量,重复一次,取平均值,即为空白滴定量(V_1)。如果两次滴定相差0.1mL,必须重滴一次,同时取一支吸收管装好同量碱液和一滴正丁醇。放在大气采样器的管架上备用。

(4)当呼吸室抽空半小时后,立即接上吸收管、把定时针重新转到30min处,调整流量保持0.4L/min。待样品测定半小时后,取下吸收管,将碱液移入三角瓶中,加饱和$BaCl_2$ 5mL和酚酞指示剂2滴,用草酸滴定,操作同空白滴定,记下滴定量(V_2)。

2. 静置法

静置法比较简便,不需特殊设备。测定时将样品置于干燥器中,干燥器底部放入定量碱液,果蔬呼吸释放出的 CO_2 自然下沉而被碱液吸收,静置一定时间后取出碱液,用酸滴定,求出样品的呼吸强度。

用移液管吸取 0.4mol/L 的 NaOH 20mL 放入培养皿中,将培养皿放进呼吸室,放置隔板,放入 1kg 果蔬,封盖,测定 1h 后取出培养皿把碱液移入烧杯中(冲洗 4~5 次),加饱和 $BaCl_2$ 5mL 和酚酞指示剂 2 滴,用 0.2mol/L 草酸滴定,用同样方法作空白滴定。

3. 结果计算

计算公式:

$$呼吸强度[mg(CO_2)/(kg \cdot h)] = \frac{(V_1 - V_2)c \times 44}{W \times t}$$

式中　　V_1——空白测定时所用草酸量,mL;

　　　　V_2——测定样品时所用草酸量,mL;

　　　　c——草酸的浓度,mol/L;

　　　　W——样品重量,g;

　　　　t——测定时间,h;

　　　　44——二氧化碳相对分子质量。

将测定的数据填入表 1—7 中。

表 1—7　果蔬呼吸强度测定记录表

样品重 /kg	测定 时间/h	气流量/ (1/min)	0.4mol/L NaOH/mL	0.2mol/L $H_2C_2O_4$ 用量(mL)		滴定差/mL $(V_1 - V_2)$	CO_2 [mg/(kg·h)]	测定温 度/℃
				空白(V_1)	定测(V_2)			

任务3　果蔬贮藏环境中氧气和二氧化碳含量的测定

一、工作原理

采后的果蔬仍是一个有生命的活体,在贮藏过程中不断地进行着呼吸作用,必然影响到贮藏环境中 O_2 及 CO_2 含量,如果 O_2 过低或 CO_2 过高,或两者比例失调,会危及果蔬正常生命活动。特别是在气调贮藏中,要随时掌握贮藏环境中 O_2 及 CO_2 的变化,所以果蔬在贮藏期间需经常测定 O_2 及 CO_2 的含量。

测定 O_2 及 CO_2 含量的方法有化学吸收法及物理化学测定法,前者是应用奥氏气体分析仪或改良奥氏气体分析仪,以氢氧化钠溶液吸收 CO_2,以焦性没食子酸碱性溶液吸收 O_2,从而测出它们的含量。后者是利用 O_2 及 CO_2 测试仪表进行测定。

二、材料准备

（1）仪器 奥氏气体分析仪（结构如图1—14所示）。梳形管；吸气球；量气筒；调节瓶；三通活塞（磨口）；取气囊。

（2）试剂 焦性没食子酸、氢氧化钾、氯化钠、液体石蜡。

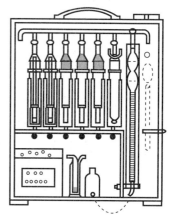

图1—14 奥氏气体分析仪

①氧吸收剂：取焦性没食子酸30g于第一个烧杯中，加70mL蒸馏水，搅拌溶解，定容于100mL；另取30g氢氧化钾或氢氧化钠于第二个烧杯中，加70mL蒸馏水中，定容于100mL；冷却后将两种溶液混合在一起，即可使用。

②二氧化碳吸收剂：30%的氢氧化钾或氢氧化钠溶液吸收二氧化碳（以氢氧化钾为好，因氢氧化钠与二氧化碳作用生成碳酸钠的沉淀量多时会堵塞通道）。取氢氧化钾60g，溶于140mL蒸馏水中，定容于200mL即可。

③封闭液的配制：在饱和的氯化钠溶液中，加1～2滴盐酸溶液后，加2滴甲基橙指示剂即可。在调节瓶中很快形成玫瑰红色的封闭指示剂。当碱液从吸收瓶中偶然进入量气筒内，会使封闭液立即呈碱性反应，由红色变为黄色，也可用纯蒸馏水做封闭液。

三、工作步骤

（1）清洗 将仪器的所有玻璃部分洗净，磨口活塞涂凡士林，并按图装配好。在吸气球管中注入吸收剂，一个吸收瓶中注入二氧化碳吸收剂，另一吸收瓶中注入氧气吸收剂，吸收剂不宜装得太多，一般装到吸收瓶的1/2（与后面的容器相通）即可，后面的容器加少许（液面有一薄层）液体石蜡，使吸收液呈密封状态，调节瓶中装入封闭液。将吸气孔接上待测气样。

（2）调整 将所有磨口活塞关闭，使吸气球管与梳形管不相通，转动排气口呈"⊢"状，高举调节瓶，排出量气筒中空气，以后转动排气口呈"⊣"状，打开活塞并降下调节液瓶，此时二氧化碳吸收剂瓶中的吸收剂上升，升到管口顶部时，立即关闭活塞，使液面停止在刻度线上，然后打开活塞，同样使吸收剂液面达到刻度线。

（3）洗气 用气样清洗梳形管和量筒内原有空气，使进入其中的气样保持纯度，避免误差。打开三通活塞，箭头向上，调节瓶向下，气样进入量气筒，约100mL，然后把三通活塞箭头向左，把清洗过的气样排出，反复操作2～3次。

（4）取样 正式取气样，将三通活塞箭头向上，并降低调节瓶，使液面准确达到0位，取气样100mL，调节瓶与量气筒两液面在同一水平线上，定量后关闭气路，封闭所有通道。再举起调节瓶观察量气筒的液面，堵漏后重新取样。若液面稍有上升后停在一定位置上不再上升，证明不漏气后，可以开始测定。

（5）测定 先测定二氧化碳，旋动二氧碳吸气球管活塞，上下举动调节瓶，使吸气球管的液体与气样充分接触，吸收二氧化碳，将吸收剂液面回到原来的标线，关闭活塞。调节瓶液面和量气筒的液面平衡时，记下读数。如上操作，再进行第二次读数，若两次读数误差不超过 0.3% ，即表明吸收完全，否则再进行如上操作。以上测定结果为 CO_2 含量，再转动氧气吸气球管的活塞，用同样的方法测定出 O_2 含量。

（6）记录计算

计算公式：

$$CO_2 \text{ 的含量（\%）} = \frac{V_1 - V_2}{V_3} \times 100\%$$

$$O_2 \text{ 的含量（\%）} = \frac{V_2 - V_3}{V_1} \times 100\%$$

式中　V_1——量气筒初始体积（mL）；

　　　V_2——测定二氧化碳时残留气体体积（mL）；

　　　V_3——测定氧气时残留气体体积（mL）。

任务 4　南北方典型果品贮藏保鲜技术

我国栽培的果树种类繁多，其典型的果品有苹果、梨、葡萄、板栗、柑橘、荔枝、香蕉等。由于在特定的环境条件下栽培，使其在各方面形成一定的适应性，贮藏特性存在很大的差异。所以，在生产中应根据不同种类果品的贮藏特性，采用适合的贮藏手段和方式，才能达到良好的贮藏保鲜效果。

一、典型果品贮藏特性

不同的果实种类、品种间的果皮结构和生理特性不同，它们的贮藏特性差异很大。提高果品贮藏保鲜效果，就必须了解果实固有的贮藏特性，注意选择耐贮品种。典型果树果品的贮藏特性见表1—8。

表1—8　南北方典型果品的贮藏特性

果实种类	贮藏特性	耐贮品种
苹果	①干物质积累丰富，质地致密，保护组织发育良好，呼吸代谢低，故其耐贮性和抗病性都较强 ②属于典型的呼吸跃变型果实，应在呼吸跃变启动之前采收	红富士、青香蕉、红玉、国光等
梨	①耐贮性白梨＞秋子梨、砂梨＞西洋梨；同一系统中不同品种耐贮性也不同，中晚熟品种耐贮性较强，而早熟品种不易贮藏 ②属于呼吸跃变型果实，适当提早采收有利于贮藏	苹果梨、秦酥、秋白、密梨、红霄等
葡萄	①果皮厚韧、果面及果轴覆层蜡质果粉、含糖量较高、色深的中晚熟品种耐贮藏 ②属于非呼吸跃变型果实，适当推迟采收，延缓果梗和穗轴的衰老，有利于贮藏	龙眼、牛奶、玫瑰香、新玫瑰、白香蕉、吉香、意斯林和巨峰、大宝等

续表

果实种类	贮藏特性	耐贮品种
板栗	①一般北方品种板栗的耐藏性优于南方品种，中、晚熟品种强于早熟品种 ②属呼吸跃变型果实，特别在采后第一个月内，呼吸作用十分旺盛	焦扎、青扎、薄壳、红栗、虎爪栗、油栗等
柑橘	①不同种类或品种耐藏性不同：柠檬、柚类＞橙类＞柑类＞橘类；厚皮晚熟品种＞薄皮早熟品种 ②属于非呼吸跃变型果实，一般成熟度稍高的柑橘耐贮性好	柠檬类、锦橙、雪橙、柳橙、大红甜橙、蕉柑、椪柑、沙田柚等
香蕉	①香蕉对乙烯非常敏感，极微量的乙烯都可以启动香蕉的成熟；香蕉对冷敏感，在低于11℃下贮藏易发生冷害 ②属于呼吸跃变型的果实，当果实出现呼吸高峰时，果实迅速衰老，无法继续贮藏	香牙蕉等
荔枝	①荔枝不耐贮藏，其常温保鲜期只有4～7d；一般果皮厚、果峰高、果肉硬的品种较耐贮；果皮失水蒸发是引起荔枝褐变的主要因素 ②属于非呼吸跃变型果实，采收当天呼吸强度较高，随着时间的延长而逐步下降	桂味、淮枝、妃子笑、黑叶等

二、典型果品贮藏条件

不同果实的生长环境不同，对贮藏条件的要求有很大的差异，只有控制好贮藏温度、湿度和气体条件，才能有效地抑制果实的呼吸作用，减少营养物质的消耗，最大限度地保持果品的营养和品质。表1—9为南北方典型果品的适宜贮藏条件及贮藏寿命。

表1—9　南北方典型果品的适宜贮藏条件及贮藏寿命

果实种类	品种	适宜贮藏条件				贮藏寿命/d
		温度/℃	湿度（%）	O_2（%）	CO_2（%）	
苹果	红富士	-1～0	85～95	2～5	3～5	150～210
	金冠	0	85～90	1.5～3	1～4	60～120
梨	鸭梨	0～1	85～95	2～4	3～5	150～240
	京白梨	0～1	90～95	2～4	2～4	90～150
葡萄	巨峰	-1～0	90～95	2～4	3～5	60～90
板栗	大板栗	0～1	90～95	3～5	1～4	240～360

果实种类	品种	适宜贮藏条件				贮藏寿命/d
		温度/℃	湿度（%）	O_2（%）	CO_2（%）	
柑橘	柠檬	6~7	85~90	/	/	120~180
	葡萄柚	10~15.5	85~90	/	/	30~60
	甜橙	4~5	90~95	≤3	10~15	90~150
	蕉柑	7~9	85~90	0~1	18~20	90~150
	椪柑	10~12	85~90	/	/	120~150
	红橘	10~12	80~85	≤3	≥19	60~90
香蕉（青）	多数品种	13~14	85~95	2~5	2~5	20~60
荔枝	多数品种	1~5	90~95	3~5	3~5	25~40

三、典型果品贮藏保鲜技术

1. 苹果

（1）采后处理

苹果采后处理主要包括分级、包装和预冷。严格按照产品质量标准进行分级，出口苹果必须按照国际标准或者协议标准分级。包装采用定量的大小木箱、塑料箱和瓦楞纸箱包装，每箱装 10kg 左右。机械化程度高的贮藏库，可用容量大约 300kg 的大木箱包装，出库时再用纸箱分装。预冷处理是提高苹果贮藏效果的重要措施，国外果品冷库都配有专用预冷间，而国内则不然，一般将分级包装的苹果放入冷藏间，采用强制通风冷却，迅速将果温降至接近贮藏温度后再堆码贮藏。

（2）贮藏方式及管理

①沟藏

选择地势平坦的地方挖沟，深 1.3~1.7m，宽 2m，长度随贮藏量而定。当沟壁已冻结 3.3cm 时，即把经过预冷的苹果入沟贮藏。先在沟底铺约 33cm 厚的麦草，放下果筐，四周围填麦草约 21cm 厚，筐上盖草。到 12 月中旬沟内温度达 -2℃时，再覆土 6~7cm 厚，以盖住草根为限。要求在整个贮藏期不能渗入雨、雪水，沟内温度保持 -2~-4℃。至 3 月下旬以后沟温升至 2℃以上时，即不能继续贮藏。

②窑窖贮藏

在我国的山西、陕西、甘肃、河南等产地多采用窑窖（土窑洞）贮藏苹果。一般苹果采收后要经过预冷，待果温和窑温下降到 0℃左右入贮。将预冷的苹果装入箱或筐内，在窑的底部垫木枕或砖，苹果堆码在上面，各果箱（筐）要留适当的空隙，以利于通风。堆码离窑顶有 60~70cm 的空隙，与墙壁、通气口之间要留空隙。

③冷藏

苹果冷藏入库时果筐或果箱采用"品"或"井"字型码垛。码垛时要充分利用库房空间，且不同种类、品种、等级、产地的苹果要分别码放。垛码要牢固，排列整齐，垛与垛之间要留有出入通道。每次入库量不宜太大，一般不超过库容量的 15%，以免影响降温的速度。

入贮后，库房管理技术人员要严格按冷藏条件及相关管理规程进行定时检测库内的温度和湿度，并及时调控，维持贮温 -1 ~0℃，上下波动不超过 1℃。适当通风，排除不良气体。及时冲霜，并进行人工或自动的加湿、排湿的处理，调节贮藏环境中的相对湿度为85% ~90%。

苹果出库前，应有升温处理，以防止结露现象的产生。升温处理可在升温室或冷库预贮间内进行，升温速度以每次高于果温 2 ~4℃为宜，相对湿度 75% ~80% 为好，当果温升到与外界相差 4~5℃时即可出库。

④气调贮藏

a. 塑料薄膜袋贮藏：在苹果箱中衬以 0.04 ~0.07mm 厚的低密度 PE 或 PVC 薄膜袋，装入苹果，扎口封闭后放置于库房中，每袋构成一个密封的贮藏单位。初期 CO_2 浓度较高，以后逐渐降低，在贮藏初期的两周内，CO_2 的上限浓度 7% 较为安全，但富士苹果的 CO_2 应不高于 3%。

b. 塑料薄膜大帐贮藏：在冷库内，用 0.1 ~0.2mm 厚的聚氯乙烯薄膜粘合成长方形的帐子将苹果贮藏垛封闭起来，容量可根据需要而定。用分子筛充氮机向帐内冲氮降氧，取帐内气体测定 O_2 和 CO_2 浓度，以便准确控制帐内的气体成分。贮藏期间每天取气，分析帐内 O_2 和 CO_2 的浓度，当 O_2 浓度过低时，向帐内补充空气；CO_2 浓度过高时可用 CO_2 脱除器或消石灰脱除 CO_2，消石灰用量为每 100kg 苹果用 0.5 ~1.0kg。

在大帐壁的中、下部粘贴上硅橡胶窗，可以自然调节帐内的气体成分，使用和管理更为简便。硅胶窗的面积依贮藏量和要求的气体比例来确定。如贮藏 1t 金冠苹果，为使 O_2 维持在 2% ~3%、CO_2 3% ~5%，在大约 5 ~6℃条件下，硅胶窗面积为 0.6m×0.6m 较为适宜。苹果罩帐前要充分冷却和保持库内稳定的低温以减少帐内凝水。

c. 气调库贮藏：苹果气调库贮藏要根据不同品种的贮藏特性，确定适宜的贮藏条件，并通过调气保证库内所需要的气体成分及准确控制温度、湿度。对于大多数苹果品种而言，控制 2% ~5% O_2 和 3% ~5% CO_2 比较适宜，而温度可以较一般冷藏高 0.5 ~1℃。在苹果气调贮藏中容易产生 CO_2 中毒和缺氧伤害。贮藏过程中，要经常检查贮藏环境中 O_2 和 CO_2 的浓度变化，及时进行调控，可防止伤害发生。

2. 梨

（1）采后处理

①分级

梨的分级可参照苹果进行。一般主要依据包括外观、单果重量等等级规格指标、理化指标和卫生指标 3 个方面。

②包装

内包装采用单果包纸、套塑料发泡网套或者先包纸再外套发泡网套，可以有效缓冲运输碰撞，减少机械损伤。包装纸须清洁完整、质地柔软、薄而半透明，具有吸潮及透气性能。另外也可用油纸或符合食品卫生要求的药纸包果。外包装可用纸箱、塑料箱、木箱等。塑料箱、木箱可做贮藏箱或周转箱，纸箱可做贮藏箱和销售包装箱。

③预贮或预冷处理

用于长期贮藏梨的品种，采收期一般在 9 ~10 月上旬，此期产地的白天温度较高，进行长期冷藏或气调贮藏的品种，采后应尽快入库进行预贮或预冷处理，以排出田间热。在预贮或预冷处理时，可采取强制通风方式和机械降温的方式。在降温处理时速度不宜过快，并且温度也不宜过低。一般预冷至 10 ~ 12℃时就应采取缓慢降温方式逐渐达到适宜贮温。避免黑心病和黑皮病的发生。

（2）贮藏方式及管理

①窖藏

在梨的产地多采用窖藏。采收后的梨经适当处理后，当果温和窖温都接近 0℃时即可入窖。梨在窖内码垛存放时，要注意垛间、垛的四周要留有通风间隙。产品入库前期主要是控制通风，导入库外的冷空气，降低库内的温度；中期的管理以防冻为主，这一时期的管理要注意防寒，在关闭通风系统的同时，要适当更换库内的空气，但只能在中午库外气温高于冻结温度时进行适当的换气；当春季来临时，库外的气温逐渐回升，库内已难以维持低温条件时，可以开启进出气口，引入冷空气调节库内的温度。

②通风库贮藏

通风库贮藏梨是利用昼夜温差大及有隔热保温性能的通风库，使梨处于相对稳定的较低的温度条件下，延缓果实衰变的贮藏方法。即梨果采收后，装筐入库，通风堆码，根据库内外温差及时灵活地进行开窗或关窗，调节库内的温度，使温度尽量维持在 −3 ~ 1℃，相对湿度维持在 80% ~ 90% 之间。严寒季节要注意防冻，尤其对低温比较敏感的品种。

③冷库贮藏

经预冷至 0℃的梨果可直接入冷库冷藏；未经预冷的梨果不能直接进入冷藏库内冷藏，否则容易发生黑心病。一般在 10℃以上入库，每周降低 1℃，降至 7 ~ 8℃以后，每 3d 再降低 1℃，直至降至 0℃，这一段时间大约 30 ~ 50d。在冷库内，纸箱有品字形和蜂窝形 2 种摆放方式，纸箱码的不能太长，垛内纸箱间应留有孔隙，垛与垛之间应留通风道，通风道的方向与风筒走向垂直或与风筒出风方向平行。在冷库贮藏过程中要注意冷害的发生。

3. 葡萄

（1）采后处理

葡萄是没有后熟过程的水果，用于贮藏的葡萄，必须充分成熟才能采收。一般成熟后不落粒的品种，采收愈晚耐贮藏愈强，如龙眼、牛奶等品种都是如此。

葡萄采后带有大量田间热，不经预冷就放入保鲜袋封口，袋内将出现大量结露使袋底积水。故葡萄装入内衬有 0.03 ~ 0.05mm 厚 PVC 或 PE 袋的箱后，入库敞口冷却，待果温降至 0℃，放保鲜药检剂且封口。快速预冷对任何葡萄品种均有益。通常葡萄采后经过 6 ~ 12h 将果温从 27℃降至 0 ~ 0.5℃效果最好。为了实现快速预冷，应该在葡萄入贮前 1 周开机，使库温降至 0℃。

（2）贮藏方式及管理

①塑料袋小包装低温贮藏保鲜

选择晚熟耐贮品种，如龙眼、玫瑰香等品种，在 9 月下旬至 10 月上旬天气转冷时，选择充分成熟且无病、无伤的葡萄果穗立即装入宽 30cm、长 10cm、厚 0.05mm 的无毒塑料袋中（或大食用袋），每袋装 2 ~ 2.5kg，扎严袋口，轻轻放在底上垫有碎纸或泡沫塑料的硬纸箱或浅篓中，每箱只摆 1 层装满葡萄的小袋。然后将木箱移入 0 ~ 5℃的暖屋、楼房北屋或菜窖中，室温或窖温控制在 0 ~ 3℃为好。发现袋内有发霉的果粒，立即打开包装袋，提起葡萄穗轴，剪除发霉的果粒，晾晒 2～3h 再装入袋中，要在近期食用，不能长期贮藏。用此方法贮藏龙眼、玫瑰香等品种，可以保鲜到春节。

②沟藏保鲜

在气候冷凉的北方省份，选用晚熟耐贮葡萄品种，果实充分成熟时采收，将整理完的葡萄果穗放入垫有瓦楞纸或塑料泡膜的箱或浅篓中，每箱 20～25kg，摆 2～3 层果穗即可。先将装完的果箱或果篓放在通风背阴处预冷 10d 左右，降低果温，以便贮藏。选择地势稍高而干燥的地方挖沟，沟南北向，宽 100cm，深 100～120cm，沟长按葡萄贮量而定。沟底铺 5～10cm 的净河沙，将预冷过的葡萄果穗排放于沟底细沙上，一般摆放 2～3 层，越紧越好，以不挤坏果粒为原则。约在霜降后，昼夜温差大时入沟，沟顶上架木杆，其上白天盖草席，夜晚揭开。在沟温 3～5℃时，使沟内湿度达 80% 左右。白天沟温在 1～2℃时，昼夜盖草席。白天沟温降至 0℃时，贮藏沟上要盖草栅保温防冻。总之，沟里温度要控制在 0～3℃，湿度在 85% 左右为宜。

③窖藏保鲜

葡萄采收时穗梗上剪留一段 5～8cm 结果枝，以便挂果穗之用。在 10 月中旬入窖，立即用二氧化硫燃烧熏蒸 60min，每立方米用 4g 硫磺粉，以后每隔 10d 熏蒸 1 次，每次熏 30～60min。1 个月后，待窖温降到 0℃左右时，要间隔 1 个月熏 1 次，窖内保持相对湿度在 90%～92%。用此法贮藏龙眼葡萄，可以保鲜到次年 4～5 月份，穗梗不枯萎，果粒损耗率为 2%～4%，贮藏效果良好。

④防腐剂保鲜贮藏

a. 仲丁胺：龙眼葡萄用仲丁胺防腐剂处理后，放入聚乙烯塑料袋中密封保鲜效果良好。具体用法是：每 500kg 葡萄用仲丁胺 25mL 熏蒸，然后用薄膜大帐贮藏，在 2.5～3℃低温下贮藏 3 个月，好果率达 98%，果实品质正常，果梗绿色，符合要求。此剂使用方便，成本低廉。

b. S-M 和 S-P-M 水果保鲜剂：这两种水果保鲜剂，是把熏蒸性的防腐保鲜剂密封在聚乙烯塑料袋中，让其放出二氧化硫，以抑制和杀灭霉菌，起到水果保鲜防腐作用。每千克葡萄只需 2 片药（每片药重 0.62g），能贮存 3～5 个月，可降低损耗率 70%～90%，适于贮藏龙眼、巨峰、新玫瑰等葡萄品种。晚熟葡萄充分成熟后采收，剪除病粒、坏粒和青粒，装入坛中或缸中，将药片用纱布包好放在上边，然后用塑料薄膜封口，放在阴凉地方，温度控制在 0～2℃，可保鲜 4 个月，完好无腐。如能移入地下或放在窖中，保持适宜温度，效果更好。

c. 过氧化钙保鲜剂：据日本特公 78－2582 号专利：将巨峰葡萄 20 串（穗），分别放入宽 25cm 和长 50cm 的塑料袋内，把 5g 过氧化钙夹在长 10cm、宽 20cm、厚 1mm 的吸收纸中间，包好放入塑料袋后密封，置于 5℃条件下，贮藏 76d，损耗率为 2.1%，浆果脱粒率 4.3%。过氧化钙遇湿后分解出氧气与乙烯反应，生成环氧乙烷，再遇水又生成乙二醇，剩下的是硝石灰。可以消除葡萄贮藏过程中释放的乙烯，从而延长贮藏期。药剂安全、有效，若与杀菌剂配合使用，效果更为显著。

d. 葡萄 8251 保鲜剂：由天津化工研究院研制的葡萄 8251 保鲜剂，属片剂，每袋内装 1～2 片。采收和装箱在田间同时完成，由葡萄架采下的果穗，剪除破伤粒、小青粒后，就可装箱。边装箱，边将保鲜剂药片装入，若容器较大，葡萄与药剂分层放置，若容器较小，装好葡萄后，把药片放在表层，把塑料袋口扎紧，放在冷凉地方，温度 0～2℃，若大规模贮存，必须有较好的贮藏条件，并以机械冷库最好。贮藏库在葡萄采收前清理干净，湿度不够时可在库内四壁洒水或喷水，入库前使库温降到5℃以下，且以0℃为最好，这样不必经过缓冲，可直接入库，存放时，注意巷道与通风口平行，不宜码太高，一般为15～20层为宜。

4. 板栗

（1）采后处理

①脱苞选果

采收后苞果温度高水分多，呼吸强度大，不可大量集中堆积，否则容易引起发热腐烂。应选择凉爽通风的场所，将苞果堆成0.6～1m厚的堆，不可压实，以利通风降温。经7～10d，然后将坚果从栗苞中取出，剔除病虫果以及其他不合格果，再摊晾5～7d即可入贮。

②防腐处理

用0.1%的高锰酸钾溶液浸果30min或0.1%的高锰酸钾和0.125%的敌百虫混合浸果1～2min有较好的防腐效果。用托布津500倍液浸果3min，晾干后贮藏，对减少腐烂有一定效果。

③杀虫处理

板栗贮藏中的主要害虫为栗实象岬，成虫于6～9月发生，采收前产卵于果实上，幼虫孵化后进入果实内部蛀食。防虫处理有浸水灭虫和熏蒸灭虫。浸水灭虫将板栗浸没水中5～7d，每1～2d换水一次，可使害虫窒息死亡；或者用50～55℃温水浸果30～45min，或用90℃热水浸果15～20s，取出晾干后贮藏，其杀虫率可达90%以上。熏蒸灭虫就是根据板栗数量，用塑料帐或库房密闭后进行熏蒸处理，常用药物为二硫化碳（用量20～50 g/m³，熏蒸时间18～24h）、溴甲烷（用量40～56g/m³，时间3～10h）、磷化铝（用量20～50g/m³，时间18～24h）。此外，用1Gy的γ射线辐照板栗果实，也可控制虫害。

④防止发芽处理

板栗在适宜的温、湿度条件下容易发芽。因此，在贮藏中采用1%的比久（B₉）、青鲜素或2,4-D、萘乙酸及其衍生物浸泡板栗果实，有较好的抑制发芽的效果。此外，用漂白虫蜡、混合蜡等进行涂膜处理或辐照处理等也能抑制板栗发芽。

（2）贮藏方式及管理

①沙藏法

南方多在阴凉室内的地面铺一层高粱秆或稻草，然后铺沙约6cm，沙的湿度以手握不成团为宜。然后在沙上以一份栗、二份湿沙混合堆放，或栗和沙交互层放，每层3～7cm厚，最上层覆沙3～7cm，用稻草覆盖，高度约1m，每隔20～30d翻动检查一次。

②栗球室内贮藏

南方板栗采收时，正值秋播农忙季节，只将栗球收回妥善保管，等农闲时（多在12月底）再脱壳，分期外运。方法是选择晴天采收，选果大、色浓、饱满完整、无病虫害的坚果，贮藏在阴凉、干燥、通风的室内。先在地面堆10～13cm河沙，然后将栗球堆高1～1.3m，堆上面加盖一层栗壳。每月翻动一次，保持上下湿度均匀。用此法从9月下旬贮藏到12月底，栗果色泽新鲜，霉烂仅2%。

③架藏

在阴凉的室内或通风库中，用毛竹制成贮藏架，每架三层，长3m，宽1m，高2m。架顶用竹制成屋脊形。栗果散热2～3d后，连筐浸入清水2min，捞出，每筐25kg堆码在竹架上，再用0.08mm厚的聚乙烯大帐罩上，每隔一段时间揭帐通风1次，每次2h。进入贮藏后期，可用2%的食盐水加2%的纯碱混合液浸泡栗果，捞出后放入少量松针，罩上聚乙烯薄膜继续贮藏。一般贮藏栗果144d，好果率在85%，且无发芽现象。

④冷藏和简易气调贮藏

库温0~1℃，相对湿度80%~85%，用麻袋包装，90kg/袋，堆高6~8袋，留出足够的通道，以利降温和通风。若相对湿度不足，可每隔4~5d在包装外喷水。如在麻袋内增衬0.06mm的打孔聚乙烯薄膜，可减少栗果失重。冷藏贮期可达1年。也可采用薄膜帐或打孔薄膜袋进行简易气调贮藏。先将薄膜袋衬在竹篓、纸箱或木箱里，板栗经防腐处理后晾干装袋。薄膜袋以容量为20~25kg，厚度为0.05mm，袋两侧各打直径为1cm的小孔，孔距为5cm为佳。若袋子不打孔，则需定期开袋通风换气。此法可将栗果贮至翌年3月，霉烂果仅1%~2%。

⑤涂膜保鲜

选用较耐贮藏品种，经发汗、预贮1个月后，用500倍托布津或多菌灵浸洗8~10min，阴干后用虫胶4号、虫胶6号或虫胶20号涂液原液加水2倍，搅匀后浸果5s捞出，晾干后装入内衬塑料薄膜的筐或篓内，置常温条件下贮藏。贮藏时每隔10d检查1次，及时剔除坏果，经贮藏100d后好果率达85%以上；若在0~3℃低温条件下贮藏，好果率可达90%以上。

⑥稀醋酸浸洗贮藏

将挑选过的栗果，用1%醋酸液浸1min，沥干后装入底垫松针的竹篓内，上盖塑料薄膜，每月浸洗4次。贮藏142d后，好果率94%。

5. 香蕉

（1）采后处理

①采收

根据香蕉的采后用途，选择适宜的饱满度采收。若要长途运输或长期贮藏，其采收饱满度一般在七成五至八成左右，饱满度越高，耐藏性越差。香蕉采收时要尽量避免机械伤，最好两人合作，一人砍蕉株，一人扛蕉。不要在雨天或台风天采收。

②去轴落梳

由于蕉轴含有较高的水分和营养物质，而且结构疏松，易被微生物侵染而导致腐烂，而且带蕉轴的香蕉运输、包装均不方便，因此香蕉采后一般要进行去轴落梳。可采用特制的弧形落梳刀进行落梳，落梳后用刀修整好切口。

③清洗

由于香蕉在生长期间果面附生大量的微生物，这些微生物可能会导致香蕉在贮运期间腐烂，因此在贮运前要进行清洗。清洗时可加入一定量的次氯酸钠溶液。同时去除果指的残花。

④防腐处理

一般用来处理香蕉的杀菌剂有多菌灵、托布津、特克多、苯来特、抑霉唑和扑海因等，以特克多效果较好。使用浓度一般为500~1000mg/kg。将漂洗过的梳蕉放入药液中浸泡30s左右，然后捞出滤干药液，篓底放一个大盆回收药液，待晾干后即可进行包装。药液随配随用，隔天更换新药液。用明矾水漂洗过的梳蕉，可不用药液浸泡，只需将梳蕉切口蘸取药液即可。

⑤包装

可采用纸箱或竹篓包装。采用纸箱内衬聚乙烯薄膜，可减少运输途中的机械伤，而且可以提高商品档次。在包装内可加入浸有高锰酸钾的蛭石、碎砖或其他轻质多孔材料，可大大延长香蕉的贮藏期。

⑥流通

运输所要求的条件与贮藏类似，甚至更严格。在运输途中要防晒、防雨、防寒防冻。特别是在夏天和冬天运输时，要防止"青皮熟"和"冷害"，因此夏季运输时最好用冷藏车，而冬季则要用保温车或采用保温措施。

⑦催熟

香蕉在上市前一般还要进行催熟处理。常用催熟剂有乙烯利、乙烯气体、乙炔或电石等，一般使用水剂浓度为 $500 \sim 2000 \text{mg/kg}$，气体一般用 100mg/kg。催熟温度一般在 $14 \sim 22 \text{℃}$，以 $18 \sim 22 \text{℃}$ 为最适宜。催熟剂浓度越高，温度越高，成熟时间越短。催熟时，还应注意保持催熟环境的湿度。

（2）贮藏方式及管理

①低温贮藏

经过预冷（$12 \sim 13 \text{℃}$）后的香蕉可以进行冷藏。冷藏能降低香蕉的呼吸强度，推迟呼吸高峰（跃变），减少乙烯的产生，延缓后熟过程。但是香蕉对低温极其敏感，温度过低易发生冷害，而过高则缩短了贮藏期。一般香蕉最适贮藏温度为 $13 \sim 14 \text{℃}$，湿度以 $85\% \sim 95\%$ 为宜，并注意通风排气。

②气调贮藏

在香蕉的贮藏、流通和后熟过程中采用控制气调贮藏，将环境条件中的 O_2 和 CO_2 分别控制在 2% 和 5%，可使香蕉的贮藏期达到 6 个月，并在空气中正常成熟。也可采用聚乙烯薄膜袋包装香蕉进行 MA 贮藏：香蕉经防腐剂处理并稍风干后，装入 $0.03 \sim 0.04 \text{mm}$ 厚的聚乙烯薄膜袋中，同时加入乙烯吸收剂并密封包装。乙烯吸收剂可采用高锰酸钾浸泡珍珠岩、沸石或活性炭等多孔性物质，用量为每 $12 \sim 15 \text{kg}$ 香蕉用高锰酸钾 $4 \sim 5 \text{g}$。另外，可同时在袋内放置占香蕉重 0.8% 的熟石灰来吸收过量的 CO_2，以免造成 CO_2 伤害。一般采用 MA 贮藏香蕉在常温下可贮藏 $10 \sim 20 \text{d}$，而在适宜的低温下可贮藏 $60 \sim 100 \text{d}$。

6. 柑橘

（1）采后处理

①分级

剔除有机械损伤、病虫害、脱蒂、干蒂、畸形果、脱蒂果、青皮果和过熟果等果后，然后按不同品种，根据果实的色泽、形状、成熟度、果面等分成若干等级，最后按果实大小分级。大小分级方法有按直径分级的分级机或按果重量分级的分级机。我国目前一般按果横径分为若干等级。近年我国广东、湖南等地已研制成功适合我国国情的采后防腐、分级、涂蜡的生产线。

②防腐保鲜及涂蜡处理

柑橘的贮藏与其他果品不同的是：不论何时何地采收的果实，都要经过防腐处理，否则将会在贮运中引起大量腐烂。常采用杀菌剂和保鲜剂混合液进行防腐处理，对防止柑橘贮藏中发生腐烂十分有效，常用的杀菌剂有噻菌灵、多菌灵、硫菌灵及克霉灵，保鲜剂为 2，4-D。杀菌剂使用浓度为 $0.05\% \sim 0.1\%$，2，4-D 浓度为 $0.01\% \sim 0.025\%$，两者混合后浸果。药剂浸果处理最好是边采边浸果，最迟不超过 24h。

涂蜡可与防腐处理同时进行。在柑橘表面涂一层涂料（如果蜡），可起到增加果皮光泽、提高商品价值、减少水分蒸发、抑制呼吸和减少消耗等作用。涂蜡处理后的柑橘不宜长期贮藏，以防产生异味。因此涂蜡处理一般是在上市前进行，涂蜡处理后要及时销售。涂料的种类很多，主要有果蜡、虫胶涂料、蔗糖酯等。涂蜡时需注意蜡溶液的使用浓度，处理后需烘干或晾干。

③预贮

柑橘果实在包装之前，必须预先进行短期的贮藏，称为预贮。预贮有预冷散热、蒸发水分、愈合伤口的作用，可防止宽皮橘类的浮皮病、甜橙的干疤病等生理病害。预贮的方法是将防腐处理过的柑橘果实，原筐堆码在阴凉通风的果棚、选果场或专门的预贮室内，让其自然通风、散热失水。也可在预贮室内安装机械冷却器和通风装置，以加速降温、降湿，缩短预贮时间，提高预贮效果。理想的预贮条件为：温度7℃，相对湿度75%。通常柑橘果实以预贮2～5d，失水3%～5%，果皮略有弹性时为宜。阴雨天采收的饱水果，预贮时间应相应延长。

④包装

目前，柑橘果实的内包装一般都采用聚乙烯塑料薄膜，制成小袋、小方片、大袋使用，以小袋单果包装效果最佳。单果包装有减少水分蒸发，保持果实鲜硬和防止病害传染等优点。小袋单果包装的规格为18cm×13cm，薄膜厚度为0.015～0.02mm，将单个果实装入袋内，扭紧袋口即可。用聚乙烯薄膜片或袋进行单果包，有助于防止病菌传染及减少果皮水分的蒸发作用，对降低贮藏果的腐烂及保鲜效果均显著。

（2）贮藏方式与管理

①窖窖贮藏

在山坡或地势较高的地方挖地窖，将新鲜果蔬产品散堆或包装后堆放在窖窖内贮藏。在常温条件下，只要注意采收质量、选果和防腐处理，即使在一般货棚或普通住房，也可贮藏甜橙至春节前后。如四川南充地区，多年来一直用地窖贮藏甜橙，可贮至翌年3～5月份。其主要工艺环节是：采收期（11月中旬）→采收方法（复剪法）→地窖消毒（乐果或托布津）→选果和防腐处理（2，4-D、防腐剂）→前期注意地窖降温，中后期注意密封降氧、隔热、保温，根据病害发生规律检查腐烂情况。

②通风库贮藏

经过防腐保鲜处理的果实在库内用架堆，堆放2～3层，或采用箱、筐则呈"井"字型或"品"字型堆码，并留足间隙，以利通风换气。果实入库前要对库房及贮藏设施进行消毒处理（如喷洒5%漂白粉或用5～10g/m³硫磺燃烧熏蒸24h）。在贮藏初期除雨雾天气外，应昼夜打开门窗通风，尽快使库的温度、湿度降低；在外界温度降低、库温稳定的情况下，对贮量较大的库应适当通风换气；外界温度低于0℃时应注意防寒；开春后，气温上升，应在夜间打开门窗通风换气。此法可贮藏柑橘4个月，其好果率达85%～90%。

③冷库贮藏

冷库贮藏是保证柑橘商品质量，提高贮藏效果的理想贮藏方式。也是大规模商品化贮藏的需要。冷库贮藏的温度和湿度依贮藏的种类和品种而定。冷藏的温度因柑橘种类而异，甜橙为4～5℃，温州蜜柑等宽皮柑橘类为3～4℃，椪柑为7～9℃，红橘为10～12℃。因为柑橘类果实对CO_2比较敏感，冷藏库要注意通风换气，排除过多的二氧化碳等有害气体。换气一般在气温较低的早晨进行。为使库内的温度迅速降低到所需要的温度，进库的果实要经过预冷散热处理。冷库制冷的蒸发器要注意经常除霜，以免影响制冷效果。甜橙采后在40~45℃下预处理4~6d，再进行冷藏，能大大减少贮藏中褐斑病的发生。

④气调贮藏

防腐保鲜处理后的果实装入木箱中，于常温库（或通风库）内封入体积为60cm×80cm×60cm，厚度为0.06mm聚乙烯帐内，大帐上用直径为1cm的打孔器打孔或嵌上硅橡胶，以调节帐内的气体成分。帐内置入浸有饱和高锰酸钾活性炭和石灰以吸收柑橘释放的乙烯及二氧化碳。在贮藏过程中控制氧气在6%以上，二氧化碳在5%以下，温度在0℃以上。此法适合于甜橙、锦橙、柠檬、柚子等耐二氧化碳较强的品种。有试验表明，气调贮藏可减轻柑橘果实的低温伤害，但气调贮藏在柑橘上的应用，特别是商业性贮藏还十分有限。

⑤留树贮藏

又称挂果保鲜，就是在果实基本成熟时向树体喷洒一定浓度的稳果剂，使果实在树上安全越冬的保鲜方法。其技术要点是：柑类果在成熟前一个月和12月、次年1月，分别用30mg/L的2，4-D加20mg/L的920和0.2%的磷酸二氢钾药剂，对挂果树进行一次全面喷洒，留树保鲜2~4个月，自然落果率仅为9.6%~26%。橙类果在当年12月、次年1月和2月，分别用20mg/L的2，4-D稳果剂喷洒挂果树，且对每株挂果树施2.5kg草木灰，可留树保鲜至次年3月采收，稳果率95%，且对次年产量影响不大。

7. 荔枝

（1）采后处理

①防腐处理

在采收当天即用杀菌剂处理，一般用乙磷铝（1‰）+特克多（1‰）浸泡片刻，晾干后选果包装。也有报道在52℃用浓度为0.05%的苯来特深液浸泡2min，或0.5%的硫酸铜溶液浸泡20s，另外，国外也把米鲜安、抑霉唑、仲丁胺等用作荔枝防腐药物，效果良好。

②选果

剔除破裂、机械损伤和病虫果，选取成熟度一致的果实，以保证质量。可保留果枝，但要除去叶子，以免由于呼吸量过大而增加包装内的二氧化碳浓度，影响荔枝果实的寿命。选果应在阴凉处或低温包装库进行。

③包装

包装前再次剔除机械伤和病虫害果。荔枝果实呼吸旺盛，呼吸热大，并且果皮极易失水褐变，因此宜选用既能保湿又有利于散热降温的小包装或通气的中型包装。内包装可采用0.02~0.04mm厚的聚乙烯薄膜袋，包装量不宜过多，以0.5~1.0kg为宜，聚乙烯袋既可保湿又具有自发气调的作用。外包装可采用打孔的纸箱、木箱或竹箩，装载量以10~20kg即可，以利于通风散热。短期常温运销的包装，可采用塑料筐、木箱、竹箩等，上下衬垫草、树叶等，四周初聚乙烯薄膜，既能保湿又有利于通风散热。装载量不可过大，以免包装中心部位温度太高而引起腐烂和褐变。

④预冷

预冷是延长荔枝贮藏寿命的关键措施之一。荔枝采收于高温季节，果实本身温度就高，而荔枝的呼吸作用又特别旺盛，呼吸热很大，即使在温度较低的冷库中果温也不容易降下来，因此，应迅速预冷，尽快使果温降到贮藏适温。预冷方法可多样化，利用浸药时以冰水配药，集防腐与预冷于一体，既迅速又省力。也可在防腐处理后进入预冷间进行选果和包装，充分利用工作时间进行预冷。最简单的方法是，包装后迅速入库，先分开放置以散热降温，到接近贮温时才堆码。经预冷的荔枝果实，果温在24h内即可降到贮温，而未预冷的果实需要50~60h才能降到贮温。从采收、包装到入库的时间越短，贮藏效果就越好。

（2）贮藏方式及管理

①常温贮运

常温贮运主要是靠防腐剂的防腐作用达到保鲜目的，也有用防腐剂加上热处理来防腐，防腐后的荔枝用塑料薄膜包装保湿以防止褐变和腐烂。如可用1‰的苯来特＋1‰的乙磷铝浸果，以0.015mm厚的聚醋酸－乙烯薄膜（EVA）包装，在30~35℃的室温下可贮藏7~9d，好果率在90%以上。也可用加冰降温的办法进行常温贮运，取得较好效果，即先进行防腐预冷，晾干后用聚乙烯袋包装，放入泡沫塑料箱内，内加冰块降温，果冰比为2:1，然后快速运往销地，经3~5d，荔枝尚新鲜如初，缺点是包装内易积聚高浓度的二氧化碳，导致荔枝变味。常温贮运的保鲜时间可达5~10d，而未经保鲜处理的荔枝在采后2~3d即褐变腐烂。

②低温贮运

荔枝的低温贮运是控制果皮褐变，减少病理腐烂和保持果实品质的基础。荔枝的贮运适温为3~5℃，温度太低会遭受冷害，如荔枝在1℃下30~35d即开始发生冷害，果皮褐变且变味。荔枝在贮运过程中切忌变温。低温结合气调，贮藏效果更佳，不同的荔枝品种对氧气和二氧化碳浓度的要求不同，二氧化碳浓度以3%~5%为宜，氧气浓度5%为宜，但是气调贮藏设备要求高，目前生产上还难以推广。目前多采用低温自发贮藏的方法，即采用合适厚度的聚乙烯薄膜小袋包装。低温自发气调可使荔枝的贮运期达30~40d。

四、典型果品贮藏病害及其控制

果品贮藏期间常发生的贮藏病害有侵染性病害和生理性病害两大类。其危害的症状和主要控制措施见表1—10和表1—11。

表1—10　典型果品贮藏期间的侵染性病害及其控制措施

果品种类	病害名称	表现症状	控制措施
苹果、梨	炭疽病	果实发病初期，在果面上出现淡褐色圆形小病斑，病斑迅速扩大，呈现褐色或深褐色，并由果皮向果实内部呈漏斗状腐烂，果肉变褐色，有轻微苦味；随着病斑的扩大，病部果面凹陷，并生出黑色呈同心轮纹状排列的小粒点	①采收后加强管理，剔除病、虫、伤果，减少病原体；②贮前用50%的甲基托布津500~1000倍液或25%多菌灵500~1000倍液浸果
	霉腐病	果实从心室开始受害，并逐渐向外扩展霉烂。病果果心变褐，充满灰色或粉红色霉状物。当果心霉烂严重时，果实梗部可见水渍状的不规则湿腐斑块，并彼此相联，最后全果腐烂，果肉变苦	①花前花后喷施几次杀菌剂；②贮藏期温度保持在0.5~1℃，相对湿度在90%左右

果品种类	病害名称	表现症状	控制措施
葡萄	灰霉病	病斑早期呈现圆形、凹陷状，有时界限分明，色浅褐或黄褐，蓝色葡萄上颜色变异小，感病部位湿润，长出灰白菌丝，最后变灰色。烂果通过接触传染，密集短枝的果穗尤其严重，在贮藏期甚至整穗腐烂	①开花前和果实采收前喷特克多、苯菌灵等杀菌剂，有效地减少病原菌；②贮藏用的葡萄采收前1~2d喷一次CT果蔬液体保鲜剂，以减少入贮葡萄的带菌量
	黑斑病	初期发病果实上有不规则近圆形浅褐色斑，表面光滑干燥，而后形成黑色或浅绿色霉层；多发生在穗梗、果梗基部及果粒侧面，并使果梗迅速失水、干缩、失绿，易侵入果实而导致果实落粒	①采前喷洒药剂防治；②产业低温预处理
	黑霉病	发病初期菌丝侵入果实，先出现褐色水浸状斑，后果实流汁、软烂，果皮易脱落，病组织可迅速感染健康组织。发病果实上长出有绒毛状灰色黑头菌层，故称黑霉	①采前喷洒杀菌剂；②采后葡萄迅速预冷，且剔除病果，防止果实碰伤；③降低贮藏温度
板栗	黑霉病	该菌在产前侵染栗果，并潜伏在内果皮，不表现任何病症，待板栗贮藏1~2个月后，病菌迅速蔓延，黑色斑块出现在栗果尖端或顶部，不断扩大，被侵染的果肉组织松散，由白变灰，最后全果腐烂，变成黑色。特别是采收季节高温多湿，其自然发病率可达50%~70%	①加强田间管理，采前喷洒药剂，消灭田间侵染源；②栗果采后用高CO_2处理，并低温贮藏
柑橘	青（绿）霉病	初期为水渍状淡褐色圆形病斑，果皮变软腐烂，扩展迅速，在病斑处轻压，果皮易破裂。病部先长出白色菌丝，很快就转变为青色（绿色）霉层	①加强采前果实病害综合防治，喷洒杀菌药剂；②减少果实机械损伤；③及时剔除病害果
	黑腐病	果蒂变黑，病菌沿果实中柱向下发展，凡菌丝所到之处，即变成黑褐色然后腐烂，病部种子易与果肉分离	
	酸腐病	病部变软、变色呈水渍状，易压破，有较浓的酸臭味。在温度适宜的条件下，迅速蔓延，遍及全果，果实表面长出白色、致密、纤薄、略带皱褶的霉层，病果最后成为一堆溃不成形的胶粘物	

果品种类	病害名称	表现症状	控制措施
香蕉	炭疽病	果皮表面出现黑色点状略凹陷病斑，俗称"梅花点"，进一步发展则连成片，在潮湿环境中则出现粉红色粘质粒	采用特克多、扑海因等杀菌剂浸果
	蕉腐病	病菌从蕉尖和伤口侵入，几天内遍布全果，侵染的组织变软，暗褐色，有微小的黑色体，表皮皱缩，果肉半液态；病部长深灰色霉	
荔枝	霜疫霉病	果蒂出现不规则、无明显边缘的褐色病斑，潮湿时长出白色霉层，病斑扩展迅速，全果变褐，果肉发酸成浆，溢出褐水	①果实成熟前1个月喷洒瑞毒霉或乙磷铝；②采果后用瑞毒霉或乙磷铝1‰+特克多（或施保功）1‰药液浸泡片刻，若用冰水溶解杀菌剂浸果，效果更好
	酸腐病	一般自果实蒂部开始发病，病斑呈褐色不规则小斑，以后逐渐扩大至全果变褐腐烂，果肉腐败酸臭，果皮硬化，转为暗褐色，流出酸水，病部长出白色霉层（病菌孢子）	①剔除病虫害果、机械损伤果；②选果后立即用1‰抑霉唑或双胍盐等药液浸果
	炭疽病	常发生于果端部，病斑圆形，褐色，边缘棕褐色，有时病斑中央产生橙红色的粘质小粒，内部果肉变味腐败	在结合防治霜疫霉病时混用多菌灵或托布津1‰一起进行防腐处理

表1—11　典型果品贮藏期间的生理性病害及其控制措施

果品种类	病害名称	表现症状	发病原因	控制措施
苹果	虎皮病	发病初期，果皮变为淡黄色，果面平坦或果点周围略有突起，或呈不规则斑块，以后颜色逐渐变深，呈褐色或暗褐色，病部微凹陷；严重时病斑遍及整个果面，但不深入果肉	果实着色差，贮藏环境温度过高，通风不良	①适当提高采收成熟度，选择着色好的果实贮藏；②利用气调贮藏，加强库内通风换气；③用石蜡油纸单独包裹；或用每张含1.5～2mg的二苯胺包果纸包装
	苦痘病	病果皮下果肉首先变褐，干缩成海绵状，逐渐在果面上出现圆形稍凹陷的变色斑，病斑在黄色或绿色品种上为暗绿色，在红色品种上为暗红色。病斑接近圆形，四周有深红色和黄绿色晕圈，随后病部干缩下陷，变成暗褐色	生理缺钙和氮、钙营养失调	①多施有机肥，防止偏施氮肥；②注意雨季及时排水，并合理灌水；③在果实生长中、后期喷洒0.5%氯化钙或0.8%硝酸钙溶液3～4次；④采后用2%～6%的钙盐浸果

果品种类	病害名称	表现症状	发病原因	控制措施
梨	黑心病	果心变褐,果皮色泽暗黄,果肉组织松散,严重时部分果肉变褐,并有酒精味	贮藏温度过低,衰老引起;梨果中氮素过高、钙素过低	①加强梨树综合管理,多施有机肥,适当少用氮素化肥;②适期采收;③防止窖温过高或过低,应分期逐步降温,控制乙烯生成,延缓果实衰老
葡萄	SO$_2$中毒	果皮出现漂白色,以果蒂与果粒连接处周围的果梗或在果皮有裂痕伤处最严重,有时整穗葡萄受害	SO$_2$用量过多	①增加预冷时间、降低贮藏温度、控制药剂施用量和保鲜剂扎眼数量或使用复合保鲜剂;②适当减少二氧化硫释放量;③减少人为碰伤
柑橘	褐斑病(干疤)	多数发生在果蒂周围,初期为浅褐色不规则斑点,以后颜色变深,病斑扩大;病斑处油胞破裂,凹陷干缩,部位仅限于有色皮层,但长时间后,病斑逐渐扩大到白皮层,使果肉风味产生异味	贮藏温度、湿度过低	①适当晚采;②维持高湿、低氧气和高二氧化碳,避免贮藏温度过低;③采用塑料薄膜单果包装
	枯水病	在宽皮橘上表现为果皮发泡,皮肉分离,沙囊失水干缩。在甜橙类上表现为油胞突出,果色变淡无光泽,手触坚实无柔韧感;果皮变厚,白皮层疏松,油胞层色淡透明,皮易剥离,中心柱空隙大,囊瓣壁变厚和变硬,果实逐渐失去固有风味	尚不明	①采前喷赤霉素;②适当提早采收;③适当预贮;④适当降低贮藏湿度,维持适宜低温
	水肿病	发病初期果皮无光泽,颜色变淡,稍有绵软,口尝果肉稍有异味。后期果皮颜色变为淡白色,其中局部果皮出现不规则的、半透明的水渍状,食之有煤油味。病情严重时,整个果实为半透明水渍状,表面泡胀,松浮软绵,易剥皮,食之有浓厚的酒精味	贮藏温度过低;通风不良,CO$_2$积累过高	①保持适宜的贮藏温度和相对湿度;②加强库房的通风换气,防止CO$_2$的积累过多

果品种类	病害名称	表现症状	发病原因	控制措施
香蕉	冷害	轻度冷害的果实果皮发暗，不能正常成熟，催熟异常，果皮呈灰黄色。严重时果实果皮变黑，果肉生硬无味，极易感染病菌，完全丧失商品价值	温度过低	维持适宜而稳定的低温
荔枝	褐变病	外果皮颜色变褐、变黑	果皮失水、酶褐变	①减少机械损伤；②采用护色处理；③用 PE 袋包果；④低温贮藏
	冷害病	内果皮出现水渍状或烫伤斑点，外果皮色变暗，抗病力下降	贮藏温度过低	维持适宜而稳定的低温
	CO_2 伤害病	果肉乙醇含量增多，食用时有明显的酒精味	CO_2 过高	在包装袋中放置熟石灰，降低 CO_2 浓度

任务5　南北方典型蔬菜贮藏保鲜技术

蔬菜种类繁多，食用部分属于蔬菜的不同器官。在长期的生长发育过程中形成了不同的特性，甚至在同种蔬菜的不同品种间也存在很大的差异。由于这些特性直接与贮藏密切相关，所以，在生产中应根据各种蔬菜的贮藏特性，创造适合的贮藏环境和方式，才能达到保持良好品质、延长贮藏寿命、降低损耗的贮藏保鲜效果。

一、典型蔬菜贮藏特性

不同种类、品种的蔬菜，其呼吸强度、营养消耗、耐贮性各不相同，它们的贮藏特性存在很大差异。提高蔬菜贮藏保鲜效果，就应该掌握蔬菜的贮藏特性，注意选择耐贮品种。典型蔬菜的贮藏特性见表1—12。

表1—12　南北方典型蔬菜的贮藏特性

蔬菜种类	贮藏特性	耐贮品种
蒜薹	①采后新陈代谢旺盛，易失水、老化和腐烂；②生长健壮、无病害、皮厚、干物质含量高，表面蜡质较厚，薹梗色绿，基部黄白色短的蒜薹较耐贮藏	苍山蒜薹
白菜	①晚熟品种、青帮类品种耐贮性好；栽培条件好的大白菜耐贮藏；②成熟度不同，其耐贮性有很大差异，包心八成耐贮藏	北京大青口、青帮河头、大青帮、天津青麻叶等

续表

蔬菜种类	贮藏特性	耐贮品种
马铃薯	采后新陈代谢旺盛，呼吸强度大，但后进入生理休眠，且晚熟品种、低温条件下休眠期长	
番茄	①属呼吸跃变型果实，成熟时有明显的呼吸高峰及乙烯释放高峰，同时对外源乙烯反应也很敏感。②黄色品种最耐贮，红色品种次之，粉红色品种最不耐贮藏，且以中晚熟的较耐贮藏	满丝、苹果青、农大23、橘黄佳辰、大黄一号、日本大粉、厚皮小红、台湾红等
辣椒	果皮厚、表皮光亮、褶皱少、果实干物质含量高、色泽浓绿的晚熟品种耐贮藏	茄门椒、麻辣三道筋、世界冠军等
黄瓜	①采后呼吸强度高，在贮藏过程中呈逐渐下降趋势；②瓜条较粗、颜色深绿、果肉厚、表皮刺少的品种耐贮藏	津研2号、4号和7号、漳州早黄瓜、白涛冬黄瓜等
食用菌	食用菌生长速度快，呼吸作用旺盛，在常温下易褐变、变味或开伞、变质，不宜常温贮藏	香菇较耐贮；蘑菇、平菇、凤尾菇、金针菇等耐贮性差

二、典型蔬菜贮藏条件

创造和维持适宜温度、湿度和气体等贮藏条件，才能有效地保持蔬菜的新鲜度和品质，减少腐烂。南北方典型蔬菜的适宜贮藏条件及贮藏寿命见表1—13。

表1—13 为南北方典型蔬菜的适宜贮藏条件及贮藏寿命

蔬菜种类	品种	适宜贮藏条件				贮藏寿命/d
		温度/℃	湿度（%）	O_2（%）	CO_2（%）	
蒜薹		0（±0.5）	85～95	6～8	2～4	150～180
番茄	橘黄佳辰	10～13	85～95	2～5	2～5	60～80
马铃薯		2～3	85～90	/	/	150～240
白菜	大青帮	0～1	85～90	/	/	120～150
辣椒	麻辣三道筋	8～10	90～95	1～2	2～8	30～60
黄瓜	津研7号	10～13	90～95	2～5	2～5	30
食用菌	香菇	0	>95	5～10	2～4	10～20

三、典型蔬菜贮藏保鲜技术

1. 蒜薹

（1）采后处理

选择色泽深绿、粗壮、厚皮的蒜薹贮藏。原料在贮藏前要进行细致的整理，去掉薹裤，将病薹、伤薹、短薹挑出，将合格蒜薹整理好，薹苞对齐，在薹苞之下3cm处捆扎好，每捆0.5～1kg。将整理好的蒜薹及时预冷，使蒜薹迅速降温，最好到0℃时，再进行包装贮藏。

（2）贮藏方式及管理

1）冰窖贮藏

冰窖贮藏是采用冰来降低和维持低温高湿的一种方式。蒜薹收获后，经分级、整理、包装。先在窖底及四周放两层冰块，再一层蒜薹一层冰块交替码至3～5层蒜薹，上面再压两层冰块，各层空隙用碎冰块填实。

贮藏期间应保持冰块缓慢地融化，窖内温度约在0～1℃，相对湿度接近100%。冰窖贮藏蒜薹在我国华北、东北等地已有数百年历史。贮藏至第二年，损耗约为20%。但冰窖贮藏时不易发现蒜薹的质量变化，所以蒜薹入窖后每3个月检查一次，如个别地方下陷，必须及时补冰。如发现异味，则要及时处理。用冰窖贮藏蒜薹的优点是环境温度较为稳定，相对湿度接近饱和湿度，蒜薹不易失水，色泽较好。缺点是窖容量小，工作量大，贮藏中途不易处理，一旦发生病害，损失较大。

2）气调贮藏

①塑料薄膜袋贮藏：采用自然降氧并结合人工调控袋内气体成分进行贮藏。用0.06～0.08mm的聚乙烯薄膜做成100～110cm长，宽70～80cm的袋子，将蒜薹装入袋中，每袋装18～20kg，待蒜薹温度稳定在0℃后扎紧袋口，每隔1～2d，随机检测袋内O_2和CO_2浓度。当O_2降至1%～3%，CO_2升至8%～13%时，松开袋口，每次放风换气2～3h，使袋内O_2升至18%，CO_2降至2%左右。如袋内有冷凝水要用干毛巾擦干，然后再扎紧袋口。贮藏前期可15d左右放风一次，贮藏中后期，随着蒜薹对CO_2的忍耐能力减弱，放风周期逐渐缩短，中期约10d一次，后期7d一次。贮藏后期，要经常检查质量，观察蒜薹质量变化情况，以便采取适当的对策。

②塑料薄膜大帐贮藏：先将捆成小捆的蒜薹薹苞朝外均匀地码在架上预冷，每层厚度为30～35cm，待蒜薹温度降至0℃时，即可罩帐密封贮藏。具体做法是：先在地面上铺5～6m长，1.5～2.0m宽，厚0.23mm的聚乙烯薄膜。将处理好的蒜薹放在箱中或架上，箱或架成并列两排放置。在帐底放入消石灰，每10kg蒜薹放约0.5kg的消石灰。每帐可贮藏2500～4000kg蒜薹，大帐比贮藏架高40cm，以便帐身与帐底卷合密封。另外，在大帐两面设取气孔，两端设循环孔，以便抽气检测O_2和CO_2的浓度，帐身和帐底薄膜四边互相重叠卷起再用沙子埋紧密封。

大帐密封后，降氧的方法有两种：一种是利用蒜薹自身呼吸使帐内O_2含量降低；另一种是快速充氮降O_2，即先将帐内的空气抽出一部分，再充入氮气，反复几次，使帐内的O_2下降至4%左右。有条件的可采用气调机快速降氧。降O_2后，由于蒜薹的呼吸作用，帐内的O_2进一步下降。当降至2%左右时，再补充新鲜空气，使O_2回升至4%左右。如此反复，使帐内的O_2含量控制在2%～4%，CO_2也会在帐内逐步积累，当CO_2浓度高于8%时可被消石灰吸收或气调机脱除。用此法贮藏比较省工，贮藏时间长达8～9个月，质量良好，好菜率可达90%，且薹苞不膨大，薹梗不老化，贮藏量大。缺点是帐内的相对湿度较高，包装材料易感染病菌而引起蒜薹腐烂。

③硅胶窗袋贮藏：将一定大小的硅橡胶膜镶嵌在聚乙烯塑料袋或帐上，利用硅橡胶对

O_2 和 CO_2 的渗透系数比聚乙烯薄膜大的特点，使帐内蒜薹释放的 CO_2 透出，而大帐外的氧又可透入，使 O_2 和 CO_2 浓度维持在一定的范围。采用硅橡胶袋或大帐贮藏时，最主要的是计算好硅橡胶的面积，因不同品种不同产地的蒜薹呼吸强度不同，而硅橡胶的规格也有差别。中国科学院兰州化学物理研究所研制成功 FC-8 硅橡胶气调保鲜膜，按每 1000kg 蒜薹 $0.38 \sim 0.45m^2$ 硅橡胶面积的比例，制成不同大小规格的硅橡胶袋或硅橡胶帐，在 0℃ 条件下，可使袋内或帐内的 O_2 达到 5% ~ 6%，CO_2 为 3% ~ 7%。蒜薹贮藏前应经过预冷、装袋、扎口，再放置在 0℃ 的架上。贮藏一般可达 10 个月，损失率在 10% 左右。

3）冷藏

将选择好的蒜薹经充分预冷（12 ~ 14h）后，装入箱中，或直接码在架上。库温控制在 0 ~ 1℃。采用这种方法，贮藏时间较长，但容易脱水及失绿老化。

2. 番茄

（1）采后处理

采收的番茄应先在阴棚中预冷，以散去田间带来的余热。在散热过程中，可同时进行分级、挑选。果实的大小、颜色对贮藏的长短、损耗量均有很大影响，把裂果、病果、伤果、未成熟的嫩果、过熟果以及过大过小的果实挑出去。

（2）贮藏方式及管理

①常温贮藏

在夏秋季节，利用土窖、防空洞、地下室、通风贮藏室等阴凉场所，保持较低的温度。许多地方还采用架藏，即将番茄置于架上，一般用木料或竹子搭架，层高 40cm，宽度 70 ~ 80m，每层架上可码 4 ~ 5 层番茄。架存的优点是在贮藏过程中，后熟变化及腐烂情况容易观察，便于及时处理，损耗较少，但成本较高。

②冷藏

番茄贮藏一周前，贮藏库可用硫磺熏蒸（$10g/m^3$）或用 1% ~ 2% 的甲醛（福尔马林）喷洒，也可用臭氧处理，浓度为 $40mg/m^3$，熏蒸时密闭 24h，再通风排尽残药。所有的包装和货架等用 0.5% 的漂白粉或 2% ~ 5% 硫酸铜液浸渍，晒干备用。番茄的包装容器必须清洁、干燥、牢固、透气、美观、无异味，纸箱无受潮、离层现象。包装容器内的高度不要超过 25cm，单位包装重量以 15 ~ 20kg 为宜。

在贮藏过程中，保持稳定的贮温，上下波动小于 1℃，相对湿度维持在 85% ~ 95%。为了保持稳定的贮藏温度和相对湿度，应安装通风设备，使贮藏库内的空气流通，适时更换新鲜空气。在贮藏期间进行定期检查，出库前因根据其成熟度和商品类型进行分级处理。

③气调贮藏

采用较多的为简易气调贮藏，即简易自发气调和充氮快速降氧气调。如塑料薄膜大帐贮藏，塑料薄膜为聚乙烯薄膜，厚度为 0.04mm，将绿熟番茄先装入消毒的塑料筐或箱中，再将塑料筐或箱放在塑料大帐内，每个塑料大帐可贮藏 500 ~ 2000kg 番茄。为防止大帐内 CO_2 浓度过高，可在大帐底部放一些生石灰，此法在通风贮藏库使用，可贮藏 45d 左右。另外，塑料大帐薄膜充 N_2 降 O_2 贮藏时，通过塑料薄膜的两端通气口抽出空气，同时充入 N_2，使大帐内的 O_2 迅速下降至 2% ~ 5%，再通入少量 Cl_2（按每千克番茄通入 100mL 计算）防腐，每隔两周检查一次，然后重新密封和补充 N_2，使大帐内氧降到要求的浓度，这样可贮藏 40 ~ 50d。

3. 马铃薯

（1）采后处理

马铃薯采收后，可先在田间晾晒 4h，蒸发部分水分，以降低贮藏病害。然后放入阴凉通风的室内、窖内或荫棚下堆放预贮。薯堆一般不高于 0.5m，宽不超过 2m；在堆中放一排通风管，以便通风降温，并用草帘遮光。预贮期间要视天气情况，不定期检查倒动薯堆以免热伤。倒动时要轻拿轻放，避免产生机械损伤。

（2）贮藏方式与管理

①简易贮藏

在东北地区马铃薯预贮至 10 月份后多采用沟藏。沟深 1～1.2m，宽 1～1.5mm，长不限。马铃薯堆至距地面 0.2m 处，上覆土保温，覆土总厚度 0.8m 左右，且随气温下降，分次覆盖。西北地区由于土质粘重坚实，多用井窖和窑窖贮藏。窖藏马铃薯只利用窖口通风调节温度，故保温效果较好，但入窖初期不易降温，须注意窖口的启闭，加强管理。

②通风库贮藏

马铃薯采用通风库贮藏，一般堆高不超过 2m，堆内放置通风塔。也可以将马铃薯装筐堆叠于室内，其通风效果及单位面积容量都能提高。不管采用何种堆放方式，薯堆周围都应注意留有一定空隙以利通风散热，以通风库的体积计算，空隙不得少于 1/3。

③药剂处理

南方各地夏秋季不易创造低温环境，在块茎休眠期过后，萌芽损耗严重，故可采取药物处理，抑制萌芽。用 α-萘乙酸甲酯或乙酯处理，有明显的抑芽效果。通常每 10t 马铃薯用药 0.4～0.5kg，加 15～30kg 细土制成粉剂撒在块茎堆中。大约在休眠中期处理，过晚会降低药效。

④辐射处理

用 8×10^4～15×10^4 Gy 的 γ 射线辐照马铃薯，有明显的抑制萌芽作用，是目前贮藏马铃薯抑芽效果最好的技术之一。处理后在 0～26℃ 的库内贮藏即可。

4. 白菜

（1）采后处理

①适期收获

贮藏用的白菜要适时收获。采收过早，不仅产量低，而且气温与窖温均高，不利于贮藏；收菜过晚，有在田间受冻的可能。北京、河北保定等地有"立冬不砍菜，必定要受害"的说法。

②晾晒

白菜砍倒后，要在田间晾晒 1～2d，使外叶失去一部分水分，组织变软，以便减少机械损伤，提高细胞液浓度和抗寒力。晾晒要适度，否则失水过多，组织萎蔫，促进乙烯合成，加速脱帮，也有人在白菜贮藏时不晒菜、不倒菜，采用强制通风降低损耗的贮藏新技术。

③整理与预贮

经晾晒的大白菜运至窖旁，摘除黄帮烂叶，进行分级挑选，修整后气温尚高，可在窖旁成长方形或圆形垛进行预贮，预贮期间即要防热，又要防雨、防冻。

④药剂处理

为解决大白菜贮藏中的脱帮，可用低浓度（10～15mg/L）的 2，4-D 处理白菜根部，药效能保持 2～3 个月，正好躲过脱帮严重时期，以后腐烂加重，药效已降低，容易除掉烂菜帮，便于修整菜。

（2）贮藏方式及管理

1）窖藏或通风库贮藏

①堆码方式：大白菜在窖内码成高约2m，宽1~2棵菜长的条形垛，垛间留有一定距离以便通风管理。堆垛时既要注意防止白菜受热和减少倒菜次数，又要注意菜垛的稳固和不易倒塌。此外，将大白菜摆放在分层的架子上，每层间都有空隙，可促进菜体周围的通风散热。架贮效果好，损耗低，贮藏期长，倒菜次数比垛藏少。还可将菜装筐后，在库内码成5~7层高的垛，筐间及垛间留适当通风道。机械冷藏库比较高，多采用筐贮或架贮。

②贮藏管理：窖藏或通风库贮藏的大白菜的管理工作是通风和倒菜，目的是降温和散热，可分为三个时期：A. 贮藏前期。从入窖到"大雪"或"冬至"为贮藏前期，此期气温、窖温和菜温都较高，白菜新陈代谢旺盛，释放的呼吸热多，窖温常高于0℃。此期以通风降温为主，要求放风量大，时间长，尽量采取夜间放风，使温度尽快下降并维持在0℃左右。入窖初期倒菜周期要短。B. 贮藏中期。"冬至"到"立春"，是全年最冷的季节，此时菜温与窖温都已降低，故此期以防冻保温为主，倒菜次数减少、周期延长，中午适当通风换气。C. 贮藏后期。"立春"后气温逐渐回升，窖温也逐渐升高，此时大白菜的耐藏性和抗病性却明显衰降，易受病菌浸染而腐烂。应以夜晚气温低时通风为主，倒菜周期缩短，勤倒细摘和降低菜垛高度。

2）机械冷藏

机械冷藏不需要预贮，白菜稍晾晒后，立即入库，贮藏期间不需要倒菜。在整个白菜冷藏过程中温度应控制在0~1℃，相对湿度为85%~95%。另外，采用打孔的聚乙烯袋包装冷藏可以减少失水，延长贮藏寿命。

3）气调贮藏

气调贮藏可以保持白菜叶片绿色、抗坏血酸水平和糖含量，减少腐烂。2% O_2 +（2%~6%）CO_2 可有效地延长白菜的贮藏期。但是白菜的具体气调贮藏条件与温度、贮藏天数有关。一般为（1%~2%）O_2 +（0~5%）CO_2。

5. 辣椒

（1）采后处理

①预贮和愈伤

采收后的辣椒应立即放置在适宜的温度下预贮，同时完成果柄伤口的愈合，提高其耐贮性。一般可利用自然空气对流或强制通风对流进行预冷，以降低呼吸强度，排除田间热。

②杀菌处理

对于需要较长期贮藏的辣椒就必须在入贮前进行杀菌防腐。而防腐部位主要集中在果梗和果实受伤部位。如采用2，4-D（0.01%~0.025%）、托布津（0.05%~0.1%）、多菌灵（0.025%~0.05%）等涂抹保鲜防腐剂，且最好在采收后及时喷洒果实，3d内喷洒效果显著。

③选别和包装

在包装前应根据大小、品质、形状、色泽进行分级分装，再一次剔除预贮后产生的腐果、伤果、病虫果和质量不合格的果实。辣椒果实宜用纸箱包装，并且包装以每箱15~20kg为宜。

（2）贮藏方式及管理

①窖藏

各种类型的窖藏方法基本相似。北方地区采用湿蒲包衬筐贮藏辣椒。先将蒲包洗净，用0.1%～0.5%的漂白粉消毒，沥去水分成半湿状态，垫入筐内，辣椒装八层满。将筐堆码成垛，垛再用湿蒲包覆盖。近年来传统的窖藏有了较大的改进，并发展了节能微型机械冷库贮藏。

②气调贮藏

目前主要采用聚乙烯薄膜小包装和塑料大帐两种简易气调贮藏。贮藏前严格挑选新鲜完整的果实，剔除伤害果，避免在气调密闭高湿环境下，造成果实腐烂，同时结合使用药剂杀菌防腐。在气调管理上，一是采用自然降氧，封袋后利用辣椒自身呼吸作用使袋内的 O_2 降低、CO_2 增高，一般 O_2 控制在 3%～6%，CO_2 控制在 6% 以下。二是采用人工快速降氧，封帐后进行抽氧充氮，重复 4～5 次使帐内含氧量降至 2%～5%，同时用消石灰吸收 CO_2，使其达到 5% 以内，且每隔 10～12d 拆帐检查一次，剔除病变或腐烂果。

6. 黄瓜

（1）采后处理

黄瓜采后要对果实进行严格挑选，去除有机械伤痕、有病斑等不合格的瓜，将合格的瓜整齐地放在消毒过的干燥筐（箱）中，如果贮藏带刺多的瓜要用软纸包好放在筐中，以免瓜刺相互扎伤，感病腐烂。为了防止黄瓜脱水，贮藏时可采用聚乙烯薄膜袋折口作为内包装，袋内放入用饱和高锰酸钾浸泡过的蛭石作为乙烯吸收剂，或在堆码好的包装箱底与四壁用塑料薄膜铺盖。

（2）贮藏方式及管理

①缸藏

先将缸洗刷干净，并用 0.5%～1% 的漂白粉消毒，然后装入 10～20cm 深的清水，在离水面高 7～10cm 处放一"#"字形或"十"字形木架，木架上再摆一些作物秸秆。将挑选好的黄瓜沿缸壁转圈摆放，也可以纵横交错逐层排列，一直摆至距缸口 10～13cm 处，用牛皮纸封好缸口，并用绳子捆好。缸要放在室内，温度低时应在缸外加保温防寒层，保持缸内温度在 10～15℃，一般可贮 30d 左右。

②水窖贮藏

在地下水位高的地方，东西向挖深 2m，宽 2.5m，长 6～10m 的地窖，窖底应具有一定坡度。窖的四周用土筑 0.6m 厚，窖顶用苇席搭一棚顶，保持窖内水深 0.5m 左右，窖的两侧接近水面处用木条搭制 0.8～1m 的贮藏架，中间架设木板作为通道，在贮藏架上逐层排放黄瓜，防止黄瓜之间的相互摩擦，摆好后在最上层盖一层湿的苇席保湿。窖的一端设一缓冲间，防止冷空气直接进入窖内，另一端从窖底挖一小沟，与窖外露天水坑相通，以利降低水温。在贮藏初期，外界温度高时白天应封闭窖门和天窗，利用夜间适当通风，维持窖温 8～10℃ 左右，相对湿度 85% 以上。在贮藏期间不要倒动，但要检查，发现变质和萎蔫现象应及时剔除。

③塑料薄膜袋贮藏

将挑选好的无伤、无病黄瓜，装入 40×50cm 的塑料薄膜袋内，每袋 2.5～3kg，塑料薄膜厚约 0.08mm。薄膜袋内放置克霉灵和高锰酸钾乙烯吸收剂，以起到防止腐烂和吸收乙烯的作用，用量为乙烯吸收剂与黄瓜的比例 1:20，克霉灵用布条或棉花沾取，按每公斤0.1mL 使用。塑料袋密封后进行自发气调，贮藏期间定期测量氧气和二氧化碳浓度，当氧气浓度低于 5%，二氧化碳浓度高于 5% 时，应打开袋口通风。

7. 食用菌

（1）采后处理

一般菇体发结实，长到 $3.5\sim4cm$ 采收。正确的采收方法是：手捏菇柄轻轻旋转，连根采下；也可用小刀轻轻割下大菇，采收时要做到轻采快削，不留机械伤，菇根不带泥，采收工具采前要消毒处理，注意不要伤及小菇。采收后在冷凉处及时修整菇柄，同时剔除不宜贮藏的开伞菇、病菇、病虫菇和损伤菇。

（2）贮藏方式及管理

①低温贮藏

将蘑菇采收后迅速进行预冷，预冷后及时入库贮藏，贮藏温度以 $0\sim3℃$ 适宜，相对湿度以 $85\%\sim95\%$ 适合。在贮藏过程中，应保持贮藏温度稳定。

②气调贮藏

采用塑料袋包装是常用的简便方法。用厚 $0.08mm$ 的聚乙烯塑料薄膜做成 $40cm\times50cm$ 的袋子，每袋装 $1kg$ 蘑菇，封口后，利用自发气调，$48h$ 以后，袋内 O_2 浓度可下降至 0.5% 左右，CO_2 浓度可增至 $10\%\sim15\%$，在 $16\%\sim18\%$ 下可保鲜 $4d$ 不开伞，不变质。

③冷冻贮藏保鲜

将采收后的蘑菇剪去菌柄，用冷水洗净后，放入 0.5% 柠檬酸溶液中漂洗 $10min$，捞出后淋去水分，装入塑料袋内，扎紧袋口，放在 $-30\sim0℃$ 处可贮藏 $5\sim10d$。

四、典型蔬菜贮藏病害及其控制

蔬菜在贮藏期间常发生一些贮藏病害，有灰霉病、根霉病、果霉病、炭疽病、绵疫病等侵染性病害和 CO_2 危害等生理病害。其危害症状及控制措施分别见表1—14 和表1—15。

表1—14　典型蔬菜贮藏期间的侵染性病害及其控制措施

蔬菜种类	病害名称	表现症状	控制措施
蒜薹	灰霉病	蒜薹上初呈黄色水浸状、椭圆形至不规则形的病斑，上生灰霉状子实体，逐渐上下扩展，最终软化腐烂，以致蒜薹烂梢、烂基、断条。若用薄膜袋小包装，打开有强烈的霉味	①贮库及包装用具预先用过氧乙酸、硫磺等彻底消毒；②采收后在0℃充分预冷，并采用薄膜小包装；③用蒜薹专用防腐剂抑制或杀死病菌
辣椒	灰霉病	发病初期在果实表面出现水浸状灰白色褪绿斑，随后在其上面产生大量土灰色粉状物，病斑多发生在果实肩部	①田间防病和正确采收；②维持适宜的贮藏条件；③用仲丁胺或CT-6辣椒专用保鲜剂处理
	根霉病	病菌从果梗切口处侵入，病果多从果柄和萼片处开始腐烂，并长出污白色粗糙疏松的菌丝和黑色小球状孢子囊	
	菌核病	发病初期产生水浸状暗绿色斑，后变为褐色，果肉逐渐软化腐烂，有恶臭味	①注意通风、降低空气湿度；②避免机械伤害

续表

蔬菜种类	病害名称	表现症状	控制措施
番茄	果腐病	果面初呈淡色斑，后变褐色，形状不定，无明显边缘，扩展后遍及整个果实。湿度大时，病部密生略带红色棉絮状菌丝体，致果实腐烂	①加强田间管理，及时摘除病果，并集中处理；②避免机械损伤，维持适宜的温、湿度条件；③采用漂白粉、过氧乙酸等药剂处理
黄瓜	炭疽病	初期为水浸状小斑点，后病斑扩大呈圆形或椭圆形，凹陷呈褐色，一般属田间带病潜伏，贮藏期间发病	①加强菜园管理及时清除园内杂物烂叶，按时喷洒药剂；②轻拿轻放，避免机械损伤；③采用次氯酸钙浸果或杀菌药剂处理；④采用适当的温度贮藏
黄瓜	灰霉病	多从开败的花中侵入，使花和瓜顶部腐烂，进而向下侵入瓜条，使组织变黄变软并产生白霉，以后霉层变成灰色	
黄瓜	绵疫病	果实表面初现暗绿色水渍状圆形或不定形小斑，后渐扩大并向四面扩展，严重时病部延及整个果实，病果质地变软，表皮出现皱纹，内部果肉变褐腐烂，后病部逐渐收缩，易脱落。在高湿条件下，病果表面长出茂密的白色绵毛状物，外观如湿水棉絮	
马铃薯	干腐病	块茎变色下陷之病斑，逐渐扩大并干缩使薯皮形成同心圈状折叠，并生出白色、蓝色或粉红色的病菌孢子堆。同时，薯肉变为褐色、粒状、干燥，并有充满着菌丝的空隙	①田间收获前注意排水，收获的块茎应充分晾干后再入窖；②收获入窖时防止碰伤；③窖内要保持干燥、通风和低温（2~5℃）
马铃薯	湿腐病	由软腐病细菌以及弱寄生芽孢杆菌等侵染引起，使块茎发生臭味	
白菜	软腐病	贮藏期间感病的大白菜，有的从外部叶片向里扩展腐烂，有的自叶帮基部向里扩展，腐烂部分有很多黄色粘稠物，最后发生恶臭，全部烂掉。该病在田间即可发病，包心以后多发，往往发病严重。贮运期间，由于与病株的接触以及通过伤口传染而发病腐烂，贮藏期间如缺氧，则发病更为严重	①搞好田间病虫害的防治工作，在收获砍菜前用1000倍液50%扑海因可湿性粉剂喷施等；②采后适当晾晒，贮运期间尽量减少机械伤；③采取预冷及通风措施，降低大白菜的温度

表1—15　典型蔬菜贮藏期间的生理性病害及其控制措施

蔬菜种类	病害名称	表现症状	发病原因	控制措施
蒜薹	高CO_2危害	薹条萎软，色泽变暗变黄，薹条表面有不规则的向下凹陷的黄褐色病斑。开袋后有酒精的气味，严重时导致蒜薹腐烂。二氧化碳伤害往往和低氧伤害同时发生	CO_2浓度过高	在贮藏过程中维持适宜的CO_2浓度，如用硅窗气调贮藏，CO_2浓度不能高于10%
	高温病害	蒜薹贮温过高，呼吸强度大，促使体内营养由薹梗向薹苞转移，以致薹苞膨大，结出小蒜，薹梗纤维化，空心发糠，品质迅速下降。蒜薹适宜的贮藏温度为 $-1\sim0℃$ 较为适宜。最好低温结合气调贮藏	贮藏温度过高	在0℃低温下贮藏，避免温度过高
黄瓜	冷害	在瓜面上出现大小不同的凹陷斑或水浸状斑点，以后扩大并受病菌感染而腐烂	贮藏温度过低	①根据品种选取适宜贮温；②维持高湿状态；③采用适当的气调
马铃薯	黑心病	块茎外表正常而薯肉内部变为褐色或黑色	高温、缺氧、CO_2浓度过高	控制适宜的贮藏环境条件，避免高温、缺氧和CO_2浓度过高

【知识拓展】

1. 果蔬现代保鲜新技术

现代科学技术的进步，特别是微波能技术和生物技术的发展，极大地丰富了这些传统经验，提高了经济效益，极大地推动了果蔬贮藏保鲜技术的发展。近几年来，国内外的一些学者开创了一些新的果蔬保鲜技术，部分已得到推广应用，取得了可观的经济效益。目前主要有临界低温高湿保鲜、细胞间水结构化气调保鲜、臭氧气调保鲜、低剂量辐射预处理保鲜、高压保鲜、基因工程保鲜、涂膜保鲜等。

（1）临界低温高湿保鲜

20世纪80年代，日本北海道大学率先开展了临界低温高湿保鲜研究，此后国内外研究和开发的趋势是采用临界点低温高湿贮藏（CTHH），即控制在物料冷害点温度以上0.5～1℃左右和相对湿度为90%～98%左右的环境中贮藏保鲜果蔬。临界点低温高湿贮藏的保鲜作用体现在两个方面：①果蔬在不发生冷害的前提下，采用尽量低的温度可以有效地控制果蔬在保鲜期内的呼吸强度，使某些易腐烂的果蔬品种达到休眠状态；②采用湿度相对高的环境可以有效降低果蔬水分蒸发，减少失重。从原理上说，CTHH既可以防止果蔬在保鲜期内的腐烂变质，又可以抑制果蔬的衰老，是一种较为理想的保鲜手段。临界低温高湿环境下结合其他保鲜方式进行基础研究是果蔬中期保鲜的一个方向。

（2）细胞间水结构化气调保鲜

结构化水技术是指利用一些非极性分子（如：某些惰性气体）在一定的温度和压力条件下，与游离水结合的技术。通过结构化水技术可使果蔬组织细胞间水分参与形成结构化水，使整个体系中的溶液粘度升高，从而产生下面两个效应：①酶促反应速率减慢，实现对有机体生理活动的控制；②果蔬水分蒸发过程受抑制。这为植物的短期保鲜贮藏提供了一种全新的原理和方法。日本东京大学学者用氙气制备甘蓝、花卉的结构化水，并对其保鲜工艺进行了探索，获得了较为满意的保鲜效果。但使用高纯度氙气成本太高，研究者往往通过惰性气体的混合加压来另寻其保鲜机理，以降低其成本。

（3）臭氧气调保鲜

臭氧是一种强氧化剂，又是一种良好的消毒剂和杀菌剂，既可杀灭消除果蔬上的微生物及其分泌的毒素，又能抑制并延缓果蔬有机物的水解，从而延长果蔬贮藏期。臭氧自1785年发现以来，已作为一种气体杀菌剂广泛应用在食品、运输、贮存、自来水生产等领域。臭氧气调保鲜是近年来国内开发的保鲜新技术，华南理工大学利用此技术对易腐烂的荔枝进行保鲜，有一定效果。其保鲜作用体现在以下三个方面：①消除并抑制乙烯的产生，从而抑制果蔬的后熟作用；②有一定的杀菌作用，可防止果蔬的霉变腐烂；③诱导果蔬表皮的气孔收缩，可降低果蔬的水分蒸发，减少失重。

（4）低剂量辐射预处理保鲜及紫外线保鲜

辐射保鲜主要利用^{60}Co、^{137}Cs发出的γ射线，以及加速电子、X-射线穿透有机体，干扰基础代谢过程，延缓果实的成熟衰老。电离辐射能抑制某些果蔬的发芽，可以杀灭食品表面的病菌，还能穿透整个食品，并杀灭已透入食品内部的病原菌，减少果蔬的病害，从而延长果蔬贮藏寿命。在射线照射果蔬之前，必须事先进行保健性试验，以保证照射食品的安全，并且使用剂量要恰当。另外，该技术需要与其他贮藏技术结合起来，才能达到长期贮藏的目的。

（5）涂膜保鲜

这种方法通过包裹、浸渍、涂布等途径在食品表面或食品内部异质界面上覆盖一层膜，提供选择性的阻气、阻湿、阻内容物散失及隔阻外界环境的有害影响，具有抑制呼吸，延缓后熟衰老，抑制表面微生物的生长，提高贮藏质量等多种功能，从而达到食品保鲜，延长其货架期的目的。另外，果蔬表面涂膜，大大改善了果蔬的色泽，增加了亮度，提高了果蔬的商品价值。然而，可食性膜能引起苹果和香蕉的厌氧发酵，番茄涂上厚层玉米朊膜会加速番茄果实水分散失，并且涂膜会提高苹果的水心病程度和黄瓜腐烂的发病率。

果蔬涂膜技术的研究是一个相对活跃的领域，国外的食品工作者们对于膜的性能、结构、成膜的最佳条件和配方进行分析、研究，并积极寻找新类型膜。而在我国，对果蔬涂膜的性能研究较少，主要着眼于膜的应用研究。膜技术的基础理论和应用性能方面，还有很多有待研究，由于消费趋势朝着无添加剂的饮食结构发展，因此，可食用膜应用于果蔬保鲜的前景不可限量。

（6）调压贮藏保鲜

①减压贮藏

又称为低贮藏（IPS），是在传统的CA贮藏库基础上，将贮藏室内的气体抽出一部分使压力降低到一定程度，使贮藏室空气中氧含量降低到只能维持贮藏物最低限度的呼吸需要，使果蔬呼吸代谢所产生的一系列消耗和变化减少到最低限度，从而达到保鲜的目的。贮藏室的低气压是靠真空泵抽去室内空气而产生的，低压保鲜的压力大小根据果蔬特性及贮藏温度而定。果蔬在冷藏减压条件下呼吸强度、乙烯生成量等进一步降低，有利于延缓衰败。

②加压贮藏

其作用原理主要是在贮存物上方施加一个小的由外向内的压力，使贮存物外部大气压高于其内部蒸汽压，形成一个足够的从外向内的正压差，一般压力为 $253 \sim 404 MPa$。这样的正压可以阻止果蔬水分和营养物质向外扩散，减缓呼吸速度和成熟速度，故能有效地延长果实的贮藏期。

（7）新型保鲜剂保鲜

保鲜剂保鲜主要是用一些化学药剂处理采收之后的果蔬，以消灭其上带有的病菌，防止贮藏过程中病菌的侵染，从而延长果蔬的贮存期限，这些化学药剂主要有防腐杀菌剂、钙制剂和生长调节剂。

①可食用保鲜剂

这是由英国食品协会研制成功的一种可食用的水果保鲜剂。它是由蔗糖、淀粉、脂肪酸和聚脂物调配成的半透明乳液，它能阻止氧气进入果蔬内部，延长了果蔬熟化过程，从而可保鲜 200d 以上。

②Vc 化合物保鲜

美国农业研究部将苹果片浸在抗坏血酸-2-磷酸盐或抗坏血酸-6-脂肪酸中，可防止水果褐变。

③几丁质

加拿大研制的 NOCC 可在水果表面形成一层既透气又相当隔氧的薄膜，并将水果裹住，达到低氧贮藏的目的，此外，这层薄膜还可保持住果蔬排出的二氧化碳，从而延缓果蔬的熟化，NOCC 没有任何毒性。除此之外，还有雪鲜，森伯保鲜剂、复合联氨盐、特殊保鲜溶液和烃类混合物等。在新药研制方面，我国在果蔬贮藏中开始应用高效低毒的防腐剂防止微生物引起的腐烂和生理病害。

（8）生物技术保鲜

这是近年来新发展起来的具有广阔前途的贮藏保鲜方法，其中生物防治和利用遗传基因进行保鲜是生物技术在果蔬贮藏保鲜上应用的典型例子。

①生物防治

生物防治是利用生物方法降低或防治果蔬采后腐烂损失，通常有以下四种策略，即降低病原微生物、预防或消除田间侵染、钝化伤害侵染以及抑制病害的发生和传播。目前，利用生物防治在贮藏保鲜中研究成功的就是将病原菌的非致病菌株喷洒到果蔬上，可以降低病害发生所引起的果蔬腐烂。如将菠萝的绳状青霉喷到菠萝上，则菠萝青霉腐烂大为降低；草莓采前喷洒木霉菌，则大大降低采后草莓灰霉病的发病率；南运北调的马铃薯腐烂率高，用假单孢菌在采后浸渍，则其软腐病降低 50%；抗菌素类如链霉素、软霉素喷洒在大白菜上，则可以减少细菌病害发生。近年来，国外发现了一种特异的菌株——枯草杆菌的一个变种，它可以产生效力很强的抗菌素，其效力几乎等于现在广泛使用的杀菌剂——苯菌灵。

②基因工程

果蔬整个生命过程中基因控制着蛋白质的合成与降解。果蔬的大多数物理化学变化是由于特定酶活性的改变引起的。一些能够降解细胞壁的酶的活性可能通过乙烯或荷尔蒙等来调整，乙烯也能增加特定成熟酶的合成。基因工程技术主要通过减少果蔬生理成熟期内源乙烯的生成以及延缓果蔬在后期成熟过程中的软化来达到保鲜的目的。目前，日本科学家已找到产生乙烯的基因，如果关闭这种基因，就可减慢乙烯释放的速度，从而延缓果实的成熟，达到果蔬在室温下延长货架期的目的。因此利用 DNA 的重组和操作技术，来修饰遗传信息，或用反义 DNA 技术来抑制成熟基因的表达，进行基因改良，从而达到推迟果蔬成熟衰败，延长贮藏期的目的。

2. 鲜切果蔬的商品化保鲜技术

鲜切果蔬又称为果蔬的最少加工，指新鲜果蔬和水果原料经清洗、修整、鲜切等工序，最后用塑料薄膜袋或以塑料托盘盛装外覆塑料膜包装，供消费者立即食用的一种新型果蔬加工产品。不对果蔬产品进行热加工处理，只适当采用去皮、切割、修整等处理，果蔬仍为活体，能进行呼吸作用，具有新鲜、方便，可 100% 食用的特点。因为鲜切果蔬具有新鲜、营养卫生和使用方便等特点，在国内外深受消费者的喜爱，已被广泛用于胡萝卜、生菜、白菜、韭菜、芹菜、马铃薯、苹果、梨、桃、草莓、菠菜等果蔬。与速冻果蔬产品及脱水果蔬产品相比，更能有效地保持果蔬产品的新鲜质地和营养价值，食用更方便，生产成本更低。

（1）鲜切果蔬的加工工艺

原料采收、检验→预处理→切分（块、丝、丁等）→清洗→沥水→保鲜处理（防褐或杀菌）→包装→贮运→销售。

①原料的采收、检验

并非所有的果蔬都适合鲜切加工，对原料的选择很重要。果蔬在采收、运输过程中极易造成机械损伤；需用刀具采收的，刀具要锋利，在搬运过程要轻拿轻放；要选择无机械损伤、无虫蛀、无病斑、色泽均匀、大小一致、成熟度相同的果蔬，剔除不合格的果蔬。

②原料的预处理

原料的预处理多为降温处理。即根据原料特性采用自然或机械的方法，尽快将采后果蔬的温度降低到适宜的低温范围，并维持这一低温，以利后续加工。果蔬水分充盈，比热大，呼吸活性高，腐烂快，采收以后是变质最快的时期。如青豌豆 20℃ 下存放 24h，其含糖量下降 80%，游离氨基酸减少，失去鲜美风味且质地变得粗糙。因此，预冷是冷链流通的第一环节，也是整个冷链技术连接是否成功的关键。现在多采用冷水冷却、强制空气冷却、真空冷却等方法，其中真空预冷是较好的冷却方法。

③清洗和切分

清洗的目的是洗去果蔬表面的尘土、污秽、微生物、寄生虫卵及残留的农药等。加工前必须仔细地清洗，采用含氯量或柠檬酸量为 100~200mg/L 水进行清洗可有效延长货架期。实验表明，使用次氯酸钠清洗切割叶用莴苣可抑制产品褐变及病原菌数量，但处理后的原料必须经清洗以减少氯浓度至饮用水标准；由于氯的残留物中含有潜在的诱导机体突变物质和致癌物质，一些新的杀菌剂像臭氧、电解水等已投入使用。传统的清洗方法是浸泡清洗，最好采用超声波气泡清洗。切分大小即要有利保存，又要符合饮食需求，切分刀具要锋利。

④冲洗、护色及脱水处理

切分后的果蔬原料应再冲洗　次以减少微生物污染及防止氧化。护色主要是防止鲜切菜褐变，褐变是鲜切菜主要的质量问题。影响果蔬褐变的因素很多，主要有多酚氧化酶的活性、酚类化合物的浓度、pH、温度及组织中有效氧的含量。因此，可通过选择酚类物质含量低的品种，钝化酶的活性，降低 pH 和温度，驱除组织中有效氧的办法来防止褐变。传统抑制褐变采用亚硫酸钠，目前国际上已不允许使用，常用替代亚硫酸盐的有抗坏血酸、异抗坏血酸、柠檬酸、L-半胱氨酸、氯化钙、EDTA 等。切分洗净后的果蔬应进行脱水处理，通常使用离心机进行脱水，离心机转速和脱水时间要适宜。

⑤包装

包装是鲜切果蔬生产中的最后操作环节。目前，鲜切产品包装上常用的包装膜有聚乙烯（PE）、聚丙烯（PP）、低密度聚乙烯（LDPE）和聚氯乙烯（PVC）、复合包装膜乙烯-乙酸乙烯共聚物（EVA），以满足不同的透气率需求。鲜切果蔬的包装方法主要有自发调节气体包装（MAP）、减压包装（MVP）和壳聚糖涂膜包装。

（2）鲜切果蔬的商品化保鲜技术

①保鲜剂应用保鲜

保鲜剂有化学合成和天然保鲜剂两种。大部分化学防腐保鲜剂都有一定的副作用，会给保鲜产品带来一定程度的污染。特别是对于鲜切果蔬，化学防腐保鲜剂的使用种类、剂量、时间都受到严格的限制。香料植物和中草药植物的提取物以及国外研究的雪鲜、森柏等是天然保鲜剂的典型代表。

②低温冷藏保鲜

鲜切果蔬从挑选、洗涤、包装、贮藏、运输到销售均需在一个低温条件下进行，才能取得较好的保鲜效果。通常鲜切果蔬包装后，应放入冷库中贮藏，冷库温度必须≤5℃才能获得足够的货架期及确保产品食用安全，并利用冷链（温度≤5℃）进行运输和销售。

③气调保鲜

鲜切果蔬的气调保鲜方式主要是自发调节气体包装（MAP）。MAP 是通过使用适宜的透气性包装材料被动地产生一个调节气体环境，或者采用特定的气体混合物及结合透气性包装材料主动地产生一个气调环境。MAP 能延长果蔬货架期已为世人认可，在国际上备受注目。MAP 技术迅速发展，其技术性、安全性一直是关注的焦点。

④其他保鲜技术

非化学的新型保鲜技术在鲜切果蔬保鲜中具有广泛的应用前景，主要集中在：①物理保鲜技术。采用辐照、空气放电、脉冲电场、振荡磁场、高压等物理方法处理切割菜，产品不发生化学变化，不产生异味，而且可以保存其营养成分、新鲜感和风味。②生物防治技术。利用一些有益微生物的代谢产物抑制有害微生物，从而延长食品的贮藏期。如在鲜切菜加工中使用乳酸菌可以提高产品的安全性。

 复习与思考

1. 如何理解果蔬采后的呼吸作用与贮藏的关系？
2. 简述环境条件对果蔬贮藏的影响？如何根据这些影响进行环境的调控？

3. 论述乙烯对果蔬采后生理的效应及其控制措施。

4. 论述呼吸跃变型果蔬与非跃变型果蔬在采后生理上的差异。

5. 论述果蔬采后蒸腾失水的原因及控制措施。

6. 机械损伤如何影响果蔬的贮藏效果？

7. 分析冷库中冷凝管表面"结霜"的原因。

8. 什么是气调贮藏？气调贮藏的方式有哪几种？哪些产品适合气调贮藏？

9. 综述果蔬机械冷库管理的综合技术。

10. 什么是果蔬的侵染性病害和生理性病害？并各举二例。

11. 任选一种水果或蔬菜，论述其贮藏保鲜的综合措施。

项目二　果蔬商品化处理技术

【知识目标】
1. 了解果蔬商品品质、采收成熟度、催熟、低温冷链运输系统等基本概念
2. 理解果蔬商品化处理对其品质保持的影响
3. 熟悉果蔬产品商品化处理的基本流程及管理技术

【技能目标】
1. 学会果蔬商品品质的常规鉴定技术
2. 掌握果蔬产品的商品化处理技术

任务1　果蔬商品化处理的相关知识

一、果蔬的商品品质鉴定

果蔬产品的品质是影响产品市场竞争力的主要因素，其品质的优劣与否常以色泽、营养、质地及安全状况来评价。果蔬品质是指果蔬满足某种使用价值的全部有利特征的总和，是衡量产品优劣的尺度。果蔬产品不论是内销或是外销，都面临着挑战，其竞争的焦点就是果蔬品质。果蔬的品质鉴定是由国家法定质检部门根据已确定的标准进行的。果蔬品质鉴定的目的不仅在于为果蔬的分级提供依据，而且通过品质鉴定可更好地了解果蔬的内在营养品质状况，以便为果蔬的使用途径和综合利用提供依据，还可以为广大消费者放心食用提供依据；同时，果蔬的品质鉴定也是推行果蔬产品标准化生产的重要手段。果蔬品质鉴定的方法主要是感官鉴定法和理化鉴定法两大类。果品果蔬作为一类特殊的商品，其品质构成因素主要是感官品质、卫生品质、营养品质、商品化处理品质四个方面。

1. 感官品质

是指通过人体的感觉器官能够感受到的品质指标的总和。它主要包括产品的外观、质地、风味等，如大小、形状、颜色、光泽、汁液、硬度（脆度）、缺陷、新鲜度等。果品果蔬的感官质量因产品种类和品种而异。到目前为止，感官品质的评价还是以感官鉴定法为主，随着科技进步，也有越来越多的仪器检测用于感官品质评定。

（1）大小　大小作为一种品质属性的重要性，不仅在于消费者的喜欢，而且决定产品的等级和价格。直径是大小最常用的指标，通常用测径仪测量；重量分个体重量和群体重量两种，用称量法测定；体积通过排水法测量或直接测量。

（2）形状　果蔬具有其特征的形状是很重要的表观属性。常用纵径和横径之比作为果实的果形指数，也可用形状图和模型，不同的产品有不同的特征形状。

（3）色泽　果蔬只有在达到一定成熟度时，才能具有固有的内在品质，即优良的风味、质地和营养等，同时表现出典型的色泽。所以，果蔬的外表色彩可作为果蔬综合品质是否达

到理想程度的外观指标，是果蔬分级的重要标准之一。颜色鉴定通常用比色卡进行目测，也可用光反射计、色差仪等仪器测定。光泽可用目测或光泽计测定。

（4）缺陷　缺陷是涉及果蔬产品新鲜与否的质量特征。有损于果蔬表观的状态有：菜叶的枯萎或水果的皱缩；碰伤、擦伤和切口等表皮缺陷；表面的各种污染等。可按缺陷的程度进行分级，并对缺陷进行详细描述。

（5）质地　质地包括果蔬内在和外表的某些特征，如手感特征以及人们在消费过程中所体验到的质地上的特征。一般指那些能在口中凭触觉感到的特性。质地的复杂特性是以许多方式表现出来的，其中最有意义的用来描述质地特征的术语有硬度、脆度、沙性、绵性、汁性和纤维性等。可辅以硬度计、质构仪、纤维仪等进行理化测定。

（6）风味　风味包括口味和气味，主要是由果蔬组织中的化学物质刺激人的味觉和嗅觉而产生的。口味是由于某些可溶性和挥发性的成分通过口腔内部柔软的表面及舌头上的腺膜抵达味蕾而产生的。果蔬最重要的口味感觉有 4 种，即甜、酸、苦、涩，它们分别是由糖、有机酸、苦味物质和鞣酸物质产生的。气味对总体风味的形成影响较大，是由于挥发性物质到达鼻腔内的受体并被吸收后，人就感觉到气味了，它可给人以愉悦或难受的感觉。有些水果和果蔬在成熟时大量产生这种化合物。

风味也可结合理化方法测定。如用折光仪测定可溶性固形物近似代表含糖量，用化学方法测定总糖、还原糖或其他糖；用 pH 计测定 pH，用滴定法测定可滴定酸的含量；用气相色谱等测定芳香物质的含量及种类等。

2. 卫生品质

卫生品质是指直接关系到人体健康的品质指标的总和。它主要包括果蔬表面的清洁程度，果蔬组织中的重金属含量、农药残留量及其他限制性物质如亚硝酸盐等。人们主要检测其有毒物质的含量，并以此作为安全指标。有毒物质主要来自三个方面：①果蔬原料本身所固有的或某些成分经转化而成的有毒物质；②微生物繁殖所分泌的毒素；③水、大气、土壤的污染和农药残毒。除采用传统农药残留量检验、微生物检验进行卫生品质检测，可利用薄层色谱、气相色谱、液相色谱等对微量有毒物质进行测定。

3. 营养品质

营养品质是指产品中含有各种营养素的总和。不同品种的果蔬组织中含有不同种类和数量的营养要素，果蔬产品中主要包括碳水化合物、维生素、矿物质、含氮化合物、微量元素等几大类。营养品质的高低由其所含维生素、矿特质等的最大含量和其他食品没有或很少有的营养成分所决定。可通过化学分析测定果蔬碳水化合物、膳食纤维、蛋白质及各种氨基酸、脂肪、维生素和矿物质鉴定果蔬产品的营养品质。

4. 商品化处理品质

果蔬产品采后的商品化处理水平高低是决定其商品价值的重要因素。商品化处理水平高，其耐贮运性能好，运输损耗少，品质高。精美的产品包装能提高其商品的价值。新鲜果蔬产品不仅能在贮运过程而且在市场销售中还能保持其良好的食用品质的期限，称为货架寿命，这是果蔬产品价值高低的重要标志。

果品果蔬的标准属于技术标准，它是果品果蔬生产、质量评价、监督检验、贸易洽谈、产品使用、贮藏保鲜等的依据和准则，也是对果品果蔬质量争议作出仲裁的依据，对保证和提高产品质量，提高生产、流通和使用的经济效益，维护消费者的健康和权益等具有重要的作用。

二、果蔬的采收技术

采收是果蔬生产的最后一个环节，也是贮藏加工开始的环节。联合国粮农组织的调查报告显示：发展中国家在采收过程中造成的果蔬损失达 8% ~ 10%，其主要原因是：采收成熟度不当；田间采收容器不适当、采收方法不当引起机械伤；从采后的贮运到包装处理过程中缺乏对产品的有效保护。

采收时应掌握"及时而无伤"的总原则。"及时"是指确定适当的采收时间。果蔬采收成熟度与其产量、品质有着密切的关系。采收过早，不仅产品的大小和重量达不到标准，而且风味、品质和色泽也不好；采收过晚，产品已经成熟衰老产量下降，不耐贮藏和运输。生产上成熟度的判别一般根据不同种类、品种及其生物学特性、生长情况，以及气候条件、栽培管理等因素综合考虑。同时，还要从调节市场供应、贮藏、运输和加工需要、劳力安排等多方面确定适宜采收期。

"无伤"是指采收应避免造成机械伤害。果蔬产品的表面结构是良好的天然保护层，当表面结构受到破坏后，组织就失去了天然的抵抗力，容易受到细菌的感染而造成腐烂。采收过程中引起的机械伤在以后的各个环节中无论如何处理也不能完全恢复；机械伤会加重采后包装、运输、贮藏和销售过程中的产品损耗，降低产品的商品性，大大影响贮藏保鲜的效果，降低经济效益。

1. 采收成熟度的确定

根据产品的特点考虑采收成熟度。就地销售的产品可以适当晚采；用做长期贮藏和远距离运输的产品，应适当早采。有呼吸高峰的果蔬产品，应该在达到生理成熟或呼吸跃变前采收。采收工作有很强的时间性和技术性，必须及时并且由经过培训过的工人进行采收；采收前必须做好人力和物力上的安排和组织工作，选择适合产品特点的采收容器、采收时期和采收方法。

判断果蔬成熟度的方法有下列几种。

①果梗脱离的难易度：有些种类的果实在成熟时果柄与果枝间产生离层，稍一震动就可脱落，此时为品质最好的成熟度，如不及时采收就会大量落果。

②表面色泽的显现和变化：许多果实在成熟时，果皮的颜色可作为判断果实成熟度的标志之一。未成熟果实的果皮中有大量的叶绿素，随着果实的成熟，叶绿素逐渐分解，底色便呈现出来。例如，甜橙果实在成熟时呈现出类胡萝卜素，红橘果皮中含有红橘素和黄酮，因此它们的果皮表现出红色或橙色。苹果、桃等的红色为花青素，柿子为橙黄色素和番茄红素，呈血红色。番茄果皮中含有番茄红素、胡萝卜素及叶黄素，果皮表现出大红色、粉红色或黄色。产品若作长距离运输或贮藏，应该在绿熟阶段采收，即果顶显示奶油色时采收；而就地销售可在着色期采收，即果顶为粉红色或红色时采。甜椒一般在绿熟时采收，茄子应该在表皮明亮而有光泽时采收。甜瓜的色泽从深绿变为斑绿和稍黄时表示瓜已成熟。

③主要化学物质的含量：果蔬产品的主要化学物质如糖、淀粉、有机酸、可溶性固形物含量，可以作为衡量品质和成熟度的标志。糖酸比和固酸比不仅可以衡量果实的风味，也可以用来判断成熟度。例如，四川甜橙采收时以固酸比为 10:1，糖酸比为 8:1 作为最低采收成熟度的标准；苹果和梨糖酸比为 30:1 时采收，风味品质好；伏令夏橙和枣在糖分累积最高时采收为宜。苹果在成熟过程中淀粉遇到碘溶液时会呈现蓝色，可把苹果切开，将其横断

面浸入配制好的碘溶液中 30s，观察果肉变蓝的面积及程度。不同品种的苹果成熟过程中淀粉含量的变化不同，可以制作不同品种苹果成熟过程中淀粉变蓝的图谱（色卡），供判断成熟度用很方便。青豌豆、甜玉米、菜豆都是以食用其幼嫩组织为主的果蔬，糖含量多，淀粉含量少时采收的风味品质好。马铃薯、芋头的淀粉含量高时采收品质好，耐贮藏，加工淀粉时出粉率也高。

④质地和硬度：一般未成熟的果实硬度较大，达到一定成熟度后，才变得柔软多汁。只有掌握适当的硬度，在最佳质地采收，产品才能够耐贮藏和运输，如番茄、辣椒、苹果、梨等都要求在果实有一定硬度时采收。辽宁的国光苹果采收时，一般硬度为 $19kgf/cm^2$，烟台的青香蕉苹果采收时，一般为 $28kgf/cm^2$。此外，桃、李、杏的成熟度与硬度的关系也十分密切。一般情况下，一些叶菜果蔬不测其硬度，而是用坚实度来表示其发育状况。如甘蓝的叶球和花椰菜的花球都应该在充实坚硬、致密紧实时采收，品质好，耐贮性强。

⑤果实形态：果实必须长到一定的大小、重量和充实饱满的程度才能达到成熟。不同种类、品种的水果和果蔬都具固定的形状及大小特点，例如香蕉未成熟时，果实的横切面呈多角形，充分成熟时，果实饱满、浑圆，横切面为圆形。西瓜成熟时，蒂部向里凹。

⑥生长期和成熟特征：不同果实产品由开花到成熟有一定的生长期和成熟特征。如山东元帅系列的苹果的生长期为 145d 左右，国光苹果的生长期为 160d 左右，早熟西瓜品种从雌花开放到果实生理成熟为 28～32d，中熟品种为 32～35d，晚熟品种 35d 以上。各地可以根据多年的经验得出适合当地采收的平均生长期。

另外，产品的不同目的、消费习惯，也决定产品采收期，如豌豆，有吃豌豆芽的，有吃豌豆苗的，有吃嫩豌豆荚的，有吃成熟豌豆粒的，自然采收期炯然不同。果树中的杏，青杏（加工青丝、红丝用）、鲜食杏、仁用杏，采收期也大不一致。总之，果蔬产品种类繁多，采收成熟度要求很难一致，不便做出统一的标准。应该抓住其主要因素，判断其最适采收期，达到长期贮藏、加工和销售目的。

2. 采收方法

采收方法主要有两种：人工采收和机械采收。在发达国家，由于劳动力比较昂贵，在果蔬产品的生产中千方百计地研究用机械的方式代替人工进行采收作业；但是，到目前为止，真正在生产中得到应用的大都是以加工为目的的果蔬产品，如以制造番茄酱的番茄，生产罐头的豌豆等是进行机械采收的。以鲜食为目的的果蔬产品基本都是以人工采收为主。

（1）人工采收　采收方法应根据果蔬产品的各类而定。如：柑橘、葡萄等果实的果柄与枝条不易分离，需要用采果剪采收；为了使柑橘果蒂不被拉伤，此类产品多用复剪法进行采收，即先将果实从树上剪下，再将果柄齐萼片剪平；苹果和梨成熟时，果梗与果枝间产生离层，采收时以手掌将果实向上一托，果实即可自然脱落；桃、杏等果实成熟后果肉特别柔软，容易造成伤害，所以人工采收时应剪平指甲或戴上手套，小心用手掌托住果实，左右轻轻摇动使其脱落；采收香蕉时，应先用刀切断假茎，紧护母株让其轻轻倒下，再按住蕉穗切断果轴，注意不要使其擦伤，碰伤。同一棵树上的果实，应按照由外向内、由下向上的顺序采收；因成熟度不一致，分批采收可提高产品品质。

人工采收的优点是劳动力便宜、灵活性高、机械损伤少、人多速度快、便于调节控制。但是，人工采收缺少采收标准、工具原始、采收粗放。人工采收应注意以下几点：戴手套采收；选用适宜的采收工具，如果剪、采收刀等；用采收袋或采收蓝进行采收；周转箱大小适中，不能太大，否则容易造成底部产品的压伤。周转箱材料选择适当，我国常用的柳条箱、竹筐对产品伤害较重，国外常用木箱、防水纸箱和塑料周转箱对产品伤害较轻。采收时间对采后处理、保鲜、贮藏和运输都影响很大，一般最好在一天内温度较低的时间采收，因为此时产品的呼吸作用小，生理代谢缓慢，而且可以使产品自身所带的田间热降到最小。

（2）机械采收　机械采收适用于那些成熟时果梗与果枝间形成离层的果实，一般使用强风或强力振动机械，迫使果实从离层脱落，在树下铺垫柔软的帆布垫或传送带承接果实并将果实送至分级包装机内。其优点是：采收效率高、节省劳动力、降低采收成本，可以改善工人的工作条件、减少因大量雇佣和管理工人所带来的一系列问题。但机械采收对产品的损伤严重影响产品的质量、商品价值和耐贮性，目前主要是用于加工的果蔬产品或能一次性采收且对机械损伤不敏感的产品，如美国使用机械采收番茄、樱桃、葡萄、苹果、柑橘、坚果类等；根茎类果蔬使用大型犁耙等机械采收，豌豆、甜玉米、马铃薯也可机械采收。采收前也可喷果实脱落剂如萘乙酸等，采收后及时进行挑果等处理，可以将机械伤的影响降到最低。

总之，果蔬产品种类繁多，收获的产品是植物的不同器官，其成熟采收的标准、方法难以统一。在生产实践中要根据产品特点、采后用途进行全面评价，以判断最适采收期，采用适当的采收方法。

三、果蔬采后商品化处理

果蔬采后商品化处理是指为保持和改进产品质量使其从农产品转化为商品所采取的一系列措施的总称。包括：整理与挑选、预冷、清洗和涂蜡、分级、包装、其他等环节（如图2—1）。这些措施对减少采后损失，提高果蔬产品的商品性和耐贮运性能具有十分重要的作用。采后处理可以根据产品的种类，选用全部的措施或只选用其中的某几项措施，也可以在设计好的包装生产线上一次性完成。

1. 整理与挑选

整理与挑选是采后处理的第一步，其目的是剔除有机械伤、病虫危害、外观畸形等不符合商品要求的产品，以便改进产品的外观，改善商品形象，便于包装贮运，有利于销售和食用。果蔬产品从田间收获后，往往带有残叶、败叶、泥土、病虫污染等，必须进行适当的处理。清除残叶、败叶、枯枝还只是整理的第一步，有的产品还需进行进一步修整，并去除不可食用的部分，如去根、去叶、去老化部分等。叶菜采收后整理显得特别重要，因为叶菜类采收时带的病、残叶很多，有的还带根。单株体积小，重量轻的叶菜还要进行捆扎。其他的茎菜、花菜、果菜也应根据新产品的特点进行相应的整理，以获得较好的商品性和贮藏保鲜性能。

挑选是在整理的基础上，进一步剔除受病虫侵染和受机械损伤的产品。很多产品在采收和运输过程中都会受到一定机械伤害。受伤产品极易受病虫、微生物感染而发生腐烂。所以必须通过挑出病虫感染和受伤的产品，减少产品的带菌量和产品受病菌侵染的机会。挑选一般采用人工方法进行。在果蔬产品的挑选过程中必须戴手套，注意轻拿轻放，尽量剔除受伤产品，同时尽量防止对产品造成新的机械伤害，这是获得良好贮藏保鲜效果的保证。

2. 预冷

预冷是将新鲜采收的产品在运输、贮藏或加工以前迅速除去田间热，将其温降低到适宜温度的过程。预冷是农产品冷链保藏运输中必不可少的环节,必须在产地采收后立即进行。通过预冷可迅速去除田间热,将产品温度降到适宜温度。尤其是一些需要低温冷藏或有呼吸高峰的果实,若不能及时降温预冷,在运输冷藏过程中很快就会达到成熟状态,大大缩短贮藏寿命。未经预冷的产品在贮运过程要降低其温度需要更大的冷却能力,在设备动力和商品价值上都损失很大。经预冷的产品,以后只需较少的冷却能力和隔热措施就可达到减缓果蔬产品的呼吸,减少微生物侵袭,保持新鲜度和品质的目的。

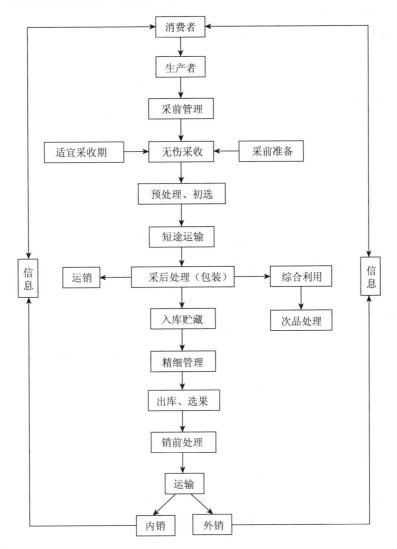

图 2—1 果蔬采后处理流程示意图

预冷的方式有多种,一般分为自然预冷和人工预冷。人工预冷中有冰接触预冷、风冷、水冷和真空预冷等方式。各种预冷方式各有其优缺点(见表 2—1)。

(1)自然降温冷却 它是最简便易行的预冷方法。它是将采后的果蔬产品放在阴凉通风的地方,使其自然散热。这种方式冷却的时间较长,受环境条件影响大,而且难于达到产品所需要的预冷温度,但是在没有更好的预冷条件时,自然降温冷却仍然是一种应用较普遍的方法。

（2）水冷却　水冷却是用冷水冲、淋产品，或者将产品浸在冷水中，使产品降温的一种冷却方式。由于产品的温度会使水温上升，因此，冷却水的温度在不使产品受冷害的情况下要尽量低一些，一般为 0～1℃。目前使用的水冷却方式有两种，即流水系统和传送带系统。水冷却器中的水通常是循环使用的，这样会导致水中病原微生物的累积，使产品受到污染。因此，应该在冷却水中加入一些化学药剂，减少病原微生物的交叉感染，如加入一些次氯酸或用氯气消毒。此外，水果蔬产品的采后处理与运销冷却器应经常用水清洗。用水冷却时，产品的包装箱要具有防水性和坚固性。商业上适合于水冷却的果蔬产品有胡萝卜、芹菜、甜玉米、菜豆、甜瓜、柑橘、桃等。如直径 7.6cm 的桃在 1.6℃ 的水中放置 30min，可以将其温度从 32℃ 降至 4℃，直径 5.1cm 的桃在 15min 内可以冷却到 4℃。

表 2—1　几种主要预冷方法的优缺点比较

冷却方式		优缺点
空气冷却	自然对流冷却	操作简单易行，成本低廉，适用于大多数果蔬产品，但冷却速度较慢，效果较差
	强制通风冷却	冷却速度稍快，但需要增加机械设备，果蔬产品水分蒸发量较大
水冷却	喷淋或浸泡	操作简单，成本较低，适用于表面积小的产品，但病菌容易通过水进行传播
碎冰冷却	碎冰直接与产品接触	冷却速度较快，但需冷库采冰或制冰机制冰，碎冰易使产品表面产生伤害，耐水性差的产品不宜使用
真空冷却	降温、减压、最低气压可达 613.28Pa	冷却速度快，效率高，不受包装限制，但需要设备，成本高，局限于适用的品种，一般以经济价值较高的产品为宜

（3）冷库空气冷却　冷库空气冷却是一种简单的预冷方法，它是将产品放在冷库中降温的一种冷却方法。苹果、梨、柑橘等都可以在短期或长期贮藏的冷库内进行预冷。产品堆码时包装容器间应留有适当的间隙，保证气流通过。目前国外的冷库都有单独的预冷间，产品的冷却时间一般为 18～24h。冷库空气冷却时产品容易失水，95% 或 95% 以上的相对湿度可以减少失水量。

（4）强制通风冷却　强制通风冷却是在包装箱堆或垛的两个侧面造成空气压力差而进行的冷却，当压差不同的空气经过货堆或集装箱时，将产品散发的热量带走。如果配上机械制冷和加大气流量，可以加快冷却速度。强制通风冷却所用的时间比一般冷库预冷要快 4～10 倍，但比水冷却和真空冷却所需的时间至少长 2 倍。大部分果蔬产品适合采用强制通风冷却，在草莓、葡萄、甜瓜、红熟番茄上使用效果显著，0.5℃ 的冷空气在 75min 内可以将品温 24℃ 的草莓冷却到 4℃。

（5）包装内加冰冷却法　包装加冰冷却是一种古老的方法，就是在装有产品的包装容器内加入细碎的冰块，一般采用顶端加冰。它适于那些与冰接触不会产生伤害的产品或需要在田间立即进行预冷的产品，如菠菜、花椰菜、孢子甘蓝、萝卜、葱等。如果要将产品的温度从 35℃ 降到 2℃，所需加冰量应占产品重量的 38%。虽然冰融化可以将热量带走，但加冰冷却降低产品温度和保持产品品质的作用仍是很有限的。因此，包装内加冰冷却只能作为其他预冷方式的辅助措施。

（6）真空冷却　真空冷却是将产品放在坚固、气密的容器中，迅速抽出空气和水蒸气，使产品表面的水在真空负压下蒸发而冷却降温。压力减小时水分的蒸发加快，当压力减小到613.28Pa（4.6mmHg）时，产品就有可能连续蒸发冷却到0℃。因为在101.33kPa（760mmHg）下，水在100℃沸腾，而在533.29Pa（4mmHg）下，水在0℃沸腾。在真空冷却中产品的失水范围为1.5%~5%，由于被冷却产品的各部分等量失水，所以产品不会出现萎蔫现象，果蔬产品在真空冷却中大约温度每降低5.6℃，失水量为1%。真空冷却的速度和温度很大程度上受产品的表面积与体积之比的影响，表面积与体积之比越大，产品组织冷却速度越快；温差越小，冷却速度越慢。此外，介质的周转率及介质的种类不同也影响冷却速度。

预冷必须在产地采收后尽快地进行预冷处理，要根据果蔬产品的形态结构选择适当的预冷方式，把握适当的预冷温度和速度。预冷后处理要适当，果蔬产品预冷后要在适宜的贮藏温度下及时进行贮运，若仍在常温下进行贮藏运输，不仅达不到预冷的目的，甚至会加速腐烂变质。

3. 清洗和涂蜡

果蔬产品由于受生长或贮藏环境的影响，表面常带有大量泥土污物，严重影响其商品外观。所以果蔬产品在上市销售前常需进行清洗、涂蜡。经清洗、涂蜡后，可以改善商品外观，提高商品价值；减少表面的病原微生物；减少水分蒸腾，保持产品的新鲜度；抑制呼吸代谢，延缓衰老。

（1）清洗　洗果可除去果实表面的尘垢，提高光洁度，同时减少污染，降低腐烂率。清洗是采用浸泡、冲洗、喷淋等方式水洗或用干毛刷刷净某些果蔬产品（特别是块根块茎类果蔬），除去沾附着的污泥污物；减少病菌和农药残留，使之清洁卫生，符合商品要求和卫生标准，提高商品价值。对于某些产品，例如猕猴桃，干刷更利于清洗。但是其他像香蕉和胡萝卜则需要水洗。选择干刷还是水洗应同时取决于产品的种类和被污染的类型。水洗后还须进行干燥处理，除去游离的水分，否则在运输或贮藏中容易引起腐烂。

清洗用水必须清洁，不能反复使用，需及时将水进行更换。清洗槽的设计要便于清洗，可快速简便排出或灌注用水。另外，可在水中加入漂白粉或550~200mL/L的氯进行消毒，防止病菌的传播。产品倒入清洗槽时应小心，尽量做到轻拿轻放，防止和减少产品造成的机械伤害。果蔬经清洗后，可通过传送带将产品直接送至分级机进行分级。对于那些密度比水大的产品，一般采用水中加盐或硫酸钠的方法使产品漂浮，然后进行传送。

清洗液的种类很多，可以根据条件选用。如用1%~2%的碳酸氢钠或1.5%碳酸钠溶液洗果，可除去表面污物及油脂；用1.5%肥皂水溶液加1%磷酸三钠，水温调至38~43℃，可迅速除去果面污物；用2%~3%的氯化钙洗可减少苹果果实的采后损失。此外，还可用配制好的水果清洁剂洗果，也能获得较好的效果。如果清洁剂和保鲜剂配合使用，还可进一步降低果实在贮运过程中的损失。清洗方法分为人工清洗和机械清洗（传送带）。人工清洗是将洗涤液盛入已消毒的容器中，调好水温，将产品轻轻放入，用软质毛巾、海绵或软质毛刷等迅速洗去果面污物，取出在阴凉通风处晾干。机械清洗是用传送带将产品送入洗涤池中，在果面喷淋洗涤液，通过一排转动的毛刷，将果面洗净，然后用清水冲淋干净，将表面水分吸干，并通过烘干装置将果实表面水分烘干。

（2）涂蜡　果蔬产品表面有一层天然的蜡质保护层，往往在采后处理或清洗中受到破坏。涂蜡即人为地在果蔬产品表面涂一层蜡质。涂蜡后可以增加产品光泽，改进外观；同时可减少水分蒸腾，保持产品新鲜度，抑制呼吸代谢，延缓衰老，对产品的保存也有利，是常温下延长贮藏寿命的方法之一。在国外，涂蜡技术已有 80 多年的历史，1922 年，美国福尔德斯公司首先在甜橙上开始使用并获得成功。之后，世界各国纷纷开展涂蜡技术研究。自 20 世纪 50 年代起，美、日、意、澳等国都相继进行涂蜡处理，使涂蜡技术得到迅速发展。目前，该技术已成为发达国家果蔬产品商品化处理中的必要措施之一。已在水果、果菜类果蔬产品及其他果蔬产品上广泛使用，以延长货架寿命和提高商品质量。而我国由于受经济、技术水平的限制，至今仍未在生产中普遍应用。

蜡液是将蜡微粒均匀地分散在水或油中形成稳定的悬浮液。果蜡的主要成分是天然蜡（如棕榈蜡、米糠蜡等）、合成或天然的高聚物（包括多聚糖、蛋白质、纤维素衍生物）、乳化剂（包括脂肪酸蔗糖酯、油酸钠、吗啉脂肪酸盐）、水和有机溶剂等。近年来，含有聚乙烯、合成树脂物质、乳化剂和润湿剂的蜡液材料逐渐普遍使用，它们常作为杀菌剂的载体或作为防止衰老、生理失调和发芽抑制的载体。随着人们健康意识的不断增强，无毒、无害、天然物质为原料的涂被剂日益受到人们的青睐。

涂蜡的方法可以分为人工涂蜡和机械涂蜡。人工涂蜡是将洗净、风干的果实放入配制好的蜡液中浸透（30～60s）取出，用醮有适量蜡液的软质毛巾将果面的蜡液涂抹均匀，晾干即可。机械涂蜡是将蜡液通过加压，经过特制的喷嘴，以雾状喷至产品表面，同时通过转动的马尾刷，将表面蜡液涂抹均匀、抛光，并经过干燥装置烘干。两者相比，机械涂蜡效率较高，涂抹均匀，果面光洁度好，果面蜡层硬度易于控制。

不论采用哪种涂蜡方法都应做到以下三点：第一，涂被厚度均匀、适量。过厚会引起呼吸失调，导致一系列生理生化变化，果实品质下降；过薄效果不明显；第二，涂料本身必须安全、无毒、无损人体健康；第三，成本低廉，材料易得，便于推广。值得注意的是，涂蜡处理只是产品采后一定期限内商品化处理的一种辅助措施，只能在上市前进行处理或作短期贮藏、运输。否则会给产品的品质带来不良影响。目前世界发达国家和地区，蜡液生产已形成商品化、标准化、系列化，涂蜡技术也实现了机械化和自动化。我国现在也有少量蜡液和涂蜡机械的生产，但质量和性能还很差，有待进一步提高。

4. 分级

分级是指按一定的品质标准和大小规格将产品分为若干等级的措施。目的是使果蔬商品化。分级意义在于其产品在品质、色泽、大小、成熟度、清洁度等方面基本一致，便于在运输和贮藏时分别管理，有利于减少损耗，也便于在流通中按质论价，优质优价，同时可以保持和提高生产者的信誉。通过挑选分级，剔出有病虫害和机械损伤的产品，可以减少贮藏中的损失，减轻病虫害的传播。此外，可将剔出的残次品及时加工处理，以降低成本和减少浪费。

果蔬产品由于供食用的部分不同，成熟标准不一致，所以没有固定的规格标准。在许多国家分级通常是根据坚实度、清洁度、大小、重量、颜色、形状、成熟度、新鲜度，以及病虫感染和机械损伤等多方面考虑，其中最主要的是品质和大小两项内容。品质等级一般根据品质的好坏、形状、色泽、损伤和病害的有无等质量情况分为特等、一等、二等、三等……。大小等级则根据重量、果径、长度等分为特大、大、中、小（用英文字母 LL，L，M，S 分别表示）等。

分级标准分为国际标准、国家标准、协会标准和企业标准。水果的国际标准是最早于1954 年在日内瓦由欧共体制定的，许多标准已经重新修订，主要是为了促经济合作与发展。第一个欧洲国际标准是 1961 年为苹果和梨颁布的。目前已有 37 种产品有了标准，每一种包括三个贸易级，每级可有一定的不合格率。特级——特好，1 级——好，2 级——销售贸易级（包括可进入国际贸易的散装产品）。这些标准或要求在欧共体国家果蔬产品进出口上是强制性的，由欧共体进出口国家检查品质并出具证明。国际标准属非强制性标准，一般标龄长，要求较高。国际标准和各国的国家标准是世界各国均可采用的分级标准。国家标准是由国家标准化主管机构批准颁布，在全国范围内统一使用的标准。我国现有的果品质量标准约有 16 个，其中鲜苹果、鲜梨、柑橘、香蕉、鲜龙眼、核桃、板栗、红枣等都已制定了国家标准。行业标准又称专业标准、部标准，是在无国家标准情况下由主管机构或专业标准化组织批准发布，并在某一行业范围内统一使用的标准。如香蕉的销售标准、梨销售标准，出口鲜甜橙、鲜宽皮柑橘、鲜柠檬标准。地方标准则是在上面两种标准都不存在的情况下，由地方制定，批准发布，在本行政区域范围内统一使用的标准。企业标准由企业制定发布，在本企业内统一使用。"七五"期间，国家对一些果蔬产品等级及鲜果蔬产品的通用包装技术也制定了国家或行业标准，如大白菜、花椰菜、青椒、黄瓜、番茄、蒜薹、芹菜、菜豆和韭菜等。

分级的方法有手工操作和机械操作两种。叶菜类果蔬和草莓、蘑菇等形状不规则和易受损伤的种类多用手工分级。手工分级时应预先熟悉掌握分级标准，可辅以分级板、比色卡等简单的工具。手工分级效率低，误差大，但是只要精细操作，就可避免产品受到机械伤害。苹果、柑橘、番茄、洋葱、马铃薯等形状规则的种类除了手工操作外，还可用机械分级。分级一般与包装同时进行。机械分级常与挑选、洗涤、打蜡、干燥、装箱等联成一体进行。

5. 包装

水果果蔬产品包装是指新鲜的水果或果蔬收获以后用适当的材料包裹或装盛，以保护产品，提高商品价值，便于贮、运、销的措施，是水果果蔬产品商品化的重要环节。包装的好坏直接影响到运销过程中果实的损耗和商品的价值高低。果蔬产品的包装可以减少因互相摩擦、碰挤而造成的机械损伤；减少病害蔓延和水分蒸发；避免果蔬产品散堆发热而引起腐烂变质；可以保持果蔬产品在流通中保持良好的稳定性；提高商品性和卫生质量；免去销售过程中的产品过程，便于流通的标准化。

包装容器应该具有保护性，在装卸、运输和堆码过程中有足够的机械强度，有一定的通透性，利于产品散热及气体交换；具有一定的防潮性，防止吸水变形，从而避免包装的机械强度降低引起的产品腐烂。包装容器还应该具有清洁、无污染、无异味、内壁光滑、卫生、美观重量轻、成本低、便于取材、易于回收及处理等特点，包装外面注明商标、品名、等级、重量、产地、特定标志、包装日期及保存条件，这也是国外 HACCP 的一个控制手段。包装材料常用瓦楞纸箱，浸蜡纸箱，泡沫箱，塑料箱，木板箱，集装箱（见表2—2）。包装支撑物及衬垫物常用质地轻软的白纸、泡沫塑料网袋、塑料薄膜袋等（见表2—3）。

表2—2　包装容器种类、材料及使用范围

种类	材料	使用范围
塑料箱	高密度聚乙烯/聚苯乙烯	任何果蔬、高档果蔬
纸箱	板纸	果蔬
钙塑箱	聚乙烯/碳酸钙	果蔬
板条箱	木板条	果蔬
筐	竹子、荆条	任何果蔬
加固竹筐	筐体竹皮/筐盖木板	任何果蔬
网袋	天然纤维或合成纤维	不易擦伤、含水量少的果蔬

表2—3　果蔬产品包装常用各种支撑物或衬垫物

种类	作用	举例
纸	衬垫、包装及化学药剂的载体、缓冲挤压	鸭梨
托盘（纸或塑料）	分离产品及衬垫，减少碰撞	果蔬
瓦楞插板	分离产品及衬垫，增大支撑强度	苹果
泡沫塑料	衬垫，减少碰撞，缓冲震荡，保温	荔枝
塑料薄膜袋	控制失水和呼吸	柑橘
塑料薄膜	保护产品，控制失水	

6. 其他采后处理

（1）预贮愈伤　预贮一般用于含水量高，生理作用旺盛的产品。此类产品采收时含水量高，组织脆嫩，因此贮运中很容易发生机械损伤。此外，它们的呼吸作用和蒸腾作用很旺盛，如不经预贮愈伤，直接包装入库或运输，就会增大库内或车内相对湿度，有利于微生物的生长繁殖，从而导致产品的大量腐烂。适当的预贮后及预贮过程中，轻微伤口会自然产生木栓愈伤组织，逐渐使伤口愈合。已受伤的表皮组织往往变色或腐烂，易于识别，便于挑选时剔除，可以保证商品质量。适合预贮愈伤的产品有薯类和葱蒜类果蔬，如马铃薯、洋葱、大蒜等果蔬采收后，在贮藏前进行愈伤处理来增强其耐贮性和抗病性。

（2）保鲜防腐处理　用防腐剂、乙烯脱除剂、气体调节剂等对果蔬产品进行保鲜防腐处理。常用防腐剂如仲丁胺制剂、山梨酸等。乙烯脱除剂常用活性炭、氧化铝、硅藻土、活性白土等多孔结构的物质。气体调节剂主要用于调节小环境中的 O_2 和 CO_2 的浓度，达到气调贮藏效果，使果蔬产品的品质变化降至最小。主要有脱氧剂、CO_2 脱除剂、CO_2 发生剂。

（3）催熟处理（包括催色处理）　催熟处理可人为地促进果蔬的生理后熟，以加快叶绿素的分解，有色色素的形成以及大分子物质的转化，使其在短期内达到较好的可食状态。使用有效的生理活性物质，给以适宜的条件，加速自然成熟过程中的一系列复杂的生理生化变化。

常用乙烯气体和稀释可放出乙烯的乙烯利，以及类似物丙烯、乙炔等作为催熟的生理活性物质。同时选择适宜的 O_2 浓度、温度、湿度等，一定浓度的 O_2 是乙烯产生作用的必要条件。催熟是生理过程，温度是影响酶活性的关键因素，因此温度是一重要的催熟外部要素。湿度过低时，不仅催熟受到影响，而且产品表面易失水皱缩，最理想的 RH 为 90% 左右。处理时室内适度的空气流动，有利于气体、温度和湿度的均匀一致，使产品的成熟程度均匀一致。

四、果蔬产品的运输及销售

随着经济的发展和人民生活水平的提高，对品质优良的新鲜水果和果蔬的需求量越来越大，而新鲜水果和果蔬的生产有地区性和季节性的限制。为协调解决生产和消费之间的矛盾，运输起着重要的作用。运输是动态贮藏。我国地大物博，地处北温带和亚热带，南菜南果北运线路可长达二三千公里，冬季和初春，产地和销地温差可达 30℃，运输情况复杂。欲在运输途中保持品质、延长寿命，这与新鲜水果果蔬的采后处理、装卸水平、运输中的环境条件、运输时间、运输工具、路途状况和组织工作均有密切关系。

1. 运输对环境条件的要求

良好的运输效果除了要求产品本身具有较好的耐贮运性外，同时也要求有良好的运输环境条件，这些环境条件具体包括振动、温度、湿度、气体成分、包装、堆码与装卸等方面。

（1）振动　振动是水果果蔬运输时应考虑的基本环境条件。由于振动造成果蔬的机械损伤和生理伤害，会影响果蔬的贮藏性能。果蔬产品是一个个活的有机体，机体内在不断地进行旺盛的代谢活动。剧烈的振动会给果蔬产品表面造成机械损伤，促进乙烯合成，加快果实成熟；同时伤口会引起微生物的异常。因此，运输中必须避免和减少振动。

振动通常以振动强度表示，它表示普通振动的加速度大小。新鲜果蔬的耐振动性，与果蔬内在因素如遗传性、栽培条件、成熟度、果实大小有关，特别是成熟度不同，对振动的敏感性很不一样。同时，振动强度也受运输方式、运输工具、货物所处的不同位置的影响。一般水运、空运优于铁路运输再优于公路运输；公路运输时的路面状况与车速；装载量过少易加剧振动；不合适的堆垛和固定措施的缺乏，加剧振动；良好的缓冲包装会减轻振动导致的机械伤。

（2）温度　温度是运输过程中的重要环境条件之一。根据运输时的温度不同可分为常温运输和低温运输。常温运输中的货箱温度和产品温度易受外界气温的影响，特别是盛夏和严冬时，这种影响更大。南菜北运，外界温度不断降低，应注意做好保温工作，防止产品受冻；北果南运，温度不断升高，应做好降温工作，防止产品的大量腐烂。

低温冷链运输是目前世界上最先进也是最可靠的果蔬运输方式，即从果蔬的采收、分级、包装、预冷、贮藏、运输、销售等环节上建立和完善一套完整的低温冷链运输系统，使果品从生产到销售之间始终维持一定的低温，延长货架期，其间任何一个环节的缺失，都会破坏冷链保藏系统的完整性和实施。低温运输受环境温度的影响较小，温度的控制要受冷藏货车冷藏箱的结构及冷却能力的影响，而且也与空气排出口的位置和冷气循环状况密切相关。温度过高，代谢速率、呼吸速率、水分蒸发速率都会大大加快，导致果实快速成熟；但温度过低，果实也会发生冷害，影响其耐贮性。根据国际制冷学会规定，要求温度低而运输时间超过 6 天的果蔬，要与低温贮藏的适温相同（见表 2—4）。

表2—4　新鲜水果运输的推荐温度（国际制冷学会）

果实种类	冷链运输的推荐温度/℃	
	1～2d	2～3d
苹果	3～10	3～10
葡萄	0～8	0～6
桃	0～7	0～3
草莓	1～2	未推荐
香蕉	12～14	12～14
甜瓜	4～10	4～10

（3）湿度　影响湿度的因子主要有：果蔬本身的水分蒸腾强度、包装的材料种类。在水纸箱（纸板上涂以石蜡和石蜡树脂为主要成分的防水剂）或在纸箱中用聚乙烯薄膜铺垫，则可有效防止纸箱吸潮。也可定期浇水提高湿度。

（4）气体成分　除气调运输外，新鲜果蔬因自身呼吸、容器材料性质以及运输工具的不同，容器内气体成分也会有相应的改变。使用普通纸箱时，因气体分子可从箱面上自由扩散，箱内气体成分变化不大，CO_2的浓度都不超过0.1%。当使用具有耐水性的塑料薄膜贴附的纸箱时，气体分子的扩散受到抑制，箱内会有CO_2气体积聚，积聚的程度因塑料薄膜的种类和厚度而异。

（5）包装　包装对果蔬产品起到保护作用，防止机械损伤；减少产品水分蒸散，防止萎蔫，有的还可起到自发气调的作用。包装的可分为大包装与小包装。小包装指以单个或少量产品为单位进行包装，运输时放在外包装内（可称为内包装），销售时可以作为一个单位。大包装指将较多的产品或若干个小包装单位集在一起进行包装。

（6）堆码　新鲜果蔬的装车方法正确与否，与货物的运输质量的高低有非常重要的关系。果蔬装车，首先考虑保质，然后兼顾车辆载重量和容积的充分利用。在国外冷藏运输时，必需使车内冷空气流动，从而使温度保持均匀。这要求各货件之间必须留有适当的间隙，每件货物都不应直接接触车底板和车壁板，而应留有间隙。这样，通过车壁和底板进入车内的热量就可以被间隙中的空气吸收，从而较好地保持货物的温度稳定。因此，堆码原则是尽量利用运输工业的容积，利于内部空气的流通。堆码的方法有品字形装车法、井字形装车法、"一二三，三二一"装车法、筐口对装法等。在装载对低温敏感的水果果蔬时，货件不能紧靠机械冷藏车的出风口或加冰冷藏车的冰箱挡板，以免导致低温伤害。必要时，可在上述部位的货件上面苫盖草席或草袋，使低温空气不直接与货件接触。发达国家果蔬包装已经规范化，堆码也已规范化和机械化，每车装多少箱留多少间隙都是固定的。

（7）装卸　新鲜果蔬流通过程中，装卸是必不可少的重要环节。如装卸搬运中操作粗放、野蛮，就会导致商品机械损伤、腐烂，造成巨大的经济损失。我国果品果蔬装卸搬运多用人力，其劳动强度大，机械伤严重。近年来，随着生产水平的提高，国内一些外销口岸开始与发达国家一样采用机械化搬运装卸，普遍采用了叉车、电瓶车、起重吊车、传送带等设备，改善了搬运装卸条件。

2. 运输方式及工具

按照运输路线和运输工具的不同，可把新鲜果蔬的运输分为陆路、水路、空运等不同的运输方式。陆路运输包括公路和铁路运输。水路运输又包括河运和海运。在新鲜果蔬运输中，要选择最经济合理的运输。按路途的长短，可分为长途运输和短途运输。过去长途运输一般用加冰车厢、机冷车厢或冷藏船等。近年来国外采用冷藏集装箱或气调集装箱运输，国内大多采用汽车和火车运输。

（1）普通卡车　在我国新鲜果蔬运输中普通卡车是最重要的运输工具。而国外果蔬运输所用的主要工具主要是冷藏汽车和普通卡车。其优点是：一是减少中转和多次装卸，节省时间和劳力。二是卡车每车量较少，收购和销售速度较快。三是适合农民批发商的小本经营。虽然普通卡车车厢内没有温度调节控制设备，受自然气温的影响大。但车箱内的温湿度可通过通风、草帘棉毯覆盖、夹冰等措施适当调节。例如我国辣椒冬天用棉被保温包装运输卡车。

（2）冷藏车　冷藏车的特点是：车体隔热，密封性好，在车箱前部有冷却装置，车箱里在温热季节能保持低温。冷藏车是发达国家果蔬采后运输最主要的形式。目前我国很少应用冷藏车。其主要原因是运费很高。

（3）集装箱　集装箱运输是当今世界正在发展的运输工具，既省人力、时间，又保证产品质量，实现"门对门"的服务，是现代运输工具中的一大革新。在集装箱的基础上增加箱体隔热层和制冷及加温设备，即为冷藏集装箱，它可以维持新鲜果蔬及其他易腐货物所需的温度。在冷藏集装箱的基础上，加设气密层，改变箱内气体成分（降低 O_2 浓度和增加 CO_2 浓度），即为冷藏气调集装箱。

（4）火车　我国果蔬采后长途运输目前还较多应用火车普通货箱。一般用于较耐储运的大宗果蔬的超远途运输。火车冷藏货箱也有少量的应用，其主要有加冰冷藏车和机械冷藏车。加冰冷藏车（冰保车）车内部装有冰箱，具有排水设备、通风循环设备以及检温设备等。机械冷藏车（机保车）采用机械制冷和加温，配合强制通风系统，能有效控制车箱内温度，装载量比冰保车大大增加。

（5）航空运输　航空运输运送速度比较快，平均送达速度比铁路快 6 ~ 7 倍，比水运快29 倍。但运输成本高、运量小、耗能大，目前在果蔬产品运输上只能用于一些特需或经济价值很高的果蔬产品的运输。

3. 销售

果蔬采收后经处理、包装、运输等一系列活动，最后到达销售地，果蔬产品只有销售出去才能实现其商品价值。果蔬产品是具有易腐性、种类的多样性、不均一性的一类特殊商品，因此要求果蔬的流通体系具有快速、集散、安全的特性。

在果蔬流通领域，中心批发市场应成为销售系统的中枢，它不仅是果蔬的集散地，而且还应成为生产与销售信息网络的中心，还能及时提供多种信息服务，如产品供应状况、质量价格、贮运、市场需求趋势等。果品果蔬的零售形式多种多样：自由市场、果蔬超市、直销配送等。易腐果蔬的货架期对商家来讲特别重要。

任务 2　果蔬品质的常规测定

每种果蔬都具有一定的物理性状，这些物理性状可以用颜色、大小、形状、质量、相对密度、容量和硬度等来表示，它们是区分和识别果蔬种类和品种属性的必要条件。在果蔬产品销售前，必须对其质量进行检验，符合有关标准要求时方可销售。根据不同目的要求可采取感官检验、生物测定和化学检验等方法。

一、果蔬物理性状的测定

1. 主要内容

果蔬物理性状品质的测定主要包括产品的外观、质地、适口性等，如大小、形状、颜色、光泽、汁液、硬度（脆度）、缺陷、新鲜度等的测定。

2. 材料准备

苹果、葡萄、番茄、香蕉、猕猴桃、白菜、萝卜等各种果蔬。游标卡尺、天平、榨汁机、排水筒、量筒、硬度计等。

3. 工作步骤

（1）通过对各种果蔬的观察，认识果蔬的类型、分类原则及各类型果蔬的结构特征。根据可食部分的来源和性质，可将果实分为仁果、核果、浆果、柑果、荔枝果等种类。根据植物学来源，可将果蔬分为叶菜类、茎菜类、根菜类、茄果类、花菜类和瓠果类等。

（2）观察记录不同种类和不同品种果实的果皮粗细程度，斑点的有无情况、分布、大小及多少。

（3）观察记录果实果皮底色和面色状态：果实底色可分为深绿、绿、浅绿、绿黄、浅黄、黄、黄、乳白等，也可用特制的颜色卡片进行比较，分为若干级。果实因种类不同，显出不同面色，如紫、红、粉红。记载果实果皮颜色的种类和深浅程度，以及着色面积占果实表面积的百分比例（也可用色差仪测定记录）。

（4）平均单果重的测定：取 10 个果实，分别放在电子天平上称量，记录每个果实的质量（g）。计算每种果实平均单果质量。

（5）果形指数的测定：取 10 个果实，用游标卡尺分别测量果实腰部最大处的横径（cm）和果实的高度或纵径（cm）。计算每种果实的果形指数，果形指数 = 纵径/横径，以了解果实的形状和大小。

（6）可食率/出汁率的测定：取 10 个果实，称量后除去果皮、果心、果核或种子，再分别称量，计算果肉（或可食部分）占全部果实的百分率。汁液多的果实，可将果汁榨出，称果汁质量，求该果实的出汁率。

（7）果蔬体积质量的测定：果蔬体积质量是指每 $1m^3$ 容积的果蔬的质量，它与果蔬的包装、运输和贮存关系十分密切。可选用包装用具如柳条筐、竹筐、纸筐、木桶等，或特制一个 $1m^3$ 容器装满某种果蔬，取出并称总质量。计算出果蔬的体积质量（kg/m^3）。

（8）果实密度的测定：果实密度是衡量各种果实质量、成熟度的重要指标之一。先用电子天平称取果实的质量（g），再利用排水法测出果实的体积 cm^3 计算出果实的密度（kg/m^3）。

（9）果实硬度的测定：测定果实的硬度可以了解果实的成熟程度或后熟软化程度，从而确定果实的品质变化特点。取苹果或梨，在围绕果实的赤道部位，间隔等距离的三个位置，各削去一小块薄薄的果皮（厚约1mm）用 GY-1 型果实硬度计（图2—2）测定各个位置果肉的硬度。先按动回零滚动花帽钉，使指针复原，然后转动表盘，使指针指在 2kg 位置，即可开始测定。将硬度计的压头垂直对准待测部位果肉（削法同前），均匀将压头压入果肉至刻度线，这时表针所指的刻度即为果实硬度（单位是 kgf/cm^2）。测定结束后，需要用蒸馏水清洗仪器上所粘的果汁，并用干绒布擦净保存，以防生锈。

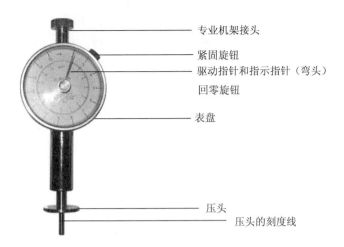

图 2—2　GY-1 型果实硬度计

二、果实可溶性固形物的测定

1. 工作目的及原理

利用手持式折光仪（如图 2—3）测定果蔬中的总可溶性固形物（Total Soluble Solid，TSS）含量，可大致表示果蔬的含糖量。光线从一种介质进入另一种介质时会产生折射现象，且入射角正弦之比恒为定值，此比值称为折光率。果蔬汁液中可溶性固形物含量与折光率在一定条件下（同一温度、压力）成正比例，故测定果蔬汁液的折光率，可求出果蔬汁液的浓度（含糖量的多少）。常用仪器是手持式折光仪，也称糖镜、手持式糖度计，该仪器的构造如图 2—3 所示。通过测定果蔬可溶性固形物含量（含糖量），可了解果蔬的品质，大约估计果实的成熟度。

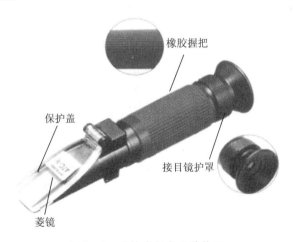

图 2—3　手持式折光仪结构图

2. 材料准备

番茄、柑橘、菠萝等新鲜果蔬；蒸馏水；烧杯、滴管、卷纸、手持式折光仪。

3. 工作步骤

打开手持式折光仪盖板（a），用干净的纱布或卷纸小心擦干棱镜玻璃面（如图 2—4）。

在棱镜玻璃面上滴2滴蒸馏水，盖上盖板。于水平状态，从接眼部（b）处观察，检查视野中明暗交界线是否处在刻度的零线上。若与零线不重合，则旋动刻度调节螺旋，使分界线面刚好落在零线上。

1. 打开保护盖 (a)

2. 在菱镜上滴 1～2 滴样器液

3. 盖上保护盖，水平对着光源，透过接目镜，读数 (b)

图2—4　手持式折光仪的使用步骤

打开盖板，用纱布或卷纸将水擦干，然后如上法在棱镜玻璃面上滴2滴果蔬汁，进行观测，读取视野中明暗交界线上的刻度，即为果蔬汁中可溶性固形物含量（%）（如图2—5）。

以上步骤重复三次，并记录结果，计算测定样品可溶性固形物含量（见表2—5）。

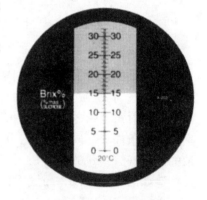

图2—5　手持式折光仪的读数

表2—5　可溶性固形物含量测定记录表

汁液种类	总可溶性固形物含量（%）			平均（%）
	读数1	读数2	读数3	

三、果蔬中总酸含量的测定

1. 工作原理

果蔬产品中酸含量的多少是衡量其品质优劣的一个重要指标，它与新鲜果蔬及加工处理后成品的风味密切相关。因此，了解其含量测定对鉴定果蔬产品品质及进行合理加工有重要作用。

果蔬产品中总酸含量（可滴定酸 titratable acidity，TA）的测定是根据酸碱中和的原理，即用已知浓度的氢氧化钠溶液滴定，用消耗的氢氧化钠标准溶液的体积计算总酸量，故所测出的酸为可滴定酸。计算时以该果实所含的主要有机酸来表示，如仁果类、核果类果实主要含苹果酸，以苹果酸计算，其毫克当量为0.067g；柑橘类果实以柠檬酸计算，其毫克当量为0.064g；葡萄果实以酒石酸计算，其毫克当量为0.075g。

此法可采用酸度计（pH计）测定终点，与酚酞显色测定终点相比，该方法不用显色剂，可排除溶液颜色对测定的影响，结果更为准确。该技术已广泛用于果蔬产品苹果、梨、桃、杏、李、番茄、莴苣等 TA 的测定。

2. 材料准备

苹果、番茄等市售时令果蔬产品；0.1mol/L NaOH，碱式滴定管、容量瓶、移液管、三角瓶、研钵、漏斗、滤纸、pH 计等。

3. 工作步骤

（1）称取均匀样品 10g，置研钵中研碎，注入 100mL 容量瓶中，加蒸馏水至刻度。混合均匀后，静置 30min，用棉花或滤纸过滤。

（2）吸取滤液 20mL 放入烧杯中，加酚酞指示剂 2 滴，用 0.1mol/L NaOH 滴定，直至成淡红色为止。记下 NaOH 液用量。

（3）结果计算

$$可滴定酸（总酸度含量）（\%）＝\frac{N \times V \times K}{W} \times 100\%$$

式中　N——NaOH 溶液浓度，mol/L；

　　　V——滴定时消耗氢氧化钠的毫升数，mL；

　　　W——滴定时所取样液中样品克数（g）［或用于测定的果蔬汁液的量（mL）］；

　　　K——换算为适当酸之系数（如按苹果酸计算，K 为 0.067；以柠檬酸计算，K 为 0.064g；以酒石酸计算，K 为 0.075g）。

重复滴定三次，记录结果（见表 2—6），取其平均值。

表 2—6　可滴定酸含量测定记录表

样品名称	NaOH 浓度/（mol/L）	NaOH 用量/mL	含酸量（%）	以何酸计

四、果蔬中维生素 C 含量的测定（2.6-二氯靛酚法）

1. 工作原理

维生素 C 又称抗坏血酸，天然的抗坏血酸有还原型和脱氢型两种，还原型抗坏血酸分子结构中有烯醇（COH＝COH）存在，故为一种极敏感的还原剂，它可失去两原子氢而氧化为脱氢型抗坏血酸。染料 2.6-二氯靛酚钠盐（$C_{12}H_6O_2NCl_2Na$）作为氧化剂，可以氧化抗坏血酸而其本身亦被还原成无色的衍生物。2.6-二氯靛酚钠盐易溶于水，其碱性或中性水溶液呈蓝色，在酸性溶液中成桃红色，这个变化用来鉴别滴定的终点。

2. 材料准备

番茄（青色、红色），辣椒、甘蓝、洋葱、柑橘、蜜枣、鲜枣、柿子、苹果等。抗坏血酸（纯），2.6-二氯靛酚钠盐，2% 草酸，白陶土。滴定管，100mL 容量瓶，10mL 移液管，烧杯，研钵（或捣碎机），铝盒，漏斗，分析天平，离心机。

3. 工作步骤

（1）试剂制备

①标准抗坏血酸溶液　精确称取抗坏血酸 50mg（±0.1mg），用 2% 草酸溶解，小心地移入 250mL 容量瓶中，并加草酸稀释至刻度，算出每毫升溶液中抗坏血酸的毫克数。

②2.6-二氯靛酚溶液标定　称取 2.6-二氯靛酚钠盐 50mg，溶于 50mL 热水中，冷后加水

稀释至250mL，过滤后盛于棕色药瓶内，保存在冰箱中，同时用刚配好的标准抗坏血酸标定。

吸取标准抗坏血酸溶液2mL，加2%草酸5mL，以2.6-二氯靛酚染料溶液滴定，至桃红色15s不褪即为终点，根据已知标准抗坏血酸和染料的用量，计算出每1mL染料溶液相当的抗坏血酸毫克数。

（2）样品液的准备与测定

称取切碎的果蔬样品20g（或蜜枣5g），放在研钵中加2%草酸溶液少许研碎（或称取100g±0.1g样品加2%草酸100g倒入捣碎机中打成浆，然后称取40g），注入200mL容量瓶中，加2%草酸溶液稀释至刻度，过滤备用。如果滤液有颜色，在滴定时不易辨别终点，可先用白陶土脱色，过滤或用离心机沉淀备用。

吸取滤液10mL于烧杯中，用已标定过的2.6-二氯靛酚钠盐溶液滴定，至桃红色15s不褪为止，记下染料的用量。

吸取2%草酸溶液10mL，用染料作空白滴定记下用量。

（3）结果计算

将测定的数据填入表2—7、表2—8中，并计算结果。

①染料的标定

表2—7　2.6-二氯靛酚染料标定记录表

标准抗坏血酸溶液的浓度/(mg/mL)	滴定时所消耗的染料溶液/mL				每1mL染料溶液所相当的抗坏血酸/mg
	第一次	第二次	第三次	平均	

②样品中抗坏血酸含量的计算

计算公式：

$$W = \frac{(V - V_1) \times A}{B} \times 100\%$$

式中　W——100克样品含的抗坏血酸毫克数，mg；

　　　V——滴定样品所用的染料毫升数，mL；

　　　V_1——空白滴定所用的染料毫升数，mL；

　　　A——1mL染料溶液相当的抗坏血酸毫克数，mg；

　　　B——滴定时吸取的样品溶液中含样品质量，g。

表2—8　维生素C含量测定记录表

样品名称	样品数量/g	样品液的总体积/mL	滴定时所用样品液的量/mL	滴定样品所用染料量/mL				空白滴定所用染料量/mL				维生素C含量/(mg/100g)
				1	2	3	平均	1	2	3	4	

任务 3　果蔬产品的人工催熟

一、果蔬催熟的工作原理

大多数果实可以在采后立即食用。也有些果实采收后须经过后熟或人工催熟，其色泽、芳香等风味才能符合人们的食用要求。如柿子未充分成熟前，带有强烈的涩味，无法食用，经人工脱涩以后可将涩味消除。又如香蕉、番茄等也可以采用类似的方法，加速其成熟过程，以满足消费者的需要。

果实催熟的原理，是利用适宜的温度或其他条件，以及某些化学物质及气体如酒精、乙烯、乙炔等来刺激果实的成熟作用，以加速其成熟过程。

二、果蔬催熟材料准备

未经脱涩的柿子、淡绿色的番茄、未经催熟的香蕉等；乙烯发生器（如图 2—6）、酒精、二氧化碳、电石（CaO_2）、乙烯利、石灰；玻璃真空干燥器、恒温箱、温度计、聚乙烯薄膜袋等。

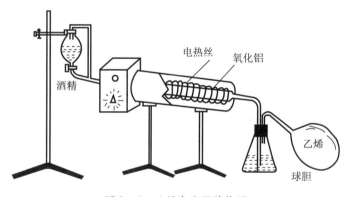

图 2—6　乙烯发生器结构图

三、果蔬催熟的工作步骤

1. 柿子脱涩

（1）温水处理　取涩柿子 5 ~ 10 个置于容器中，灌入 40℃的温水将柿子淹没。置保温箱中保温，经 12h 后取出检查柿子品质的变化，品尝有无涩味。如未脱涩，再继续处理 6 ~ 12h 并继续观察。

（2）酒精处理　用 95% 酒精喷在未脱涩柿子的表面，放在玻璃干燥器中，密闭并维持温度 20℃，经 3 ~ 4 昼夜，取出观察质地、味道变化。

（3）混果处理　将涩柿子 10 个和鸭梨或猕猴桃 2 个混合置于玻璃干燥器中，密闭后维持温度 20℃，经 3d，检查柿子的品质变化。

（4）二氧化碳处理　将涩柿子 5 ~ 10 个置于玻璃干燥器中，注入 CO_2 气体使浓度达

60%即可密封，维持温度20～25℃，经1～2d取出检查柿子的脱涩情况。

（5）乙烯处理　取涩柿子5～10个置干燥器中，注入乙烯气体，维持约0.1%的浓度，密封并维持温度20℃，经2～3d取出检查柿子的品质变化。

（6）乙烯利处理　用250×10^{-6}～500×10^{-6}（ppm）的乙烯利溶液浸柿子约1min，取出沥干放在20℃温箱内，经3～5d取出观察柿子品质的变化。

（7）石灰水浸果处理　用清水50kg加1.5～2kg石灰、搅拌成乳状、将柿子放入水中淹没，经4～7d取出观察其品质的变化。

（8）对照　将柿子放在20℃左右的普通条件下，观察柿子品质的变化。

2. 番茄催熟

（1）采摘已显乳白色的绿番茄，每10～20个为1组，分别装在催熟箱或玻璃干燥器中。用下列方法进行催熟处理。

（2）乙烯处理　在容器中通入乙烯气体（保持0.1%浓度）维持温度20℃。每隔24小时通风一次，并注入所需浓度的乙烯气体。观察番茄色泽的变化。

（3）乙炔处理　在容器底部放水少许，维持约90%的相对湿度。另取表玻璃一块，上铺纱布并使湿润，然后加入一小块电石，随即封闭，维持温度20℃。每24h通风一次，并换电石一块。观察番茄色泽的变化。

（4）酒精处理　将酒精喷于果面，封闭容器并维持20℃，观察番茄色泽的变化。

（5）对照　将相同成熟度的绿番茄，放在20℃室温下，观察番茄色泽的变化。

3. 香蕉催熟

（1）取七、八分熟的香蕉若干斤，分成数组，分别置于玻璃干燥器或催熟箱内，用以下方法进行催熟处理。乙烯气体处理　在容器中通入乙烯气体，保持0.1%浓度，维持温度20～25℃和90%以上相对湿度，经2～3d取出，观察其品质变化。

（3）乙烯利处理　取乙烯利配成1000×10^{-6}～2000×10^{-6}（ppm）的水溶液，把香蕉浸在水中，取出自行晾干，置3～4d后观察其品质的变化。

（4）对照　取同样成熟度的香蕉，不加处理，放在20℃室温下观察其变化。

四、果蔬催熟的结果记录

将测定的数据填入表2—9内。

表2—9　果蔬人工催熟工作记录表

品种	处理方法	处理日期		处理前品质	处理后品质（色、味、质地）
		开始	结束		

【知识拓展】　现代蔬菜低温冷链流通及其关键技术

近年来，随着蔬菜的生产区域化和流通国际化，我国的蔬菜产业正面临着新的挑战。目前，国内主要蔬菜已初步形成了南北、东西大流通和"季产年销"的市场新格局，以及产贮结合、产销结合的一体化产业发展新模式，使我国的蔬菜贮藏保鲜业迈上了一个新的台阶。但是蔬菜本身存在着易腐烂、受环境条件影响大、地域性强等特点，因此，为了在蔬菜流通过程中保持其新鲜品质，减少腐败变质，对新鲜蔬菜实施低温冷链流通是我国蔬菜产业化和国际化发展的一个必然趋势。

1. 现代物流中蔬菜低温冷链流通的概念

蔬菜低温冷链流通是指在低温条件下，从采收到销售环节之间，对蔬菜采收、包装、装卸搬运、运输、仓储、销售的各种冷藏作业过程的总和，其中销售环节已延伸到了家庭。由此可见，蔬菜冷链流通是一个跨行业、多部门有机结合的整体，要求各部门相互协调，紧密配合，并拥有相适应的冷藏设备。蔬菜冷链流通系统中最重要的要素就是控制各个环节的温度，其中最重要的就是冷链中的运输温度。如表2—10所示。

表2—10　新鲜蔬菜低温运输的推荐温度（国际冷冻协会推荐）

蔬菜种类	冷链运输温度/℃		蔬菜种类	冷链运输温度/℃	
	1～2d	2～3d		1～2d	2～3d
石刁柏	0～5	0～2	胡萝卜	0～8	0～5
花椰菜	0～8	0～4	洋葱	−1～20	−1～13
甘蓝	0～10	0～6	马铃薯	5～10	5～20
蘑菜	0～8	0～4	番茄（未熟）	10～15	10～13
莴苣	0～6	0～2	番茄（成熟）	4～8	未推荐
辣椒	7～10	7～8	菜豆	5～8	未推荐
黄瓜	10～15	10～13	食荚豌豆	0～5	未推荐
菠菜	0～5	未推荐	南瓜	0～5	未推荐

冷链流通可以最大限度地保持蔬菜新鲜品质不受环境条件的影响，更好地满足市场和消费者的需求，但是由于冷链流通的技术要求高、成本比较大，再加上冷链流通在我国的发展历史比较短，所以在我国发展蔬菜冷链流通需要重点加强蔬菜冷链流通关键技术及其设备的研究。

2. 现代蔬菜冷链流通中的关键技术

发展冷链流通是一项系统工程，涉及面广，相关因素多，必须得到许多相关产业的支持。为了保证质量，蔬菜从采收直到消费，冷链中的预冷保鲜、运输、贮藏等各个环节，都需要特殊的蔬菜冷藏专业技术和先进的供应链综合管理技术给予支撑，使整个蔬菜冷链流通完全保持在一个完整的低温链中。

（1）预冷保鲜技术

新鲜蔬菜在采收后，虽然停止了促使其生长的光合作用，但是蔬菜本身仍然是活的机体，呼吸作用成为新陈代谢的主导作用。蔬菜的成熟和采摘期多在炎热高温的夏、秋季节进行，采摘后的蔬菜蓄存大量的田间热量，这些田间热促进呼吸作用的增强，消耗大量有机物质，同时放出热量，加剧了微生物的繁殖和营养成分的消耗破坏，导致蔬菜的衰老与死亡，降低了经济价值。因此，在蔬菜采收后，如何尽快消除田间热和控制呼吸强度是保鲜的关键步骤。

蔬菜预冷就是对刚采收的新鲜蔬菜进行冷却处理，在运输、贮藏之前尽快除去产品带来的田间热，将其品温尽可能快的冷却到预定低温，再使其进入冷藏状态，或经塑料薄膜包装再行冷藏，或进入冷链流通系统。预冷快的要求十几分钟、几十分钟、几个小时，一般要求 $6 \sim 12h$，最长不超过半小时。目的是使产品尽快进入冷藏状态，使其采后的生理活性得到有效控制，延缓其代谢活动，控制质变过程。往往采后预冷处理得越快，产品的后熟作用和贮藏病害发生越晚，贮期愈越长。其预冷效果取决于蔬菜种类、预冷方式、预冷速度、预冷终点温度。

真空预冷是依据真空条件下可加快水分蒸发的特性，在短时间内将产品置于减压室或真空室进行减压处理，从而快速降低产品温度的预冷保鲜方法。真空预冷可以使产品预冷彻底、降低均匀、保鲜效果好，并且操作简单，产品不需要经过特殊处理就可以直接进行预冷处理。

冰温技术是指把产品放置在"冰温带"（0℃以下、冰点以上的温度区域）内进行加工和保鲜，此类产品称为冰温产品。

（2）冷链运输技术

运输冷藏蔬菜不同于普通货物，需要有构造精良的冷藏运输装备和专业的运输管理机制，才能有效保证蔬菜的新鲜品质和运输的经济效益。冷链运输工具可分为三类：保温运输工具，即箱体隔热，能限制与外界的热交换，减少外温对车厢内温度的影响；非机械冷藏运输工具，箱体隔热，用非机械制冷的冷源降温，即用开放式冷媒（冰、干冰、液化气和共晶液）吸收箱内热量，把箱内温度降低并维持在控温仪确定的水平；机械冷藏运输工具，箱体隔热，装有制冷或吸热装置（封闭网络），可把箱内温度降低并维持在控温仪确定的水平。冷藏运输技术主要包括公路冷藏运输、铁路冷藏运输和冷藏集装箱多式联运等。

冷藏集装箱多式联运是冷藏运输今后的发展方向，冷藏集装箱运输是一种可实现"门到门"的现代化运输方法，它具有两个"门到门"的服务优势：第一门是出于流通中间环节的冷库预冷间的"门"，第二门是处于流通末段环节的零售商冷库的"门"。冷藏集装箱多式联运还具备海运，内河运，公路运，铁路运等联网运输的适配通用性、独立性，实现从货源直至市场的无中间环节集装箱多式保鲜联运。我国在这一方面才刚刚起步。

（3）冷链管理技术

冷藏链是一个跨行业、多部门有机结合的系统工程，需要各环节紧密配合协作。因此，要保证冷藏链的高效运作，除了各类冷藏专业技术之外，更需要有先进的冷藏链管理技术来进行有效管理。

3. 蔬菜快速供销反应冷藏链模式与冷藏链流通模式

在蔬菜快速供销反应冷藏链中最突出的特点就是有蔬菜专业配送中心。蔬菜配送中心是从事蔬菜配备（集货、加工、分货、拣货、配货）和组织对用户的送货，以高水平实现销售或供应的现代流通设施。蔬菜配送中心具有以下职能。

（1）蔬菜集货职能　为了能够按照用户要求配送蔬菜，首先必须集中用户需求规模，准备蔬菜。配送中心可以从蔬菜批发商、整合批发零售商那儿取得大量蔬菜，做好蔬菜集货工作。

（2）蔬菜储存功能　蔬菜配送依靠集中库存来实现对多个用户的服务，储存可形成配送的蔬菜资源保证，是蔬菜配送中心必不可少的支撑职能。为保证正常配送，特别是及时配送的需要，蔬菜配送中心应保持一定量的储备。同时，由于蔬菜品质容易受到环境影响，配送中心应该具有先进的贮藏设施来保证蔬菜的存储品质。为对蔬菜进行检验保管，蔬菜配送中心还应具备一定的品质检验设施。

（3）分拣、理货职能　为了将多种蔬菜向多个用户按不同品质要求、种类、规格、数量进行配送，配送中心必须有效地将蔬菜按用户要求分拣出来，并能在分拣基础上，按配送计划进行理货，这是蔬菜配送中心的核心职能。为了提高分拣效率，应配备相应的分拣装置，如蔬菜识别装置、传送装置等。

（4）蔬菜配送、分放职能　蔬菜在配送中心经过分拣、理货后要准确、及时、安全地分放给不同的用户。这也是蔬菜配送中心的核心职能之一。

（5）倒装、分装职能　不同包装规模的蔬菜在配送中心应能高效地分解组合，形成新的装运组合或装运形态，从而符合用户的特定要求，达到有效的载运负荷，提高运力，降低运货成本，这是蔬菜配送中心的重要职能。

此外，蔬菜配送中心还具有装卸搬运、送货以及情报等功能。正因为有了蔬菜配送中心的以上职能，蔬菜快速供销反应冷藏链才能得以顺利实施。

蔬菜从采摘后就直接进入产地的冷藏库，在产地可以进行加工、包装、预冷以及出售，然后，蔬菜从产地通过冷藏火车或汽车运输到大中城市分配单位的冷藏库，然后再通过冷藏火车或汽车分发到零售商店的小冷库或冷柜，直至蔬菜最终进入消费者的冰箱。蔬菜从生产出来一直到消费者家中都是在冷藏的条件下，蔬菜品质调控较好，可以适应人们对营养、安全、健康蔬菜的需求。

 复习与思考

1. 采收成熟度对果蔬有哪些影响？
2. 果蔬打蜡处理的作用是什么？
3. 果蔬包装的目的是什么？包装的材料与容器应该具备的条件是什么？
4. 果蔬愈伤的条件有哪些？
5. 简述果蔬的冷链流通的意义及方法。
6. 简述运输的环境条件对果蔬质量的影响。
7. 举例说明果蔬进行催熟与脱涩的条件及方法。
8. 结合当地主产果蔬编制 2~3 种果蔬的运输流通技术方案。

项目三 果蔬速冻加工技术

【知识目标】

1. 了解果蔬速冻的基本概念和产品特点

2. 理解果蔬速冻和慢冻产品的差别

3. 熟悉和理解果蔬速冻的基本原理及加工技术

【技能目标】

1. 掌握速冻果蔬产品的一般工作程序及关键操作要点

2. 掌握速冻蔬菜及速冻水果加工之间差别，根据实际确定加工工艺要求

3. 熟练掌握典型速冻果蔬品生产技术及质量要求

任务 1 果蔬速冻相关知识

一、温度对微生物、酶的影响

1. 对微生物的影响

温度是影响微生物有机体生长与生存的重要因素之一，它对生活机体的影响表现在两个方面，一个方面随着温度的上升，细胞中生物化学反应速率和生长速率加快，在一般情况，温度每升高10℃，生化反应速率增加一倍；另外一个方面，机体的重要组成如蛋白质、核酸等对温度都比较敏感，随着温度升高一定温度可能遭受不可逆的破坏。因此，只有在一定范围内，机体的代谢活动与生长繁殖才能随着温度的上升而增加，当温度升到一定程度，开始对机体产生不利影响，如果再继续升高，则细胞功能急剧下降以致死亡。

降温可以延长微生物繁殖一代所需要时间，例如：大肠杆菌37℃时繁殖一代大约17～21min，20℃时则延长至60min，因而降低温度有显著的抑制微生物的繁殖作用，在 -12℃以下能够生长的微生物已经很少。

微生物的生长温度范围较广，已知的微生物在 -12～100℃范围均可生长，而每种微生物只能在一定的温度范围内生长。各种微生物都有其生长繁殖的最低温度、最适温度、最高温度和致死温度。

（1）最低温度 是指微生物进行繁殖的最低温度界限，如果低于此温度，则生长完全停止。

（2）最适生长温度 能够使微生物迅速生长繁殖的温度叫做最适生长温度，在此温度下，微生物群体生长繁殖速度最快，代时最短。不同微生物的最适生长温度是不一样的。

（3）最高生长温度 是指微生物生长繁殖的温度界限。

（4）致死温度　最高生长温度若进一步升高，便可杀死微生物，这种致死微生物的最低温度界限即为致死温度，致死温度和处理时间有关。

微生物按其生长温度范围可分为低温微生物、中温微生物和高温微生物三类。如表3—1所示。

表3—1　微生物的类型及其特性

微生物类型		生长温度范围/℃			分布的主要场所
		最低	最适	最高	
低温型	专性嗜冷	−12	5～15	15～20	两极地区
	兼性嗜冷	−5～0	10～20	25～30	海水、冷藏食品
中温型	室温	10～20	20～35	40～45	腐生菌
	体温		35～40		寄生菌
高温型		25～35	50～60	70～95	温泉、堆肥土壤表层等

食品冷藏过程中，有部分细菌能够在冷藏温度下生长，像单核细胞增生李斯特菌，致病大肠杆菌，肉毒梭菌，蜡状芽孢杆菌，食品检测过程中足够重视。

2. 对生物酶的影响

生物体内的化学反应几乎都依靠酶的催化才能进行，酶是有生物细胞合成，以蛋白质为主要成分的生化反应催化剂，从化学组成来看，可分为简单蛋白和结合蛋白两种酶。根据酶在细胞中的活动部位，也可以将酶分为胞外酶和胞内酶两种。

酶作为生化反应的催化剂和其他的催化剂一样，能显著改变反应的速度，但不能改变反应的平衡点。酶有以下几个特点：催化反应的效率高，具有高度专一性，容易失活，活性受调节控制等。

酶的催化能力的发挥有一个最适宜的温度。在较低温度时，随温度的升高，酶的活性也逐渐提高；达到最适温度时，酶的催化能力最高，但高于最适温度后酶的催化能力会迅速下降，最后完全失去催化能力；其原因是低温不能破坏蛋白质的分子结构，高温会导致蛋白质分子发生热变性，而蛋白质的变性是不可逆的。

在适宜的温度范围内，温度每降低10℃，化学反应速度减少1/2倍，可见降温对食品中酶促与非酶化学反应速度均可显著减弱。

速冻果蔬利用温度对微生物、酶的影响，首先利用高温一个作用是杀灭果蔬表面的细菌，保护产品，防止变质；另一个作用是杀死果蔬内部酶，防止产品氧化变色，很好地保护产品。其次，利用低温状态，抑制微生物繁殖、抑制酶促化学反应。最终达到保证食品卫生安全、使产品不变色的目的，保证产品品质。

二、果蔬速冻过程

果蔬中的水分由起始温度降低至低于0℃的冰点时，有液态变成固态，即结冰。随着温度的降低，冰晶体增大，果蔬即变硬而成为冻结状态。果蔬的冰点因其种类不同有差异（表3—2）。大多数果蔬在−1℃左右的温度下开始结冰，当温度继续降低至−5℃时，有70%～80%的水结冰，果蔬即变硬。即在−1～−5℃的温度下，冰结晶大量形成，称为冰结晶最大行程阶段。若温度进一步降低至−30～−35℃，冻结过程即告完成。不同温度下，果蔬中水分相应的冻结率（表3—3）。

表3—2 几种蔬菜的冰点

蔬菜种类	蔬菜	番茄	洋葱	豌豆	花椰菜	马铃薯
冰点/℃	−0.9	−0.9	−1.1	−1.1	−1.1	−1.7

表3—3 不同温度下蔬菜中水分冻结率

蔬菜种类	含有水分（%）	水分冻结率（%）				
		−5℃	−10℃	−15℃	−20℃	−30℃
青豌豆	78	68	86	92	96	100
菠菜	93	95	97	98	99	100

果蔬速冻的快慢，与冰晶的形成的大小和产品质量有着密切的关系。果蔬快速冻结时，细胞内形成均匀分布的很多细微结晶，解冻时融化的水分即被吸收到组织中去而恢复其原来的状态，产品的品质较好；而缓慢冻结时，则细胞外面形成大型、数量较少的冰晶体，由于细胞受冰晶体膨胀压迫而变形，其细胞膜损伤的比例较大，解冻时融化的水分不能被吸收到细胞组织中去，造成组织粗糙、变软而流质，从而影响产品质量。因此，必须使冷冻的果蔬尽量急速的通过冰晶的最大形成阶段，这种方法称快速冻结法。

三、果蔬速冻方法

1. 流化床速冻

果蔬的速冻中最常用方法是流化床速冻法，也是使用最多、最广的方法，简称IQF法。果蔬原料经过前处理后，成为均匀的有规则的块状半成品，块状半成品铺放在一个有孔眼的网带上，厚度5～20cm左右不等，进行速冻，将冷空气以足够的速度由下方向上强烈出送，将产品吹起但不带走，产品半悬浮在空中，这种方法增加了冷空气与物料的接触面积，冷冻速度快，速冻出的产品是单个体，一般冻结温度在−30～−35℃左右，时间大约5～12min，可以根据产品颗粒大小来调节时间。此法具有传热效率快、冻结快、失水少的优点。

2. 鼓风隧道速冻

即将产品放在托盘中，进入隧道内，通过冷风进行冻结。这种方法块状冻结法，简称BQF法。实际生产过程中还有其他冻结方法等。

四、果蔬速冻生产工作程序

速冻水果和速冻蔬菜的原理基本相同，其中最大区别是大多数水果不需要漂烫，而大多数蔬菜必须漂烫。

1. 速冻工艺流程

（1）速冻水果工艺流程

原料→选别→清洗→去皮→去蒂→去核→切分、分级→清洗、杀菌→冷却→加糖或维生素C→速冻→金探检查→称重→大包装→贮存→小包装→金探检查→X射线检查→贮存→运输→销售

（2）速冻蔬菜工艺流程

原料→选别→清洗→浸泡→去根→切分→分级→清洗→漂烫→冷却→速冻
→金探检查→称重→大包装→贮存→小包装→金探检查→X射线检查→贮存→
运输→销售

2. 原料预处理

（1）原料选别　原料进入工厂要进行验收，采收的原料要符合加工该产品的品种，成熟度、新鲜度、色泽形状良好、大小均匀，同时对果蔬的农药残留检查，是否符合本国或者出口国要求，这是很重要的检查项目，只有合格原料才能加工合格产品。

（2）原料清洗　按照工艺流程进行选别、分级，清洗根据产品的污染程度不同，进行多次清洗，去除不能够食用部分杂质、异物等，半成品达到均匀状态。

（3）蔬菜漂烫　蔬菜进行漂烫工序，这个工序在产品加工过程中一般作为关键控制点来监控，漂烫温度正常是（98±2）℃，时间根据蔬菜品种、规格大小进行调整，是否烫漂符合要求是用双氧水加愈疮木粉进行检测。水果用加糖代替开水漂烫，把水果浸泡在加有维生素C或者不加维生素C的糖浆水中代替漂烫，以防霉菌生长。

（4）水果护色　一般来说，单体速冻水果都不需要漂烫，有些水果如桃、苹果等在速冻过程中常常发生褐变，即便是经过加糖浸泡处理，在储存一定时间后，仍然会出现变色现象，为了防止水果的这种褐变，保持其原有色泽，应在糖液中加入0.1%～0.5%的维生素C。

蔬菜产品的微生物标准要求比速冻水果较严格些，大部分蔬菜经过速冻产品直接食用，而水果冷冻后一般不是直接食用，微生物指标要求较松，因为没有经过烫漂过程，水果在浸泡糖液表面上，微生物还是比较高的。消费者采购冷冻水果有二次加工（有加热过程）过程，经过二次加热后，人们食用时，微生物能够保证符合要求。

3. 速冻

速冻设备有专人进行操作，进入速冻机的半成品要求均匀，确保冻结效果良好，速冻机温度要求－30℃以下，冻结后产品中心温度在－18℃以下，在实际操作过程中，有的颗粒小或者较薄叶菜一般不需要到－30℃以下，也能够冻结很好，主要看产品是否冻结透，就是产品中心是否完全冻结。

4. 包装

速冻果蔬一般都是季节性产品，每年生产季节很短，一般单个品种根据季节特点，加工时间大约20～60d不等，工厂做出来产品要保证一年12个月都有产品供应给市场；包装产品有两个过程，一个是生产季节把产品做好，用大包装进入冷藏库储存，由于储存时间较长，大包装半成品扎口一定要紧，扎口松容易造成产品脱水，影响产品感官质量。

根据客户需要产品时，再进行小包装销售给客户。一般在小包装时间进行选别，按照客户规定要求进行包装，包装间温度要求在10℃以下，大颗粒产品可以在15℃以下，要保证产品不能解冻，在包装间滞留时间越短愈好，严格按照卫生操作规范要求执行，因为进行二次包装，应严防微生物二次污染。

5. 检验

在包装过程中进行金探、X射线检查很重要。在生产过程中易产生金属等硬质异物进入产品，造成对人体伤害，这项工作做为关键控制点来监控。

6. 贮存

经过包装完毕的产品应及时入库，分垛存放以免温度回升而影响产品质量，微生物检查合格后，方可归入大垛，速冻果蔬要专用低温库库存，不能与其他产品混存，以免造成产品串味，成品库温度 -18℃以下。

低温库应经定期进行冲霜作业，保证库内温度稳定。库内产品堆放合理，每个堆垛要有标识牌，同时标识清晰，堆垛之间留有一定空隙以便通风，同时库内要有防鼠实施，库内禁止存放易串味的商品。

五、果蔬速冻生产中常见的质量问题及控制措施

当速冻条件不当，冻藏中温度波动较大、时间较长时，也会引起速冻果蔬品质下降。

1. 干耗

速冻果蔬在冷却、冻结和冻藏过程中，随热量带走的同时，部分水分同时被带走，从而会造成干耗发生。通常空气流速越快，干耗就越大；冻藏时间越长干耗问题就越严重。产生干耗的原因主要是表面冰晶直接升华所造成的。

控制措施：对速冻果蔬采用严密包装；保持冻藏库温与冻品品温的一致性；有时也可以通过上冰衣来降低或避免干耗对产品品质的影响。

2. 重结晶

在冻藏过程中，由于冻藏温度的波动，引起速冻果蔬反复解冻和再冻结，造成组织细胞内的冰晶体体积增大，以致于破坏速冻果蔬的组织结构，产生更严重的机械损伤。重结晶的程度直接取决于单位时间内冻藏温度波动的幅度和次数，波动幅度越大，次数越多，重结晶的程度就越深。

控制措施：采用深温冻结方式，提高产品的冻结率，减少残留液相水分；控制冻藏温度，避免温度的变动，尤其是避免 -18℃以上的温度变动。

3. 变色

因为酶的活性在低温下不能完全抑制，所以凡是常温下发生的变色现象，在长期的冻藏过程中同样会发生，只是进行速度减慢而已，且冻藏温度越低，变色速度越慢。

控制措施：为了防止此类变色的发生，在速冻前对蔬菜原料进行烫漂等护色处理。

4. 流汁

由于缓慢冻结容易造成果蔬组织细胞的机械损伤，解冻后，融化的水不能重新被细胞完全吸收，从而造成大量汁液的流失，组织软烂，口感、风味、品质严重下降。

控制措施：提高冻结速度可以减少流汁现象的发生。

5. 龟裂

由于水变冰的过程体积约增大9%，造成含水量多的果蔬冻结时体积膨胀，产生冻结膨胀压，当冻结膨胀压过大时，容易造成制品龟裂。龟裂的产生往往是冻结不均匀、速度过快造成的。

控制措施：注意控制冻结的速度。

六、果蔬速冻常用设备及其使用

根据产品需要确定清洗设备种类。

1. 清洗设备

（1）浮洗机

浮洗机是果蔬速冻生产线上的常用设备，结构如图3—1所示。它主要由输送机6和洗水槽3构成。一般配备流送槽输送物料，工作时流送槽将原料预洗、输送并经提升机1送入洗槽3前半部浸泡，经翻果轮2拨入洗槽后半部，此处装有高压水管7，其上分布有许多距离相同的小孔，由于高压水从小孔喷出，使原料翻滚并与水摩擦，原料相互间也摩擦，使表面污洗净。辊子输送机物6载着的物料被喷水管4喷出的高压喷淋水再次喷洗干净，之后进入拣选台5拣出烂果和修整有缺陷的原料，在经喷淋后送入下道工序。

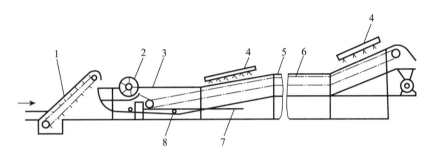

图3—1　浮洗机

1—提升机；2—翻果轮；3—洗槽；4—喷淋水管；5—拣选台；

6—辊子输送机；7—高压水管；8—排水口

（2）鼓风式清洗机

鼓风式清洗机由于利用空气进行搅拌，因而既可加速污物从原料上洗除，又能在强烈的翻动下保护原料的完整性。其主要由洗槽、输送机、喷水装置、空气输送装置、支架及电动机、传动系统等组成。鼓风式清洗机适合于果蔬原料的清洗。其清洗原理是用鼓风机把空气送进洗槽中，使洗槽中的水产生剧烈的翻动，对果蔬原料进行清洗。

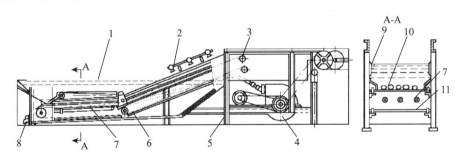

图3—2　鼓风式清洗机

1—洗槽；2—喷水装置；3—压轮；4—鼓风机；5—支架；6—链条；7—空气输送装置；

8—排水管；9—斜槽；10—原料；11—输送机

2. 漂烫及冷却设备

（1）网带式漂烫机

网带式漂烫机应采用上下两层网带在水中同步异向运动，在输送的过程中完成漂烫工序。由于蔬菜在输出时要带走一部分水，因此本机构要采用自动加水装置，当水槽中的水低于一定程度时，由自控部分自动加水，加到一定高度时自动停止。网带式漂烫装置主要适合于菠菜、油菜、山野菜等叶类蔬菜。

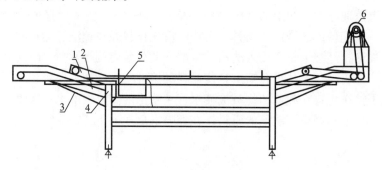

图3—3　网带式漂烫机

1—上网带总装；2—下网带总装；3—水槽；4—底架；5—自动加水装置；6—电机

（2）螺旋式漂烫机

螺旋漂烫机组由带式提升机、螺旋式连续预煮机、冷却槽组成，是果蔬加工行业最佳预煮杀青设备。具有自动进出料、效率高，占地面积小等优点。适用于加工青梗菜、卷心菜、胡萝卜、芋籽等物料。螺旋式漂烫机主要适合于青刀豆、豌豆等颗粒状蔬菜。

图3—4　螺旋式漂烫机

3. 速冻设备

也称IQF速冻机，是速冻果蔬的主要设备，它是通过制冷机房压缩机把制冷剂压缩进入蒸发器循环制冷，冷冻产品。

（1）隧道式冻结

隧道式冻结装置共同的特点是：冷空气在隧道中循环，食品通过隧道时被冻结。根据食品通过隧道的方式，可分为传送带式、推盘式、吊篮式冻结隧道等几种。基本结构相似的，主要区别在于冻品的传送方式。最终应能保证两点：一是尽量加快食品降温速度，并保证冻结的均匀性；其二是使装置实现自动化、连续化操作，减小劳动强度。

①传送带式冻结隧道　冻结装置主要由蒸发器、风机、传送带及包围在它们外面的隔热壳体构成。带减速器的调速电动机通过链传动驱动主动轮，使不锈钢网带向前运动。果蔬置于网带上，隧道设有冷风机。根据果蔬在隧道里所处的位置不同，冷空气循环的方式可设计成顺流、逆流和混流等几种形式。车带的上下两面可以采用同样的冷空气循环方式，也可在

网带下部设一蒸发排管制成的冷冻板与果蔬换热。一般冷冻板的温度为 –40℃左右，冷空气的温度为 –35℃左右，在此条件下厚15mm 的果蔬冻结时间为12min，厚40mm 的果蔬冻结时间为41min。

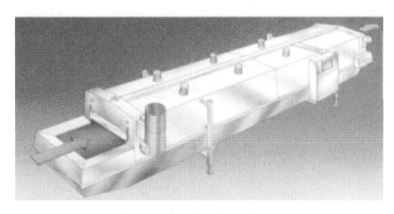

图3—5 传送带式隧道冻结装置

②推盘式冻结隧道 冻结装置主要由隔热层、冷风机、冲霜淋水管、冻结盘提升装置等构成。盛装产品的冻结盘在货盘入口处由液压推盘机构推入隧道。每次同时进两只盘，冻结盘到达第一层轨道的末端后，被提升装置升到第二层轨道，依次类推下去。在此过程中，冻品被冷风机强烈吹风换热，不断地降温，冻结后经出口推出。其特点是连续生产，冻结速度较快，构造简单，造价低，设备紧凑，隧道空间利用较充分。

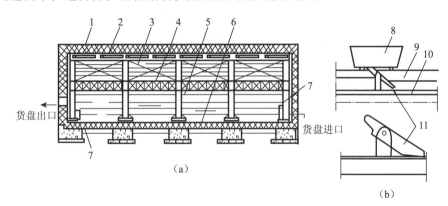

图3—6 推盘式连续冻结隧道装置

1—绝热层；2—冲霜淋水管；3—蒸发排管；4—鼓风机；5—集水管；6—空心板；

7—货盘提升装置；8—货盘；9—滑轨；10—推动机；11—推头

（2）流化床冻结装置

流化床冻结就是使置于筛网或槽板上的颗粒状、片状或块状果蔬产品，在一定流速的低温空气自下而上的作用下形成类似沸腾状态，像流体一样运动，并在运动中被快速冻结的过程。采用这种方法冻结果蔬时，由于高速冷气流的包围，强化了其冷却、冻结的过程，故冻结速度快，冻结产品质量好，耗能低和易于实现机械化连续生产。

流化床冻结主要装置由物料传送系统、冷风系统、除霜系统、围护结构、进料机构和控制系统等构成。一般分斜槽式流态化冻结装置、带式流态化冻结装置（一段和两段）、往复振动流态化冻结装置。其中两段带式流态化冻结装置将一段带式冻结装置的传送带分为前后两段，其他结构与一段带式基本相同。第一段传送带为表层冻结区，功能相当于一段式的"松散相"区域；第二段传送带为深温冻结区，功能与一段式的"稠密相"区域相同。两段传送带间有一高度差，当冻品由第一段落到第二段时，因相互冲撞而有助于避免彼此粘结。

流化床冻结适用于冻结球状、圆柱状、片状及块状颗粒食品，一般其特性尺寸在50mm以内，最大不得超过100mm，特别适用于果蔬的单体快速冻结加工，如青豌豆、豆角、玉米、青刀豆、油炸或水煮马铃薯、胡萝卜丁或片、整颗或切片蘑菇、花菜、辣椒、西红柿、包菜以及切成块、片、条状的各种蔬菜，苹果片、菠萝片、草莓、黑莓、樱桃、李子、杏、紫浆果、葡萄、荔枝、桂圆等水果。

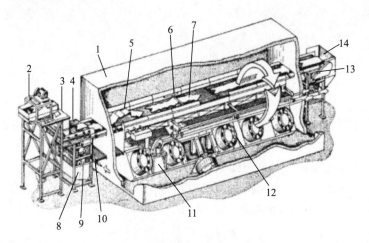

图3—7　一段带式流态化冻结装置

1—隔热层；2—脱水振荡器；3—计量漏斗；4—变速进料带；5—"松散相"区；6—均匀棒；
7—"稠密相"区；8，9，10—传送带清洗、干燥装置；11—离心风机；12—轴流风机；
13—传送带变数驱动装置；14—出料口

4. 检验设备

（1）金探：检查产品中是否有金属异物混入产品中去。

（2）X射线：检查产品中是否有硬质异物混入。

任务2　速冻西兰花加工技术

一、速冻西兰花原材料准备

西兰花、食盐、包装箱、内袋。

二、速冻西兰花工艺流程

原料验收 → 原料保管 → 大小分割 → 选别1 → 盐水浸泡 → 清洗1（泡沫）→ 选别2
→ 清洗 → 杀青（烫漂）→ 冷却 → 沥水 → 速冻 → 包装 → 金探检查 → X射线检查 →
入库贮存 → 出货

三、速冻西兰花操作规程

编号	工序名称	操作规程
1	原料验收及保存	根据原料的验收标准进行验收，原料成熟适度，没有病变、腐烂虫害、发黄现象，不能出现冻害现象，在保存原料时也要特别注意，不能发生冻害现象，西兰花冻伤易发生一种异味，影响产品品质。在采收和运输过程要对运输车辆检查，不能发生污染现象，例如车辆内有金属碎末或者有机油污染等，这样都会对原料进行污染
2	分割、选别	根据客人需求决定花球大小，最常用规格是：长度 3～5cm、花球直径 3～5cm；另外有长度 4～6cm、直径～46cm，长度 2～4cm、直径 2～4cm 等。时分割好的花球进行选别，一是规格是否符合，二是否有品质上不符合要求的花球
3	盐水浸泡、清洗	西兰花是蔬菜中最易生虫的，用 3% 的盐水浸泡 5min，起到驱虫的作用，虫子在盐水中易从西兰花中爬出，经过清洗工序，有大部分成虫能够爬出来，经过清洗洗掉，同时进行重复清洗，洗出泥沙等杂质，但是有部分虫蛹不能爬行，只有通过人工挑选去除
4	漂烫	漂烫水温 98℃±2℃，时间 80～90s，时间根据季节变化，可以进行调整，调整标准时根据西兰花内酶失活情况来确定，用 1.5% 双氧水 + 1.5% 愈疮木粉，时间 1min 检查，变色部分在 20% 以下为合格，品尝口感进行同时确定 速冻蔬菜一般季节不同，烫漂后的口感有很大差别。霜降前的西兰花内含有淀粉，淀粉不仅不甜，而且不容易溶于水，烫漂后口感较脆；霜降后，内部的淀粉在淀粉酶的作用下，由水解作用变成麦芽糖酶，又经过麦芽糖的作用，变成葡萄糖，葡萄糖很容易溶解于水中，烫漂后感觉蔬菜是甜的，口感较软
5	冷却、沥水、冻结	漂烫过的产品温度很高，要最快的时间内冷却。首先是用常温水进行冷却，时间很短，再进入冷却水冷却，时间要长一些，达到冷透，要求冷却后产品在 10℃ 以下，给速冻减小负荷，冻结产品品质较好。产品一定要冻透，没有冻透的产品进入冷库储存，相当于慢冻，易形成大的冰晶体，对产品的品质有影响
6	金探、装箱、入库储存	经过流化床出来的半成品经过选别后金探的检查，确保产品没有金属存在，金探的标准 Fe：$\phi2.0mm$、Sus：$\phi3.0mm$。称重、装箱入库：箱子的内袋扎口紧，防止产品失水风干，有条件最好是双层内袋，放入冷库储存 -18℃ 以下
7	选别、装袋、称重、封口	蔬菜的季节性很强，一般冷冻蔬菜都是在这个品种蔬菜产量高峰时候进行加工，加工时间较短，速冻后的蔬菜都是大包装储存冷库，销售前根据客户要求再进行选别包装，称重等

编号	工序名称	操作规程
8	X射线、金探检查	X射线主要检查Sus线、Sus球、陶瓷、玻璃，四种硬质异物，设定数值受以下因素影响：设备不同、产品不同、包装内袋不同，每袋重量不同等，没有固定数值，根据自己做的产品测试设定，它是通过密度进行检查硬质异物的 例如： 西兰花　　Sun线：0.7mm×5mm、Sus球：0.8mm、玻璃：4.0mm、陶瓷：4.0mm 青刀豆　　Sun线：0.4mm×5mm、Sus球：0.7mm、玻璃：3.0mm、陶瓷：3.0mm 金探有固定检查值，不受产品变化影响，它是通过磁场进行检查金属的例如西兰花、青刀豆、白花菜都是Fe：1.2mm Sus：2.0mm
9	品质检查	对产品进行抽检，检查包装后产品质量是否符合产品质量要求，包括三个方面，一个感官检查，规格、颜色、口味等检查；二是对微生物检查；三是农药
10	入库贮存	贮存放入冷库储存-18℃以下，以备销售

四、速冻西兰花质量标准

项目	质量标准
感官品质	①外观：花蕾的紧密度、大小、成熟度统一，花蕾没有脱落（面积在一半以上）没有腐败、病变、虫害等；②色调：花蕾面积没有20%以上色调不良（黄色），没有黑点、黄点、紫色素等发色现象，不良品控制20%以下；③香味：具有西兰花特有的香味、自然的甜味、适度的食感、不能有因冻害引起海绵状食感，同时有异味
产品规格	花蕾直径30～50mm、长度（高度）30～50mm超规格控制20%以下
内容物重	根据客户包装要求确定内容量，比如，500g/袋，必须500g以上，增重2%～3%，这里还要根据袋子大小，如果是100g/g，增重就多，大约6%～8%
异物	不能出现异物混入到产品，袋中除了西兰花，其他都是异物
微生物检验	细菌总数$1×10^5/g$以下；大肠菌群阴性/0.01g；金黄色葡萄球菌阴性/0.01g；沙门氏菌阴性/0.01g
农药残留	根据产品市场定位确定标准，如果出口产品，根据出口到这个国家标准制定，比如美国、日本、欧盟他们的标准都不一样，相比较来说，日本标准最为严格，一般很多产品批批都要检查，同时检查项目较多，欧美国家一般是抽检，例如：有的公司用GC-MS，一般可以做出164项常规农药检查，同时对有机磷做出专项检查，对使用过的农药进行专项检查等
包装物种类	塑料袋、塑料箱

任务3　速冻草莓加工技术

一、速冻草莓原材料准备

草莓、糖、纸箱、白砂糖、内袋。

二、速冻草莓工艺流程

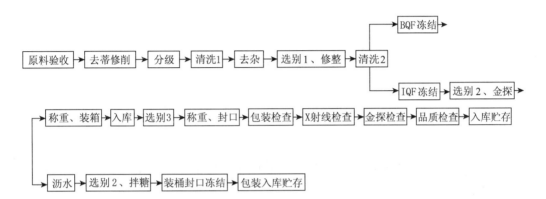

三、速冻草莓操作规程

编号	工序名称	操 作 规 程
1	原料选择	严格按照原料质量标准进行验收，要求果粒完整，色泽呈鲜红色或紫红色、全红，成熟度适宜即8～9成熟，无腐烂、无畸形、无青头、无白果、无斑疤等，不良品率控制在10%以下。草莓柔嫩、汁多、易烂，原料收购后及时加工，运输用的周转筐不能超过高度1/3，减少积压损坏，原料采收后，最好在10h内加工完毕
2	去蒂	操作人员用不锈钢戒指刀将果蒂及硬蕊去除干净，要去除干净，但不能去除过多，以免造成果实不完整，对草莓上有轻微黑斑、青色，也应用小刀修削干净 去蒂同时挑出如下不合格品：包括a.腐烂或部分烂果，浸泡过度变色果，失水果；b.病虫害果，无法清洗干净的畸形果；c.严重机械伤（轻微的可放入正品），果实残缺，去蒂过度果；d.青头果，白果（白果面积超过1/3以上）；e.不够规格果
3	分级、清洗1	将草莓倒入草莓三级清洗机（草莓的专用清洗设备）中进行清洗，洗净蒂、叶、泥沙等，要求使用长流水且水量要充足，在一级清洗中要及时用网捞出残叶等杂质，同时对产品分级
4	去杂	从清洗池中出来的草莓经过去杂机，进一步去除毛发、泥沙等杂质，并在以后的加工中严防不良污染

编号	工序名称	操 作 规 程
5	挑拣修整	将清洗好的草莓轻轻倒在干净的选别台上，进行修整选别，将个别蒂和硬芯没有去干净的用戒指刀再次修削，并挑出不合格果
6	清洗2	选别后将草莓倒入清水中进行清洗，以洗净表面泥沙，清洗后用不锈钢网勺捞出装入周转筐中，每筐盛放高度不要超过10cm左右，减少压伤
7	沥水	沥水采取自然沥水，至筐底不连续滴水为准，沥水时间不能太长，以防变质
8	IQF冻结	将草莓均匀地倒入流化床进行冻结，要求冻结良好，中心温度在−18℃以下
8	选别、金探	经过流化床出来的半成品经过选别后金探的检查，确保产品没有金属存在，金探的标准Fe：ϕ2.0mm，Sus：ϕ3.0mm
8	称重、装箱、入库	箱子的内袋扎口紧，防止产品失水风干，有条件最好是双层内袋，放入冷库储存−18℃以下
8	BQF冻结	与IQF冻结前期要求是一样的，经过清洗沥水的草莓不是直接冻结，加糖后冻结，主要是根据客户要求确定，这里是8kg草莓+2kg白沙糖，搅拌均匀装入马口铁桶内，封口，进入快速冻结间冻结，一般冻结间温度−30℃以下，冻结时间大约6h以上。以后放入储存库储存
9	选别、称重、封口	对IQF冻结好的半成品，在出口前按照标准进行选别，根据客户要求确定重量多少，一般增重2%左右，封口一定良好
10	包装检查	一是检查封口是否有漏气现象，二是检查袋子上的赏味期限是否清晰，是否有模糊不清，三是核对赏味期限是否准确无误
11	X射线、金探检查	X射线主要检查Sus线、Sus球、陶瓷、玻璃，四种硬质异物，设定数值受以下因素影响：设备不同、产品不同、包装内袋不同，每袋重量不同等，没有固定数值，根据自己做的产品测试设定 例如： X射线：Sun线：0.7mm×5mm，Sus球：0.8mm，玻璃：0.8mm，陶瓷：0.8mm 金探：Fe：1.2mm，Sus：2.0mm
12	品质检查	对产品进行抽检，检查包装后产品质量是否符合产品要求，包括三个方面，一个感官检查，规格、颜色、口味等检查；二是对微生物检查；三是农药检查
13	入库贮存	储存放入冷库贮存−18℃以下，以备销售

四、速冻草莓质量标准

项目	质量标准
感官品质	①色泽：呈鲜红色或紫红色，具有本品种应有的自然色，整体色泽一致，无青头果等；②风味：具有新鲜成熟果的特有芳香味，甜味且略带酸味，无异味；③形态：果粒完整，去尽果蒂及硬芯，剔除鸡冠果，腐烂、斑疤、蚁蛀果等
产品规格	草莓品种不一样，单个克重不一样的，根据品种确定。如：美国6号品种：L级8g/个以上，M级5~8g/个；且每箱产品大小均匀
异物	产品中禁止异物出现
微生物检验	细菌总数1×10^5/g以下；大肠菌群阴性/0.01g；金黄色葡萄球菌阴性/0.01g；沙门氏菌阴性/0.01g
农药残留	根据产品市场定位确定标准，如果出口产品，根据出口到这个国家标准制定，比如美国、日本、欧盟他们的标准都不一样，相比较来说，日本标准最为严格，一般很多产品批批都要检查，同时检查项目较多，欧美国家一般是抽检
包装物种类	塑料袋、塑料箱

【知识拓展】　速冻果蔬的解冻与食用

高质量的速冻果蔬产品，若解冻和食用方法不当，将产生大量汁液流失，从而影响果蔬的气味、滋味和口味。

1. 汁液流失

将速冻果蔬解冻，冰晶体就融化成水，这些水若不能被细胞吸收，便引起汁液流失。汁液流失的原因是由于冰晶体对细胞所造成的机械损伤。若这种机械损伤比较轻微，汁液因毛细管力而保持在细胞内；但损伤比较严重时，细胞间的缝隙较大，内部冰结晶融化的水就通过这些间隙自然向外流出。同时果蔬组织中的蛋白质、淀粉等成分，因冻结而发生不可逆变化，造成脱水型结构，其保水能力减弱，故速冻果蔬解冻时不能如原来那样与水结合。通常汁液流失均为汁液自由流出，即在解冻过程中自然地从果蔬组织中流出。

速冻果蔬解冻后汁液流失的数量，与原料的前处理、种类、形态、切分方法、冻结时的新鲜度、冻结速度、冻藏期间的温度管理及解冻方法等有关。一般原料新鲜、快速冻结、低温贮藏、库温稳定及冻藏期短，则汁液流失就少。

果蔬的种类不同，汁液流失的差别很大，这与果蔬的成分及组织结构的不同有关。一般含水分高的果蔬，汁液流失的数量多。如叶菜类蔬菜汁液流失较豆类、薯类等富含淀粉的蔬菜流失严重。随着汁液流失，使组织膨压消失而果肉变坏，并造成维生素C和花青素等可溶性成分的损失。不同品种，其汁液流失量不同，即使同一品种，成熟度不同，其流失量也有差异。在其他条件相同时，速冻果蔬解冻的时间越长，汁液流失量就越多。

2. 解冻过程

长期以来，冻结食品的解冻不被人们所重视，而实际上解冻过程不仅关系到解冻产品的组织结构，同时对加工产品的质量和风味等也直接影响。果蔬中的水分分布在细胞内外，冻结时细胞间隙的水分先冻结，而细胞内的水分逐渐向外渗透，在细胞外冻结成冰晶，使细胞内部呈现一定的脱水状态。当解冻时果蔬细胞外的冰晶先融化，然后向细胞内渗透，并与细胞内的成分重新结合，这样就实现细胞形态上的复原。

从热量的吸收来说，解冻过程是冻结的逆过程，加入的热量使产品内的冰融化成水，再重新被产品所吸收。产品吸收的水分越多，水复原得越充分，解冻后产品的质量就越好。一般解冻过程可分为三个阶段；第一段，从冻藏温度至 –5℃；第二段，从 –5 ~ –1℃，将这一段称为有效温度解冻带；第三段，从 –1℃ 至所需的解冻终温。

3. 解冻程度与产品质量

速冻果蔬的解冻程度，一般分为半解冻和完全解冻。

（1）半解冻

产品的中心温度处于 –5 ~ –1℃ 之间，即处于有效温度解冻带阶段。此时果蔬中的冰晶体并没有全部融化，但产品的硬度减低到恰好用菜刀切割的程度。

（2）完全解冻

在这一状态的果蔬中的冰晶体完全融化，但解冻过程中深层和表面所需的时间差，随着产品厚度的增加而增大。当中心处的冰晶体融化成水时，其表面部位已经在高温中耐受较长时间，很容易受温度的影响而使产品变质。若解冻介质在 30℃ 左右，在这样的高温条件下，水分蒸发、氧化作用、微生物及酶作用，均使果蔬产品加速变质。为了防止速冻果蔬的变质，应根据果蔬的种类、品种、成熟度等选择适宜的解冻条件和解冻终温。

对于水果一般采用半解冻为佳。如果完全解冻，则易引起汁液流失，失去水果应有的风味，且营养价值降低。蔬菜有的品种宜选择半解冻，有的品种应采用完全解冻。如含淀粉高的马铃薯、甜玉米等需要采用完全解冻，因为淀粉在温度 –5 ~ –1℃ 之间，α 淀粉转化为 β 淀粉，即产生淀粉的老化，影响冻结产品的质量。

4. 解冻方法

速冻果蔬的解冻方法主要采用外部加热解冻。

（1）空气解冻

以热空气作为解冻介质，虽然是一种传统的解冻方式，但较普遍使用。解冻时空气温度不宜太高。若在较高的气温中解冻，易造成产品表面变色、干燥、污染灰尘和微生物等。所以，在利用空气解冻时，必须考虑一定的温度、湿度、风速等因素，才能保证解冻果蔬的质量。

（2）液体解冻

用水作为解冻介质，是一种较广泛的解冻方式。一般水温为 10℃ 左右，比空气解冻快，尤其在流动水中速度更快。如 5cm/s 的流动水的解冻速度为静止水的 1.5 ~ 2 倍。主要用于水果、果菜类和根菜类等。

5. 食用方法

速冻果蔬的食用方法与新鲜蔬菜基本相同，可根据品种和食用习惯，进行炖、炒、溜、炸、凉拌等多种烹调加工。由于速冻蔬菜在冻结前，已经清洗和加工，故不必再处理，稍加解冻，即可下锅烹调。决不可完全解冻或用热水再次烫漂，否则，影响烹调质量。

速冻水果一般解冻后不需要加热就可食用。有些速冻的浆果类，大多用于糕点、果冻、果酱或蜜饯的生产，这些水果虽经速冻加工，但其质量没有很大损失，经过一定的热处理，仍能保证产品的质量。

 复习与思考

1. 试述果蔬速冻保藏的原理。
2. 果蔬速冻的方法有哪些？
3. 分析冻结速度对果蔬产品质量的影响。
4. 写出典型速冻果蔬的工艺流程和操作要点。

项目四　果蔬干制加工技术

【知识目标】

1. 理解果蔬干制加工保藏的基本原理
2. 掌握影响果蔬干制速度的因素
3. 熟悉果蔬干制品主要干燥方法及设备

【技能目标】

1. 掌握果蔬干制的一般工作程序及关键操作要点
2. 熟练掌握典型脱水果蔬的生产技术及质量要求

果蔬干制又称果蔬脱水，即利用一定的技术脱除新鲜果蔬原料中的水分，将其水分活度降低到微生物难以生存繁殖的程度，从而使产品具有良好的保藏性，而且要求复水（即重新吸水）后基本上能恢复原状，保持原有的营养成分和风味，制品为果干和脱水菜。果蔬脱水加工始于18世纪，发源地在英国。最初的方法是用热水处理后干制而成，发展一直缓慢。到20世纪60年代，由于快餐业和旅游业的蓬勃发展，促进了果蔬脱水业的迅速发展。目前，果蔬脱水在许多国家已成为食品工业中的重要组成部分。脱水果蔬贮藏时间长并基本保持原有形状、色泽、味道和营养成分，食用方便，同时由于含水量少，容易运输，能有效地调节果蔬生产淡旺季。

任务1　果蔬干制相关知识

一、果蔬产品的干制机理

1. 水分的扩散作用

果蔬干制实质上就是水分蒸发的过程，水分的蒸发是依靠水分外扩散和内扩散完成的。外扩散是指水分由原料表面向周围介质中蒸发的过程，而内扩散是指水分由原料的内层向外层转移的过程。当原料与干燥介质相接触时，由于原料所含的水分超过该温湿度条件下的平衡水分，因而促使自由水分由表面向干燥介质中转移，即外扩散。随着这种水分的转移又使原料外层与内层之间存在湿度梯度，也促使水分由原料内层向外层扩散，即内扩散。由于水分不断蒸发，而使原料内容物浓度逐渐增加，水分向外扩散的速度也逐渐缓慢，直至原料与干燥介质之间达到扩散平衡，干燥作用结束，完成干制过程。

在整个干制过程中，水分的外扩散和内扩散是同时进行的，二者相互促进，不断打破旧的平衡，建立新的平衡，完成干制过程。在生产中要合理控制干燥介质的条件，使内外扩散互相衔接，保持相对平衡，促使原料内外水分均匀、快速蒸发。一方面要避免原料表面因过度干燥而形成硬壳即"结壳"现象；另一方面，又要避免因过多水分集结于原料表面产生较大膨压，造成原料表面出现胀裂现象的发生，从而达到提高干制品质量的目的。

不同种类、不同形状的果蔬原料在不同的干燥介质作用下，其水分扩散的方式和速度不同。一般可溶性固形物含量低、切片薄的果蔬如胡萝卜片、黄花菜等，在干燥时内部水分的扩散速度往往大于表面水分的蒸发速度，这时干燥速度就取决于水分的外扩散作用。而对于可溶性固形物含量高、体积较大的果蔬如枣、柿等，在干燥时内部水分的扩散速度小于表面的蒸发速度，这时干燥速度就取决于水分的内扩散作用。

2. 果蔬中的水分活度与保藏性

水分活度又称水分活性，它是溶液中水蒸气分压（p）与纯水蒸气压（p_0）之比。通常以 A_w 表示水分活度，即 $A_w = p/p_0$。果蔬中的水分，由于其中溶有各种无机盐和有机物，且总有一部分是以结合水的形式存在，果蔬中水的蒸气压远低于纯水的蒸气压，故果蔬中的 $A_w < 1$。果蔬中结合水含量越高，果蔬的水分活度就越低。可见，用水分活度可用来表示果蔬中水分被束缚的程度和被微生物利用的程度。

各种微生物的活动和生化反应均有一定的 A_w 阈值（表4—1）。当果蔬的水分活度值高于微生物生长发育及生化反应所必需的最低 A_w 时，即可导致腐败变质。由此可见，测定 A_w 值对于评价果蔬干制品的耐贮性和腐败情况有着重要的作用。在室温下贮藏果蔬干制品，一般认为其水分活度控制在 0.7 以下才为安全，但还要根据其他条件，如果蔬种类、贮藏温度及湿度等因素而定。

表4—1　一般微生物生长发育的最低 A_w 值

微生物种类	生长发育的最低 A_w 值
革兰氏阴性、一部分细菌的孢子、某些酵母菌	1.00 ~ 0.95
大多数球菌、乳杆菌、杆菌科的营养体细胞、某些霉菌	0.95 ~ 0.91
大多数酵母菌	0.91 ~ 0.87
大多数霉菌、金黄色葡萄球菌	0.80 ~ 0.75
耐干燥霉菌	0.75 ~ 0.65
耐高渗透压酵母	0.65 ~ 0.60
任何微生物不能生长	<0.60

二、影响果蔬干制速度的因素

干燥速度的快慢对于干制品品质起着决定性的作用。一般干燥速度愈快，产品质量就愈好。影响干燥速度的主要因素有干燥介质的温度、湿度，空气流动速度、原料的性质和状态、原料装载量以及干燥方法等。

在相对湿度不变的条件下，干燥介质温度越高，干燥速度就越快；相对湿度越小，达到饱和所需的水分越多，干燥速度越快；空气的流动速度越大，越容易带走原料附近的潮湿空气，有利于原料水分的蒸发，干燥速度就越快；可溶性固形物含量高、组织致密的原料，其干燥速度就慢；单位面积上装载原料越多，厚度越大，越不利空气流动和水分蒸发，干燥速度减慢。此外，干制前进行去皮、切分、热烫、浸碱脱蜡、熏硫等预处理均有利于水分蒸发，对干制过程均有促进作用。在干燥过程中，应尽量创造适宜的干燥条件，以加快干燥速度。

三、果蔬干制的主要方法

一般果蔬干制方法有自然晒和人工脱水两种。人工脱水是在人工控制的条件下利用各种能源向物料提供热能，并造成气流流动环境，促使物料水分蒸发而排除。其特点是不受气候限制，干燥速度快，产品质量高。目前，果蔬干制生产中主要采用热风干燥（AD 干燥）和真空冷冻干燥（FD 干燥）。

1. 热风干燥（AD 干燥）

热风干燥的特点是采用合适温度和热风来促进果蔬内部水分通过毛细管向外扩散达到脱水的目的，且投资少、成本低、操作简单、经济效益好及应用范围广。由于能控制干制环境的温度、湿度和空气的流速，因此，干燥时间短，制品质量好。

（1）隧道式干燥

利用狭长的隧道形干燥室，将装好原料的载车，沿铁轨经隧道，完成干燥，然后从隧道另一端推出，下一车原料又沿铁轨再推入。干燥室一般长 12~18m、宽 1.8m、高 1.8~2m。隧道式干燥可根据被干燥的产品和干燥介质的运行方向分为逆流式、顺流式和混合式（又称复式或对流式）三种形式。

①逆流式干燥：原料车前进的方向与干热空气流动的方向相反。原料由隧道低温高湿的一端进入，由高温低湿的一端完成干燥过程出来。适合于桃、杏、李、葡萄等含糖量高的果实干制。

②顺流式干燥：原料车的前进方向和空气流动的方向相同。原料从高温低湿的热风一端进入，而干制品从较低温和潮湿的一端取出。适宜于含水量高的蔬菜干制。

③混合式干燥：它综合了逆流和顺流式干燥的优点，将隧道分为两段，即先 1/3 顺流，后 2/3 逆流。原料车首先进入顺流式隧道，用高温低湿的热风吹向原料，加快原料水分的蒸发。随着载车向前推进，温度逐渐下降，湿度也逐渐增大，水分蒸发趋于缓慢，有利于水分的内扩散，不致发生硬壳现象，待原料大部分水分蒸发以后，载车又进入逆流隧道，之后愈往前推进，温度愈高，湿度渐低，最终完成于相对高温低湿的环境条件下，使原料干燥比较彻底。混合式干燥具有能连续生产，温湿度易控制，生产效率高，产品质量好等优点。目前，果蔬干制大多采用混合式。

（2）箱式干燥

箱式干燥借助批次式箱式干燥设备，其体积一般为 2~4m³，每套均有独立的供热、热交换和送风系统，且单独操作，进、出料及物料的翻动全部为手工作业，操作灵活、方便，但是需要人员多，劳动强度大，能耗高，作业环境差，效率低。一般可以作为其他干燥方法的辅助手段，如先采用箱式干燥快速脱水，然后采用隧道式干燥缓慢脱水的生产工艺。

（3）传输带式干燥

传输带式干燥是使用环带作为输送原料装置的干燥设备。一般将原料放置在用帆布带、橡胶带、涂胶布带、钢带和钢丝网带等制作的传送带上，用装在每层传送带中间的暖管提供的热源进行干制。带式干燥机适应于单品种、整季节的大规模生产。苹果、洋葱、胡萝卜、马铃薯、甘薯等都可用此方式干燥。

（4）滚筒式干燥

它由一只或两只中空的金属滚筒组成。滚筒随水平轴转动，滚筒内部由蒸汽、热水或其他加热剂加热。这样，滚筒壁就成为被干燥产品接触的传热壁。当滚筒的一部分浸没在稠厚的浆料中或者将稠厚的浆料洒到滚筒的表面上时，因滚筒的缓慢旋转使物料呈薄层状附着在滚筒外表面进行干燥。当滚筒旋转 3/4 ~ 7/8 周时，物料已干到预期的程度，用刮刀将其刮下。滚筒的转速根据具体情况而定，一般为 2 ~ 8r/min。滚筒上的薄层厚度约为 0.1 ~ 1.0mm。滚筒干燥机主要适宜于苹果沙司、南瓜酱、甘薯泥和糊化淀粉的干燥。

（5）喷雾干燥

干燥时先将原料浓缩，经喷嘴使浆料喷成微细的雾状液滴（直径为 10 ~ 100μm），增大其蒸发表面的面积，再进入干燥间与 150 ~ 200℃ 的热空气接触进行热交换，于是分散悬浮的微小液滴瞬间干燥成粉粒，集落在加热器下方的收集器内。此法具有干燥速度快、制品分散性好、物料热损害少等特点，尤其适合液态果蔬的干燥等。

2. 真空冷冻干燥（FD 干燥）

（1）冷冻干燥的基本原理及特点

真空冷冻干燥，也叫升华干燥，就是将待干燥的湿物料在较低温度下（-50 ~ -10℃）冻结成固态后，在高真空度（0.133 ~ 133Pa）的环境下，将已冻结了的物料中的水分，不经过冰的融化而直接从固态升华为气态，从而达到干燥的目的。

冷冻干燥的特点：①冷冻干燥操作的温度低，并且处于真空状态之下，特别适用于热敏性食品和易氧化食品的干燥，可以保留新鲜食品的色、香、味以及 VC 等营养物质。②由于物料中水分存在的空间，在水分升华以后基本维持不变，故干燥后制品仍不失原有的固体框架结构，复水后易于恢复原有的性质和形状。③冷冻干燥因在真空下操作，氧气极少，因此一些易氧化的物质（如油脂类）得到保护，产品能长期保存而不变质。④多孔疏松结构的干燥产品一旦暴露空气中易吸湿、易氧化，最好要求真空或充氮包装，应采用具有一定保护作用的包装材料和包装形式。由于操作是在高真空和低温下进行，需要有一整套高真空获得设备和制冷设备，故投资费和操作费都很大，因而产品成本高。

（2）真空冷冻干燥过程

冷冻干燥过程分为冷冻、升华、解析干燥三个阶段，每一个阶段都有相应的要求，不同的物料其要求各不相同，各阶段工艺设计及控制手段的差异直接关系冻干产品的质量和冻干设备的性能。

①冷冻阶段：冷冻干燥首先要把原料进行冻结，使原料中的水变成冰，为下阶段的升华做好准备。冻结温度的高低及冻结速度是控制目的，温度要达到物料的冻结点以下，不同的物料其冻接点各不相同。冻结速度的快慢直接关系到物料中冰晶颗粒的大小，冰晶颗粒的大小对固态物料的结构及升华速率有直接关联。一般情况下，要求 1 ~ 3h 完成物料的冻结，进入升华阶段。

②升华阶段：升华干燥是冷冻干燥的主要过程，其目的是将物料中的冰全部汽化移走，整个过程中不允许冰出现溶化，否则便冻干失败。升华的两个基本条件：一是保证冰不溶化；二是冰周围的水蒸汽必须低于 610Pa。升华干燥一方面要不断移走水蒸气，使水蒸汽压低于要求的饱和蒸汽压，另一方面为加快干燥速度，要连续不断地提供维持升华所需的热量，这便需要对水蒸气压和供热温度进行最优化控制，以保证升华干燥能快速、低能耗完成。

③解析阶段：物料中所有的冰晶升华干燥后，物料内留下许多空穴，但物料的基质内还留有残余的未冻结水分（它们以结合水和玻璃态形式存在）。解析干燥就是要把残余的未冻

结水分除去，最终得到干燥物料。

四、热风干燥果蔬生产工作程序

1. 原料处理

原料处理主要是分级、清洗、去皮、热烫和熏硫等。有的原料须切片、切条、切丝或颗粒状，以加快水分的蒸发；有的还要进行浸碱脱蜡、护色等处理。

（1）热烫处理　热烫可以钝化酶活性，减少氧化变色；可以增强细胞透性，有利于水分蒸发，缩短干制时间；可以排除组织中的空气，使制品呈半透明状态，改善制品外观。热烫可采用热水或蒸汽处理。热烫的温度和时间应根据原料种类、品种、成熟度及切分大小不同而异。一般热烫水温为 80～100℃，时间为 2～8min，以烫透而不软烂为宜。值得注意的是白洋葱、荸荠等原料热烫不彻底，其变红的程度反而比未热烫的还要严重。

（2）浸碱脱蜡　对于果皮上含有蜡质的果蔬，应进行浸碱处理，以除去附着在表面的蜡质，有利于水分蒸发，促进干燥。浸碱可用氢氧化钠、碳酸氢钠或碳酸钠。碱液处理的时间和浓度依果实附着蜡粉的厚度而异，葡萄一般用 1.5%～4.0% 的氢氧化钠处理 1～5s，李子用 0.25～1.50% 的氢氧化钠处理 5～30s。

2. 升温干燥

在热风干燥时，应依据原料的种类和品种，选择适宜的干燥温度和升温方式（表4—2）。干燥温度一般在 50～70℃ 的范围内，升温方式有低温—较高温—低温、高温—较高温—低温、恒定较低温三种。其中低温—较高温—低温适宜于可溶性物质含量高或需整形干制的果蔬原料；高温—较高温—低温方式适宜于可溶性物质含量低的蔬菜原料；恒定较低温方式适宜于极大多数蔬菜原料。

表4—2　几种常见果蔬热风干燥的工艺参数

名称	原料处理	干燥温度/℃	干燥时间/h
桃干	切半、去核，1%～1.5% NaOH 热液中烫漂 30～60s，去皮、冲洗，蒸烫 5min	55～65	14
洋梨干	切成两片、去柄、去心，热烫 15～25min	55～65	30～36
葡萄干	用 1.5%～4.0% NaOH 浸果 1～5s，薄皮品种可用 0.5% Na_2CO_3 处理 3～6s 后冲洗干净	45～75	16～24
柿饼	去皮，烘烤 12～18h 果面结皮稍呈白色时，回软后进行第一次捏饼，以后用间歇法烘制，并再捏饼 2 次	40～65	36～48
红枣	挑选分级，沸水热烫 5～10min	55～75	24
桂圆	挑选，加细砂摩擦果皮蜡质，洗净、沥干果实后，熏硫 30min 后间歇式烘制	60～70	30～36
蒜片	剥蒜瓣、去薄蒜衣，用切片机切成厚度为 0.25cm 的蒜片，漂洗 3～4 遍，置于离心机中沥水 1min，装入烘盘烘制	65～70	6.5～7
香菇	按大小、菇肉厚薄分别铺放在烘盘上，不重叠，菇盖向上，菇柄向下	40～60（低→高→中）	10～16
洋葱片	切除葱梢、根蒂，剥去葱衣、老皮至露出鲜嫩肉，将洋葱横切成厚 4～4.5mm，漂洗、沥干后烘制	58～60	6～7

3. 通风排湿

在干燥过程中,由于水分的大量蒸发,使时烘房内的相对湿度急剧上升,而要使原料尽快干燥,就必须及时进行通风排湿。一般当相对湿度达到 70% 以上时,就需通风排湿。具体的方法和时间,应根据烘房内相对湿度的高低和外界风力的大小来决定。一般每次通风 10 ~ 15min 为宜。

4. 倒换烘盘

采用非真空干燥时,当干制一段时间后,由于干燥机或烘房内温度、湿度不完全一致,应将烘盘上下、内外倒换,以保证干制品受热均匀,干制程度一致。

5. 包装

(1) 包装前的处理　为了防止干制品的虫害,改进制品品质,便于包装,一般经过干燥之后的干制品需要进行一些处理才能包装和保存。

①回软:非真空系列干燥和喷雾干燥的产品在干燥后一般要进行回软处理,即堆集起来或放在密闭容器中(一般菜干 1 ~ 3d,果干 2 ~ 5d),使产品呈适宜的柔软状态,便于产品处理和包装运输。

②挑选分级:目的是使干制品符合有关规格标准。按照干制品质量,一般将干制品分为标准品、未干品和废品。分级时,根据品质和大小,分为不同等级,软烂的、破损的、霉变的均须剔除。

③压块:压块是将干燥后的产品压成砖块状。脱水蔬菜大多要进行压块处理,可使体积大为缩小(蔬菜压块后可缩小 3 ~ 7 倍,同时减少了与空气的接触,降低氧化作用,也便于包装和运输。压块可采用螺旋压榨机,机内另附特制的压块模型,也可用专门的水压机或油压机。压块压力一般为 70kgf/cm²,维持 1 ~ 3min,含水量低时,压力要加大。

(2) 包装方式　常用的包装材料有木箱、纸箱、纸盒、无毒 PE 塑料袋、铝箔复合薄膜袋、马口铁罐等。包装方法有以下几种。

①普通包装:多采用纸盒、纸箱或普通 PE 袋包装,先在容器内衬防潮纸或涂防潮涂料,后将制品按要求装入,上盖防潮纸,扎封。多用于自然干燥和热风干燥制品的包装。

②不透气包装:采用不透气的铝箔复合薄膜袋包装。其内也可放入脱氧剂,将脱氧剂包装成小包与干制品同时密封于不透气的袋内,提高耐藏性。适用于真空干燥、真空油炸、冷冻升华干燥、喷雾干燥制品的包装。

③充气包装:采用 PE 袋或铝箔复合薄膜袋包装,将干制品按要求装入容器后,充入二氧化碳、氮等气体,抑制微生物和酶的活性。适用于真空干燥、真空油炸、冷冻升华干燥制品的包装。

④真空包装:将制品装入容器后,用真空泵抽出容器内的空气,使袋内形成真空环境,提高制品的保存性。多用于含水量较高的干制品如红枣、湿柿饼的包装。

五、果蔬干制中常见的质量问题及控制措施

1. 干缩

当用高温干燥或用热烫方法使细胞失去活力之后,细胞壁多少要失去一些弹性,干燥时易出现制品干缩,甚至干裂和破碎等现象。另外,在干制品块片不同部位上所产生的不相等收缩,又往往造成奇形怪状的翘曲,进而影响产品的外观。

控制措施:适当降低干燥温度、采用冷冻升华干燥可减轻制品干缩的现象。

2. 褐变

果蔬在干制过程中或干制后的贮藏中，常出现颜色变黄、变褐或变黑等现象。

控制措施：干制前，进行热处理、硫处理、酸处理等，对抑制酶褐变有一定的作用。避免高温干燥可防止糖的焦化变色，用一定浓度的碳酸氢钠浸泡原料有一定的护绿效果。

3. 硬化

在自然干燥和热风干燥时易出现表面硬化（硬壳）。表面硬壳产生以后，水分移动的毛细管断裂，水分移动受阻，大部分水分封闭在产品内部，形成外干内湿的现象，致使干制速度急剧下降，进一步干制发生困难，同时也影响制品的品质。

控制措施：采用真空干燥、冷冻升华干燥等干燥方式可有效减轻表面硬化的现象。

4. 营养损失

果蔬产品中的所含的营养成分，在干制过程中由于各种处理和干燥环境的影响而发生不同程度的损失，尤其是糖和维生素的损失较大。

控制措施：缩短干制时间，降低干燥温度和护色处理有利于减少养分的损失。

六、果蔬干制常用设备及其使用

果蔬干制除干燥设备外，成套生产设备还需要清洗设备、去皮或切分设备、热烫设备以及沥水、包装设备等。

1. 滚筒式清洗机

滚筒式清洗机是借圆形滚筒的转动，使原料不断地翻转，同时用水管喷射高压水来冲洗翻动的原料，以达到清洗的目的。污水和泥沙由滚筒的网孔经底部集水斗排除。该机适合清洗马铃薯等质地较硬的物料。

2. 穿流厢式干燥机

穿流厢式干燥的载物盘由金属网或多孔板构成。每层物料盘之间插入斜放的挡风板，引导热风自下而上（或自上而下）均匀地通过物料层。其特点是热空气与湿物料的接触面积大，内部水分扩散距离短，故干燥效果好于并流式，其干燥速率通常为并流式的 3 ~ 10 倍。但是，动力消耗大，对设备密封性要求较高，另外，热风形成穿流气流容易引起物料飞散，要注意选择适宜的风速和物料摆放厚度。

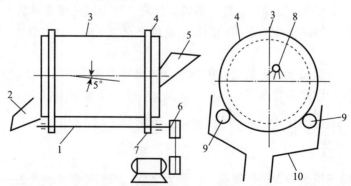

图 4—1　滚筒式清洗机

1—传动轴；2—出料槽；3—清洗滚筒；4—摩擦滚筒；5—进料口；6—传动系统；

7—传动轮；8—喷水管；9—托轮；10—集水斗

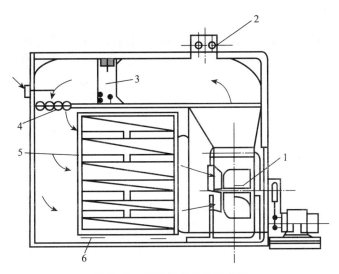

图4—2　穿流厢式干燥示意图

1—送风机；2—排气口；3—空气加热器；4—整流板；5—料盘；6—台车固定件

3. 隧道式干燥机

厢式干燥器只能间歇操作，生产能力受到一定限制。而隧道式干燥可实现连续或半连续操作。热端：高温低湿空气进入的一端称为热端。冷端：低温高湿空气离开的一端称为冷端。湿端：湿物料进入的一端称为湿端。干端：干制品离开的一端称为干端。

（1）顺流式隧道干燥机

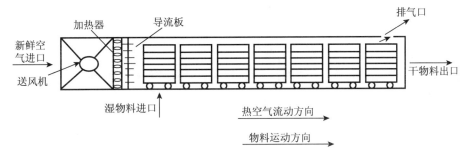

图4—3　顺流式隧道干燥示意图

其优点是不出现焦化现象。但物料内部易开裂，并形成多孔状结构；干制品最终水分含量高。

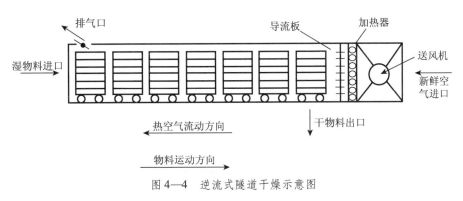

图4—4　逆流式隧道干燥示意图

119

（2）逆流式隧道干燥机

其优点是适用于软质水果的干制，不易出现干裂流汁现象；最终含水量较低。但干端进口温度不能过高，一般不超过66～77℃，否则物料容易焦化；同时湿物料载量不宜过多，否则湿端处于饱和状态，物料长时间与低温高湿的空气相接触，易发生腐败变质现象。

（3）组合式隧道干燥机

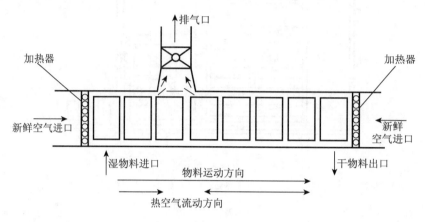

图4—5　组合式隧道干燥示意图

其优点是生产能力高；干燥时间短；产品品质好。但投资和操作费用高。

4. 流化床干燥机

流化床干燥是流态化在干燥器中的应用。气流自物料床层下方向上运动时，当物料颗粒与流体之间的摩擦力恰与其净重力相平衡，此时形成的床层称为流化床。当气体速度大于颗粒的自由沉降速度，颗粒就会从干燥器顶部吹出，此时的流速称为带出速度。其优点是结构简单、便于制造、活动部件少、操作维修方便，与气流干燥器相比，气流低、阻力小、气固较易分离，物料及设备磨损轻；与厢式干燥器相比，具有物料停留时间短、干燥速率快的特点。但是由于颗粒在床层中高度混合，可能会引起物料的返混和短路，对操作控制要求较高。

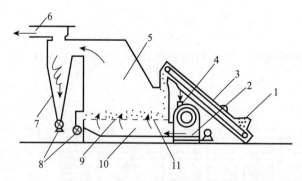

图4—6　流化床干燥器示意图

1—加料斗；2—风机；3—输料器；4—热风进口；5—干燥室；6—排气口；7—旋风分离器；
8—旋转阀；9—热风分布板；10—热风分配室；11—多孔挡板

5. 冷冻干燥设备

冷冻干燥机由冻干箱、真空系统、加热系统、水冷系统、制冷系统及凝水器等组成（图4—7）。而冷冻干燥生产线则包括前处理、速冻、升华干燥和包装等环节。同时为了给速冻库和升华干燥仓创造正常工作条件，还须配套制冷系统、加热系统、设备监控系统、物料运输系统以及蒸汽锅炉和循环水。其最关键设备是升华干燥仓（图4—8），它是一个很大的卧式圆筒，筒内装有多层加热器，料盘插进多层加热架之间。料车沿天轨从前处理间（装料）、经速冻库（速冻）和干燥仓（升华干燥脱水）到包装（卸料），再沿天轨回到前处理间。这样循环运料，非常便捷、卫生而安全。水汽冷阱装置于加热架两侧（或独立于仓外），加热架上的加热板，经过专门的表面处理，能以辐射方式向物料传递热能（升华热），水汽冷阱能快速捕获由物料升华出来的水汽。将一个干燥仓的料由速冻库运进干燥只需 5min，从而保证冻料不融。

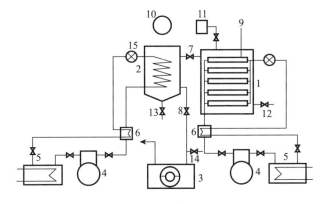

图4—7 冷冻干燥机组成示意图

1—冻干箱；2—冷凝器；3—真空泵；4—制冷压缩机；5—水冷却器；

6—热交换器；7—冻干箱冷凝器阀门；8—冷凝器真空泵阀门；

9—板温指示；10—冷凝温度指示；11—真空计；12—冻干箱放气阀门；

13—冷凝器放出口；14—真空泵放气口；15—膨胀阀

图4—8 LG系列食品冷冻干燥仓

任务2 柿饼加工技术

一、柿饼加工原材料准备

柿、硫磺、烘架、晒盘（竹筛）、熏硫室（箱）、台秤、不锈钢果刀或专用刨刀、鼓风干燥箱（机）、果盆等。

二、柿饼加工工艺流程

原料选择 → 去皮 → 日晒1 → 第一次捏饼 → （熏硫） → 日晒2 → 第二次捏饼 →

日晒3 → 第三次捏饼 → 日晒4 → 装缸回软 → 上霜 → 包装 → 入库贮存 → 出货

↑ 包装材料检验

三、柿饼加工操作规程

编号	工序名称	操作规程
1	原料选择	选择果形扁圆、果顶平坦、肉质紧密、含糖量高、无核或少核的柿子品种，如恭城月柿、紫金无核柿、狮头柿、镜面柿、绵羊柿、扁柿等。成熟度以果皮由橙黄色转为橙红色，但肉质尚坚实而未软化为适宜
2	手工去皮	用不锈钢果刀或专用刨刀手工削皮（刨皮）。削（刨）皮时，皮要旋削得薄且均匀，不漏花皮，但保留萼盘，果顶部中心处可留直径不超过1cm的果皮
3	日晒与捏饼	将削皮后的柿子逐个摆放在竹筛上（不重叠）进行日晒，日晒3~4d后，果肉稍软，表面形成一层干皮时，进行第一次捏饼，方法是两手握饼，纵横重捏，随捏随转，直至将内部捏烂，软核捏散或柿核歪斜为止，注意不要用力过大，以免捏破果皮。捏后继续晒制2~3d，进行第二次捏饼，方法是用中指顶住柿蒂，两拇指从内向外捏，边捏边转，将其初步捏成中间凹四周隆起的碟形状。再晒3~4d，回软1d，进行第三次捏饼，按第二次捏饼的方法再整形一次，将其捏成形状一致的碟形状。捏后再晒1d后即可上霜。整个日晒期间，特别在第一次捏饼后需注意每天翻晒1~2次。另外，捏饼宜在晴天或有风天的早晨进行
4	熏硫	在晒制期间如遇阴雨天，可用硫磺（200g/m³）熏硫0.5~1h。熏硫最好在晒柿3~4d后才进行，以免造成涩柿

续表

编号	工序名称	操 作 规 程
5	上霜	柿霜是柿饼中的可溶性固形物渗出果面而后凝结成的白色结晶，其主要成分是甘露糖醇、葡萄糖和果糖。上霜的方法有晾霜法、潮霜法两种。南方冬暖、气候潮湿，多采用晾霜法；北方气候干燥、寒冷，多采用潮霜法 ①晾霜法：将干燥整形的柿饼叠好装入缸、箱（可先用纸或 PE 膜包裹，再放入纸箱内），或堆成堆（厚度40~50cm），用麻袋或塑料薄膜覆盖，经2~3周回软，选有风的早晨取出柿饼，摊于通风阴凉处，使柿饼表面水分蒸发，便有柿霜结出 ②潮霜法：将干燥整形的柿饼与干燥的柿皮层积于缸内（常在缸底铺一层干柿皮，上面排放一层柿饼，再在柿果上放上一层干柿皮，层层相间），视柿饼的干湿程度调节柿皮的水分，封缸后置于阴凉处，2~3周即有柿霜潮出 上霜情况与柿饼的干燥程度和出霜时的温度有关。在含水量适宜、温度较低时易起霜，而在华南冬暖的地区有时需要30d以上才现霜
6	包装	将制成的柿饼进行包装，即可销售。质量要求：柿饼个大均匀，边缘厚且完整不破裂，柿霜厚且呈白色为好，口感软粘且甜，无涩味，嚼之无渣或少渣为好
7	入库贮存	成品贮存于常温库中

四、柿饼质量标准

项目	质 量 标 准
感官品质	柿饼完整，不破裂，柿霜白、厚且均匀，剖面肉色橘红至棕褐色、有光泽，肉质软糯潮润，味甜，无涩味
含水量	≤30%
总酸量	≤6%
致病菌	不得检出
包装物种类	塑料袋、塑料箱

任务3　龙眼干（桂圆）加工技术

一、龙眼干加工原材料准备

新鲜龙眼、摇笼、干燥箱、姜黄粉、白土等。

二、龙眼干加工工艺流程

原料选择 → 剪粒 → 浸水 → 摇沙擦皮 → 干燥 → 剪蒂 → 挂黄 → 分级 → 包装 → 入库贮存 → 出货

三、龙眼干加工操作规程

编号	工序名称	操作规程
1	原料选择	原料要求：选择果大、果壳稍厚、果肉厚且含糖量高的龙眼品种，如乌龙岭、油潭本、赤壳、大乌圆等
2	处理	将果实剪去果梗，然后浸入水中5～10min，洗去污染物，捞起沥干
3	摇沙擦皮	将果实倒入摇笼中，加入细沙摇揉，以磨去果壳外面的粗糙表层。然后用清水洗干净果实
4	干燥	龙眼干（桂圆）的干燥有日晒和烘焙两种方法，而工业化生产主要采用烘焙法，且分初焙和复焙。初焙约经24h，温度控制在65～70℃，中间经过3～4次翻焙；初焙的果实经4～5d后即可复焙，温度控制在60℃左右，时间为6h，且2h翻焙1次，烘至果蒂用手指轻推即脱落为好
5	剪蒂	用小剪刀将龙眼干（桂圆）的果梗剪平
6	挂黄	对于外销及一、二级龙眼干（桂圆）需在果面染上黄色的姜黄粉，挂黄可由姜黄粉与白土按7∶3调配
7	分级包装	龙眼干（桂圆）按照产品标准进行分级。包装常用胶合板箱或纸箱内衬塑料薄膜袋。
8	入库贮存	成品贮存于常温库中

四、龙眼干（桂圆）质量标准

项目	质量标准
感官品质	果粒大，果壳呈黄褐色，色泽均匀，果形圆整、不凹陷；摇动无响铃现象；果肉呈半透明褐缩状，表面有皱纹，晶莹剔亮、易剥离；具有浓郁香甜的特有滋味
可食率（%）	≥36
总糖（以转化糖计)%	≥60
总酸（以柠檬酸计)%	≤1.5
粗纤维（%）	≤1.0
果肉含水率（%）	≤23

任务4　脱水山药加工技术

一、脱水山药原材料准备

山药、去皮机、切片机、恒温干燥箱、包装机。

二、脱水山药工艺流程

原料验收 → 洗涤 → 去皮 → 切片 → 护色 → 干燥 → 回软 → 包装

三、脱水山药操作规程

编号	工序名称	操 作 规 程
1	原料选择	选取条直、粗壮、新鲜的山药，剔除发芽腐烂的原料
2	清洗	用清水冲洗山药外部的泥土、沙粒等杂质，但须注意轻拿、轻放
3	去皮	可采用机械去皮和手工去皮，手工去皮用不锈钢刀或竹制刀片刮皮，以去皮后的鲜山药不含黑眼为准。去皮后的山药应立即浸入0.01%柠檬酸溶液中，待用
4	切片与护色	护色切片后，山药片继续放入护色液中充分浸渍，以免露出液面发生氧化变色现象，浸泡时可用竹筛将其压至液面下。护色时间应该根据切片大小、厚薄而定，一般为3~5h
5	干燥	经护色处理后的山药片放在网状料盘上，最好不重叠，送入恒温箱中，干制温度不能过高，以70~80℃为宜。干制初期温度可稍高，应注意排湿，避免表面发生结壳硬化；干制后期要注意控制温度，避免焦化
6	回软	按大小、颜色进行分级，除去次残品，然后回软。冷却后堆积覆盖或放入密闭容器中，经3~5d使其含水量均衡一致
7	包装	包装前要进行灭虫处理，常采用低温处理杀死干制品中有害昆虫及虫卵。为了避免外界环境影响，保证质量，可用TPR包装材料，可充入N_2或加入适量除氧剂，如Vc等
8	入库贮存	成品贮存于常温库中

四、脱水山药质量标准

项目	质 量 标 准
感官品质	片型完整，片厚基本均匀，干片稍有圈曲或皱缩，但不能严重弯曲，无碎片；呈黄白或白色，且色泽一致；具有山药特有的香味，无异味；无碎屑，无霉变、无病虫害
含水量	<5%
微生物指标	菌落总数：$5.0×10^4/g$以下；大肠菌群：阴性/0.1g；霉菌、酵母菌：≤300个/g；金黄色葡萄球菌：阴性/0.1g；沙门氏菌：阴性/5g
污染物指标	铅：≤20μg/g；总砷：≤20μg/g；二氧化硫：≤30μg/g；农药残留：符合日本食品卫生法
异物	无异物
包装物种类	塑料袋、塑料箱

任务5　脱水蘑菇粉加工技术

一、脱水蘑菇粉原材料准备

新鲜蘑菇、抖料台、不锈钢水池、喷淋清洗机、毛发去杂机、操作台或光检台、蘑菇切片机、AD干燥机、隧道式烘干机、X-线金属探测仪、磁棒、粉碎机等。

二、脱水蘑菇粉工艺流程

新鲜原料验收 → 抖料 → 清洗 → 修整 → 三道清洗 → 毛发去杂 → 选别 → 切片 → 一次AD干燥 → 隧道烘干机 → 二次AD干燥 → 半成品保管 → 目视选别 → 磁铁选别 → X射线异物检 → 粉碎 → 磁棒选别 → 包装 → 入库 → 成品检验 → 出货

包装材料检验（连接到包装）

三、脱水蘑菇粉操作规程

编号	工序名称	操作规程
1	原料验收	原料要求：规格2.5~5.5cm为宜，色泽呈乳白色，菇褶不能有褐色部分，无开伞，无病菇、虫菇、泥根菇、畸形菇、泡水菇、薄皮菇等。容器用塑料筐，运输中不能受污染；农残符合干燥食用菌要求
2	抖料	在抖料台去除蘑菇中的泥沙、腐烂菇及异物
3	清洗	在流动水中洗净蘑菇表面泥沙，清洗时间控制在1min内，注意洗涤水的水质
4	修整	切除过长菇柄，保留5~10mm同时去除开伞菇、变色菇、腐烂破损菇及异物
5	三道清洗	在汽泡或喷淋清洗机中洗净蘑菇表面泥沙、杂草等异物和夹杂物，每道清洗时间控制在30s内
6	毛发去杂机去杂	利用毛发去杂机去除毛发等异物
7	选别	在操作台或光检台上去除菇褶中的异物，确保原料干净
8	切片	用蘑菇切片机将原料切成5mm的薄片
9	一次AD干燥	用热风进行干燥，常温50℃10min后，热风温度50℃，热风风速在50~80m/s以上，水分：10%左右
10	隧道式烘干机杀菌	采用隧道式烘干机进行热蒸汽杀菌。温度：90℃，蒸汽压：0.2MPa以上，时间：20min

编号	工序名称	操　作　规　程
11	二次 AD 干燥	再用热风进行干燥控制进料量、干燥温度和时间。进料量：2 池一次 AD 干燥后的蘑菇片。温度：常温 60℃，10min 后，热风温度 60℃，热风风速在 50～80m/s 以上，干燥时间：约 180min。水分：5% 以下
12	保管	将干燥好的半成品用塑料袋装密封，封口再装入纸箱中暂存保管库内。保管温度：15～20℃；相对湿度：70% 以下
13	目视选别	在扣作台上进行三次人工选别挑去变色、规格不符等可能的其他异物。检查无变色、无其他异物
14	磁铁选别	检查、吸附产品可能存在的金属碎片并剔除。磁棒要求磁场：20000Gs（Gs 是非法定计量单位，它与法定计量单位的换算关系是 1Gs $\triangleq$ 10^{-4}T）
15	X–射线异物检测	采用 X–射线金属探测仪检测异物
16	粉碎	用粉碎机磨粉到规定的要求。粉碎机出口筛网细度：即 0.5mm 可以通过 35 目
17	磁棒选别	在粉碎机出口处装上交叉密集磁棒，检查、吸附通过的产品中可能存在的金属碎屑并剔除。磁棒磁场：20000Gs
18	包装材料验收	由质检员进行按合同要求验收，确保包装材质、印刷、规格、封合强度、卫生、版面等与合同要求一致
19	包装	每箱装入 1 袋，包装规格：10kg/袋。按要求准确计量、封口、捆包。每箱净重：10kg。封口不漏气、封口面美观，在外箱指定处打印批号
20	入库	按要求准确入库，办理入库手续确认保管库符合要求。准确记录交接入库数量、包装日期
21	成品检验	抽检员按要求进行感观、外包装。重量等的检查，并抽样送检一般理化指标、成品农残、微生物检测

四、脱水蘑菇粉质量标准

项目	质　量　标　准
感官品质	色泽：土黄色粉状的干燥品；风味：具有蘑菇特有的风味；调理后的状况：根据已定的方法；在调理时有良好的色调、有风味、无异味；粒度：40 目（0.42mm）以下占 98% 以上
含水量	<5%
微生物指标	菌落总数：5.0×10^4/g 以下；大肠菌群：阴性/0.1g；霉菌、酵母菌：≤300 个/g；金黄色葡萄球菌：阴性/0.1g；沙门氏菌：阴性/5g
污染物指标	铅：≤20μg/g；总砷：≤20μg/g；二氧化硫：≤30μg/g；农药残留：符合日本食品卫生法
异物	无异物
包装物种类	塑料袋、塑料箱

任务6　脱水大葱冷冻干燥技术

一、脱水大葱原材料准备

新鲜大葱、自控速冻库、FD干燥机、蔬菜清洗机、切菜机、全自动水分检测仪等。

二、脱水大葱工艺流程

原料验收 → 清洗 → 切段 → 杀菌与漂洗 → 沥水 → 装盘 → 冻结 → FD干燥 →
挑选计量 → 包装 → 入库贮存

三、脱水大葱操作规程

编号	工序名称	操作规程
1	原料验收	原料要求鲜嫩、葱白较长、大小长短粗细相同，且没有病虫害伤残
2	清洗	将验收合格的大葱清洗，洗净表面泥沙及污染物，并切除须根等不合格要求的部分，以确保产品质量
3	切段	清洗后对大葱进行切段处理，葱段大小为5mm（葱圈）
4	杀菌	切段的葱圈不需要烫漂，可直接杀菌，以免大葱变形、发软及引起葱味急剧变淡。一般杀菌时用250mg/L的次氯酸钠溶液浸泡，杀菌时间为3min
5	漂洗	在流动清水中将葱圈漂洗干净
6	沥水	漂洗后葱圈表面会滞留一些水滴，易使冻结的葱相互粘结，影响真空干燥。应在振动沥水机上进行振动沥水
7	装盘	除去表面水滴后将葱均匀摊放在不锈钢料盘上，装盘量为$9kg/m^2$，装料厚度为2.5cm
8	冻结	大葱冻结温度控制在$-20 \sim -25℃$之间，冻结时间为2h，冻结速率在$0.1 \sim 1.5℃/min$
9	FD干燥	FD干燥过程包括升华干燥和解析干燥两个阶段。升华时一般将升温的速率控制在$0.1 \sim 0.2℃/min$，直到完成中心部分的升华，真空度为$65 \sim 80Pa$，时间约7h，使葱圈的含水量为11%左右。在升华干燥结束后，需要进一步排除葱圈组织中未冻结的结合水。解析时物料温度可高达50℃，真空度为$50 \sim 70Pa$，时间约2h，产品含水量可达到3%左右
10	包装	干燥后立即根据产品的等级、保存期限、客户要求等进行分级，计量，检验等后处理，并采用充氮或真空包装
11	入库贮存	成品贮存于高温库中
12	出货	20件打一垛，每垛张贴标签，上面注明批号、数量及商检批号

四、脱水大葱质量标准

项目	质量标准
感官品质	呈白色和绿色的5～10mm的片状或圆筒；无霉烂、变质及异色斑点。具有大葱特有的芳香，无不良异味，无杂质
含水量（%）	≤5.0
总灰粉%（质量分数）	≤5.8
不溶于酸的灰粉%（质量分数）	≤0.8
微生物指标	菌落总数：1.0×10^4/g 以下；大肠菌群：阴性/0.1g；霉菌、酵母菌：≤300个/g；金黄色葡萄球菌：阴性/0.1g；沙门氏菌：阴性/5g
污染物指标	铅：≤20μg/g；总砷：≤20μg/g；二氧化硫：≤30μg/g；农药残留：符合日本食品卫生法
异物	无异物
包装物种类	塑料袋、塑料箱

复习与思考

1. 简述果蔬干燥的机理。
2. 影响果蔬干燥速度的因素有哪些？
3. 果蔬干燥的方法有哪些？
4. 试述冷冻干燥的基本原理及特点。
5. 试比较果蔬 AD 干燥和 FD 干燥的优缺点。

项目五　果蔬罐头加工技术

【知识目标】

1. 熟悉罐头食品杀菌条件的确定，理解影响罐头食品杀菌和真空度的因素
2. 熟悉和掌握罐头食品生产工作程序
3. 熟悉果蔬罐头生产常用设备及其使用

【技能目标】

1. 学会制定果蔬罐头食品的生产工艺流程及操作规程
2. 掌握典型果蔬罐头食品的生产操作技术

任务1　果蔬罐头相关知识

一、罐头食品杀菌及影响杀菌的主要因素

果蔬罐头加工技术是指将经过一定处理的果蔬装入能够密封的包装容器中，再经过排气、密封与杀菌，使罐内果蔬食品与外界环境隔绝而不被微生物再污染，同时使罐内大部分微生物被杀死并使酶失活，从而在常温下得以长期保存的加工技术。

果蔬罐头具有以下优点：①耐保藏，在常温条件下可保存1~2年；②食用方便，开罐（袋）即可食用，无需另外加工；③食用安全卫生，因经过密封和杀菌处理，无致病菌和腐败菌存在；④携带方便，不易损坏，是军需、航海、勘探及旅游等行业的方便食品。

罐藏食品之所以能长期保藏就在于借助罐藏条件（排气、密封、杀菌）灭杀罐内所引起败坏、产毒、致病的有害微生物，破坏原料组织中的酶活性，同时应用真空使可能残存的微生物在无氧条件下无法生长活动，并保持密封状态使食品不再受外界微生物的污染。

食品的腐败主要是由微生物的生长繁殖和食品内所含有酶的活动导致的。而微生活的生长繁殖及酶的活动必须要具备一定的环境条件，食品罐藏机理就是要创造一个不适合微生物生长繁殖的基本条件，从而达到能在室温下长期保藏的目的。

1. 罐头与微生物的关系

微生物的生长系列是导致罐制品败坏的主要原因之一。罐头如果杀菌不够，当环境条件适于残存在罐头内的微生物生产时，或密封缺陷而造成微生物再污染时，就能造成罐头的败坏。

食品中常见的微生物主要有霉菌、酵母和细菌。其中霉菌和酵母广泛分布于大自然中，耐低温的能力强，但不耐高温，一般在正常的罐藏条件下均不能生存，因此，导致罐头败坏的微生物主要是细菌。目前所采用的热杀菌理论和标准都是以杀死某类细菌为依据的。

不同的微生物具有不同的生长适宜的 pH 范围。pH 对细菌的重要作用是影响其对热的抵抗能力，pH 愈低，在一定温度下，降低细菌及芽孢的抗热力愈显著，也就提高了热杀菌

的效应。根据食品的酸性强弱，可分为酸性食品（pH4.5或以下）和低酸性食品（pH4.5以上）。在生产中对pH4.5以下的酸性食品（水果罐头、番茄罐头、酸泡菜和酸渍食品等），通常热杀菌温度不超过100℃；对pH4.5以上的低酸性食品（如大多数蔬菜罐头等），通常杀菌温度在100℃以上，这个界限的确定就是根据肉毒梭状芽孢杆菌在不同pH值下的适应情况而定的，低于此值，生长受到抑制不产生毒素，高于此值适宜生长并产生致命的外毒素。

根据微生物对温度的适应范围，细菌可分为嗜冷性细菌（10～20℃），嗜温性细菌（25～36.7℃）和嗜热性细菌（50～55℃）。故嗜温（热）性细菌对抽头的威胁很大，目前罐头的杀菌主要是杀死这类细菌及其芽孢。

2. 罐头杀菌条件的确定

罐头的杀菌不同于细菌学上的灭菌，不是杀死所有的微生物，前者是在罐藏条件下杀死引起食品败坏的微生物，即达到"商业无菌"状态，同时罐头在杀菌时也破坏了酶活性，从而保证了罐内食品在保质期内不发生腐败变质。

（1）杀菌对象的选择

各种罐头因原料的种类、来源、加工方法和卫生条件等不同，使罐头在杀菌前存在着不同种类的数量的微生物。一般杀菌对象菌选择最常见的耐热性最强的并有代表性的腐败菌或引起食品中毒的细菌。

罐头pH是选项定杀菌对象菌的重要因素。不同pH值的罐头中常见的腐败菌及其耐热性各不相同。一般来说，pH4.5以下的酸性罐头食品中，霉菌和酵母菌这类耐热性低的作为主要杀菌对象，在杀菌中比较容易控制和杀灭。而pH4.5以上的低酸性罐头食品，杀菌的主要对象是那些在无氧或微氧的条件下，仍然活动而且产生芽孢的厌氧性细菌，这类细菌的芽孢抗热力最强。目前在罐藏食品生产上以能产生毒素的肉毒梭状芽孢杆菌的芽孢作为杀菌对象。

（2）罐头食品杀菌条件的确定

合理的杀菌工艺条件是确保罐头质量的关键，而杀菌工艺条件主要是确定杀菌温度和时间。杀菌工艺条件制定的原则是在保证罐藏食品安全性的基础上，尽可能地缩短杀菌时间表，以减少热力对食品品质的影响。

杀菌温度的确定是以杀菌对象菌为依据，一般以杀菌对象的热力致死温度作为杀菌温度。杀菌时间的确定则受多种因素的影响，在综合考虑的基础上，通过计算确定。

杀菌条件确定后，通常用杀菌公式的形式来表示，即把杀菌温度、杀菌时间排列成公式的形式。一般杀菌公式为：

$$\frac{T_1 - T_2 - T_3}{t}$$

式中　T_1——升温时间，min；

　　　T_2——恒温时间（保持杀菌温度时间），min；

　　　T_3——降温时间，min；

　　　t——杀菌温度，℃。

3. 影响罐头杀菌效果的因素

影响罐头杀菌的因素很多，主要有微生物的种类和数量、食品的性质和化学成分、杀菌的温度、传热的方式和速度等。

（1）微生物的种类和数量

不同的微生物抗热能力有很大的差异，嗜热性细菌耐热性最强，芽孢又比营养体更加抗热。食品中所污染的细菌数量，尤其是芽孢数越多，同样的致死温度下所需的时间就越长。

食品中细菌数量的多少取决于原料的新鲜程度和杀菌前的污染程度。所以采用的原料要求新鲜清洁，从采收到加工应及时，各加工工序之间要紧密衔接，尤其是装罐以后到杀菌之间不能积压，否则，罐内微生物数量将大大增加而影响杀菌效果。同时要注意生产卫生管理、用水质量以及与食品接触的一切机械设备和器具的清洁与处理，使食品中的微生物减少到最低限度，否则都会影响罐头食品杀菌的效果。

（2）食品的性质和化学成分

①食品 pH：食品的酸度对微生物耐热性的影响很大，对于绝大多数产生芽孢的微生物在 pH 中性范围内耐热性最强，pH 升高或降低都会减弱微生物的耐热性。特别是偏向酸性，促使微生物耐热性减弱作用更明显。根据 Bigefow 等的研究，好氧菌的芽孢在 pH4.6 的酸性条件培养基中，121℃时 2min 就可杀死，而在 pH6.1 的培养基中则需要 9min 才能杀死。如肉毒杆菌芽孢在不同温度下致死时间的缩短幅度随 pH 的降低而增大。

由于食品的酸度对微生物及其芽孢的耐热性的影响十分显著，所以细菌或芽孢在低 pH 条件下是不耐热处理的，因而在低酸性食品中加酸，可以提高杀菌和保藏效果。

②食品中的化学成分：食品中的糖、淀粉、蛋白质、盐等对微生物的耐热性也有不同程度的影响。糖浓度越高，杀灭微生物芽孢所需的时间越长，浓度很低时，对芽孢耐热性的影响很小；淀粉、蛋白质能增强微生物的耐热性；高浓度的食盐对微生物的耐热性有削弱作用，低浓度的食盐对微生物的耐热性具有保护作用。

（3）传热的方式和传热速度

罐头杀菌时，热的传递主要是以热水或蒸汽为介质，故杀菌时必须使每个罐头都能直接与介质接触；其次是热量由罐头外表传至罐头中心的速度，对杀菌有很大影响，影响罐头传热速度的因素主要有罐藏容器的种类和形式、食品的种类和装罐状态、罐头的初温、杀菌锅的形式和罐头在杀菌锅中的状态等。

4. 罐头真空度及其影响因素

（1）罐头真空度

罐头食品经过排气、密封、杀菌和冷却后，使罐头内容物和顶隙中的空气收缩，水蒸气凝结成液体或通过真空封罐抽去顶隙空气，从而在顶隙形成部分真空状态。它是保持罐头食品品质的重要因素，常用真空度表示。罐头真空度是指罐外大气压与罐内气压之差，一般要求为 26.6～40kPa。

（2）影响罐头真空度的因素

①排气密封温度：加热排气时，加热时间越长，则真空度越高；罐头密封温度越高，则形成的真空度就越大。

②罐头顶隙大小：在一定范围内罐头顶隙越大，真空度就越大，但加热排气时，若排气不充分，则顶隙越大，真空度就越小。

③气温与气压：随着外界气温的上升，罐内残留气体膨胀，真空度降低。海拔越高则大气压越低，使罐内真空度下降，海拔每升高 100m，真空度就会下降 1066～1200Pa。

④杀菌温度：杀菌温度越高，则使部分物质分解而产生的气体就越多，真空度就越低。

⑤原料状况：各种原料均含有一定的空气，空气含量越多，则真空度就越低；原料的酸度越高，越有可能将罐头中的 H^+ 转换出来，从而降低真空度；原料新鲜度越差，越容易使原料分解产生各种气体，降低真空度。

二、果蔬罐藏容器

罐藏容器是罐头食品长期保存的重要条件。其材料要求无毒、与食品不发生化学反应、耐高温高压、耐腐蚀、能密封、质量轻、价廉易得、能适合工业化生产等。国内外罐头食品常用的容器主要有马口铁罐、玻璃罐和蒸煮袋。

1. 马口铁罐

马口铁罐由两面镀锡的低碳薄钢板（俗称马口铁）制成。一般由罐身、罐盖、罐底三部分焊接而成，常称为三片罐。马口铁罐具有质轻、传热快、避光、抗机械损伤等特点。有些罐头因原料 pH 较低，或含有较多花青素，或含有丰富的蛋白质，故需采用涂料马口铁，以防止食品成分与马口铁发生反应而引起败坏。

2. 玻璃罐

玻璃罐应呈透明状，无色或微带黄色，罐身应平整光滑，厚薄均匀，罐口圆而平整，底部平坦，具有良好的化学稳定性和热稳定性。玻璃罐的形式很多，但目前使用最多的是四旋罐，其次是卷封式的胜利罐。

3. 蒸煮袋

蒸煮袋是由一种耐高压杀菌的复合塑料薄膜制成的袋状罐藏包装容器，俗称软罐头。蒸煮袋的特点是质量轻、体积小、易开启、携带方便、热传快，可缩短杀菌时间，能较好地保持食品的色、香、味，可在常温下贮存，且质量稳定、取食方便。蒸煮袋包装材料一般是采用聚酯、铝箔、尼龙、聚烯烃等薄膜借助胶粘剂复合而成，具有良好的热封性能和耐化学性能，能耐高温，又符合食品卫生要求。

三、果蔬罐头生产工作程序

果蔬罐头生产的程序一般是原料处理→填充液配制→装罐→排气密封→杀菌→冷却，经过该流程形成了密封、真空、商业无菌这 3 个果蔬罐藏条件。

1. 空罐准备

罐藏容器使用前必须进行清洗和消毒，以清除在运输和存放中附着的灰尘、微生物、油脂等污物，保证容器卫生，提高杀菌效率。

马口铁罐一般先用热水冲洗，然后用 100℃ 沸水或蒸汽消毒 30～60min，倒置沥干水分备用。罐盖也进行同样处理，或用 75% 酒精消毒。玻璃罐应先用清水（或热水）浸泡，然后用带毛刷的洗瓶机刷洗，再用清水或高压水喷洗，倒置沥干水分备用。对于回收、污染严重的容器还要用 2%～3% NaOH 液加热浸泡 5～10min，或者用洗涤剂或漂白粉清洗。洗净消毒后的空罐要及时使用，不宜长期搁置，以免生锈或重新污染微生物。

2. 原料处理

原料的分级挑选及预处理一般要求原料具备优良的色、香、味，糖、酸比例适当，粗纤维少，无异味，大小适当，形状整齐，耐高温等。

原料的预处理主要包括清洗、选别、分级、去皮、切分、漂烫等。

3. 填充液配制

果蔬罐藏时除了液态（果汁、菜汁）和粘稠态食品（如番茄酱、果酱等）外，一般都要向罐内加注填充液，称为罐液或汤汁。果品罐头的罐液一般是糖液，蔬菜罐头多为盐水。

加注填充液能填补罐内除果蔬以外所留下的空隙，目的在于增进风味，排除空气，以减少加热杀菌时的膨胀压力，防止封罐后容器变形，减少氧化对内容物带来的不良影响，同时能起到保持罐头初温、加强热的传递，提高杀菌效果的作用。

①糖液配制：糖液的浓度，依水果种类、品种、成熟度、果肉装量及产品质量标准而定。

我国目前生产的糖水果品罐头，一般要求开罐糖度为 14% ~ 18% 。每种水果罐头加注糖液的浓度，可根据下式计算：

$$Y = \frac{W_3 Z - W_1 X}{W_2}$$

式中　W_1——每罐装入果肉质量，g；

W_2——每罐注入糖液质量，g；

W_3——每罐净重，g；

　X——装罐时果肉可溶性固形物的含量,%（质量分数）；

　Z——要求开罐时的糖液浓度,%（质量分数）；

　Y——需配制的糖液浓度,%（质量分数）。

一般糖液浓度在65%以上，装罐时再根据所需浓度用水或稀糖液稀释。另外，对于大部分糖水水果罐头而言，都要求糖液维持一定的温度（65 ~ 85℃），以提高罐头的初温，确保后续工序的效果。

②盐液配制：所用食盐应选用精盐，食盐中氯化钠含量在98%以上。配制时常用直接法按要求称取食盐，加水煮沸过滤即可。一般蔬菜罐头所用盐水浓度为1% ~ 4% 。

对于配制好的糖液或盐液，可根据产品规格要求，添加少量的酸或其他配料，以改进产品风味和提高杀菌效果。

4. 装罐

装罐要求趁热装罐，以减少微生物的再污染，同时可提高罐头中心温度，以利于杀菌。装罐量依产品种类和罐型大小而异。一般要求每罐的固形物含量为 45% ~ 65% ，误差为3% 。在装罐前首先进行分选，以保证内容物在罐内的一致性，使同一罐内原料的成熟度、大小、色泽、形态基本均匀一致，搭配合理，排列整齐。

装罐时应保留一定的顶隙，即指罐制品内容物表面和罐盖之间所留空隙的距离，一般要求为4 ~ 8mm，罐内顶隙的大小直接影响到食品的装罐量、卷边的密封、罐头真空度以及产品的腐败变质。此外，装罐时还应注意卫生，严格操作，防止杂物混入罐内，保证罐头质量。

由于果蔬原料及成品形态不一，大小、排列方式各异，大多采用人工装罐，对于流体或半流体制品，也可用机械装罐。

5. 排气

排气是指食品装罐后，密封前将罐内顶隙间的、装罐时带入和原料组织内的空气排除罐外的工艺措施，从而使密封后罐制品顶隙内形成部分真空的过程。

排气的目的在于防止或减轻因加热杀菌时内容物的膨胀而使容器变形,影响罐制品卷边和缝线的密封性,防止玻璃罐的跳盖;减轻罐内食品色、香、味的不良变化和营养物质的损失;阻止好氧性微生物的生长繁殖;减轻马口铁罐内壁的腐蚀。影响排气效果的因素主要有排气温度和时间、罐内顶隙的大小、原料种类及新鲜度、酸度等。具体的方法有热力排气、真空密封排气和蒸汽喷射排气。

①热力排气:利用空气、水蒸气和食品受热膨胀冷却收缩的原理将罐内空气排除,常用方法有热装罐排气和加热排气。热装罐排气就是先将食品加热到一定温度(75℃以上),后立即趁热装罐密封,主要适用于流体、半流体或组织形态不会因加热而改变的原料。加热排气是将装罐后的食品送入排气箱,在一定温度的排气箱内经一定时间的排气,使罐头的中心温度达到要求温度(一般在80℃左右)。加热排气的设备有链带式排气箱和齿盘式排气箱。

②真空密封排气:借助于真空封罐机将罐头置于真空封罐机的真空室内,在抽气的同时进行密封的排气方法。此法排气的效果主要取决于真空封罐机室内的真空度和罐头的密封温度,室内的真空度高和罐头密封温度高,则所形成的罐头真空度就高。

③蒸汽喷射排气:在罐制品密封前的瞬间,向罐内顶隙部位喷射蒸汽,由蒸汽将顶隙内的空气排除,并立即密封,顶隙内蒸汽冷凝后就形成部分真空。

6. 密封

罐制品之所以能长期保存不坏,除了充分杀灭能在罐内环境生长的腐败菌和致病菌外,主要是依靠罐藏容器的密封,使罐内食品与罐外环境完全隔绝,不再受到外界空气及微生物污染而引起腐败。

①金属罐的密封:金属罐的密封是指罐身的翻边和罐盖的圆边进行卷封,使罐身和罐盖相互卷合,压紧而形成紧密重叠的卷边的过程,所形成的卷边称为二重卷边。通常采用专门的封口机来完成。

②玻璃罐的密封:玻璃罐的密封不同于金属罐,其罐身是玻璃,而罐盖是金属,一般为镀锡薄钢板制成。它的密封是通过镀锡薄钢板和密封圈紧压在玻璃罐口而形成密封的,由于罐口边缘与罐盖的形式不同,其密封方法也不同,目前主要有卷封式和旋开式。

③蒸煮袋的密封:蒸煮袋,又称复合塑料薄膜袋,一般采用真空包装机进行热熔密封,它主要是依靠蒸煮袋内层的薄膜在加热时被熔合在一起而达到密封的目的。热熔强度取决于蒸煮袋的材料性能以及热熔时的温度、时间和压力。常用的方法有电加热密封和脉冲密封。

7. 杀菌

罐制品密封后,应立即进行杀菌。常用杀菌方法有常压杀菌和高压杀菌。

①常压杀菌:适用于 pH 在 4.5 以下(酸性或高酸性)的水果类、果汁类和酸渍菜类等罐制品。常用的杀菌温度为 100℃或 100℃以下,杀菌介质为热水或热蒸汽。

②加压杀菌:加压杀菌在完全密封的加压杀菌器中进行,靠加压升温进行杀菌,适用于 pH 大于 4.5(低酸性)的大部分蔬菜罐制品。常用的杀菌温度为 115~121℃。在加压杀菌中,依传热介质不同分为高压蒸汽杀菌和高压水杀菌,一般采用高压蒸汽杀菌。

8. 冷却

杀菌完毕后,应迅速冷却,如冷却不及时,就会造成内容物色泽、风味的劣变,组织软烂,甚至失去食用价值。冷却分为常压冷却和反压冷却。

①常压冷却:常压杀菌的铁罐制品,杀菌结束后可直接将罐制品取出放入冷却水池中进

行常压冷却；玻璃罐制品则采用三段式冷却，每段水温相差20℃。

②反压冷却：加压杀菌的罐制品须采用反压冷却，即向杀菌锅内注入高压冷水或高压空气，以水或空气的压力代替热蒸汽的压力，既能逐渐降低杀菌锅内的温度，又能使其内部的压力保持均衡的消降。

一般罐头冷却至38～43℃即可，然后用热风吹干或者用干净的手巾擦干罐表面的水分，以免罐外生锈。

四、果蔬罐头生产中常见质量问题及控制措施

罐头生产过程中由于果蔬原料处理不当、加工不够合理、操作不慎、成品贮藏条件不适宜等，往往能使罐制品发生败坏。

1. 胀罐

合格的罐头其底盖中心部位略平或呈凹陷状态。当罐头内部的压力大于外界空气压力时，造成罐头底盖鼓胀，形成胀罐或胖听。从胀罐的成因，可分物理性胀罐、化学性胀罐、细菌性胀罐三种。

（1）物理性胀罐

罐头内果蔬产品装的太满，顶隙过小；加压杀菌后，降压过快，冷却过速；排气不足或贮藏环境变化等。

控制措施：严格控制装罐量；注意装罐时，顶隙大小要适宜，控制在4～8mm；提高排气时罐内中心温度，排气要充分，封罐后能形成较高的真空度；加压杀菌后降压冷却速度不能过快；控制罐头适宜的贮藏环境。

（2）化学性胀罐（氢胀罐）

高酸性果蔬罐头中的有机酸与罐藏容器（马口铁罐）内壁起化学反应，产生氢气，导致内压增大而引起胀罐。

控制措施：防止空罐内壁受机械损伤，以防出现露铁现象；空罐宜采用涂层完好的抗酸性涂料钢板制罐，以提高罐藏容器对酸的抗腐蚀性能。

（3）细菌性胀罐

由于杀菌不彻底或密封不严，细菌重新侵入而分解内容物，产生气体，使罐内压力增大而造成胀罐。

控制措施：果蔬原料充分清洗或消毒，严格注意过程中的卫生管理，防止原料及半成品的污染；在保证罐头质量的前提下，对原料的热处理必须充分，以杀灭产毒致病的微生物；在预煮水或填充液中加入适量的有机酸，以降低罐内的pH，提高杀菌效果；严格封罐质量，防止密封不严；严格杀菌环节，保证杀菌质量。

2. 罐藏容器腐蚀

影响罐藏容器腐蚀的主要因素有氧气、酸、硫及硫化合物及环境的相对湿度等。氧气是金属强烈的氧化剂，罐头内残留氧的含量，对罐藏容器内壁腐蚀起决定性作用，氧气量愈多，腐蚀作用愈强；含酸量愈多，腐蚀性愈强；当硫及硫化物混入罐制品中，易引起罐内壁的硫化斑；贮藏环境相对湿度过高，易造成罐外壁生锈、腐蚀等。

控制措施：排气要充分，适当提高罐内真空度；注入罐内的填充液要煮沸，以除去填充液中的SO_2；对于含酸或含硫高的果蔬产品，容器内壁一定要采用抗酸或抗硫涂料；贮藏环

境相对湿度不能过大，保持在 70% ~75% 为宜。

3. 罐藏果蔬的变色与变味

由于果蔬原料的化学成分之间或与罐内残留的氧气、包装的金属容器等作用而造成变色现象。如桃、杨梅等果实中花青素遇铁呈紫色，甚至使杨梅褪色；绿色蔬菜的叶绿素变色；桃罐头中酚类物质氧化变色等。在果蔬罐头加工过程中，因处理不当还会产生煮熟味、铁腥味、苦涩味及酸味等异味。

控制措施：选用含花青素及单宁低的果蔬加工成果蔬罐头；加工过程中注意护色处理；采用适宜的温度和时间进行热烫处理，破坏酶活性，排除原料组织中的空气；防止原料与铁、铜等金属器具相接触；充分杀菌，以防止平酸菌引起的酸败等。

4. 罐内汁液的混浊与沉淀

由于果蔬原料成熟度过高，热处理过度；加工用水中钙、镁等离子含量过高，水的硬度大；贮藏不当造成内容物冻结，解冻后内容物松散、破碎；杀菌不彻底或密封不严，微生物生长繁殖等。

控制措施：加工用水进行软化处理；控制温度不能过低；严格控制加工过程中的杀菌、密封等工艺条件；保证果蔬原料适宜的成熟度等。

五、果蔬罐头生产中常用设备及其使用

罐头生产所需的设备主要有：封罐机、杀菌锅、加料泵、压缩乳、贴标机等。生产所需的检测仪器主要有二重卷边质量检测仪、毗计、pH 计以及理化检验、细菌检验等设施。

1. 分级设备

（1）滚筒式分级机　该机工作转速较低，工作时平稳，对物料损伤小，生产效率高，适用于专业厂固定生产。不足之处是占地面积大，滚筒筛面利用率低，滚筒的筛孔容易堵塞。蘑菇可采用此分级设备。

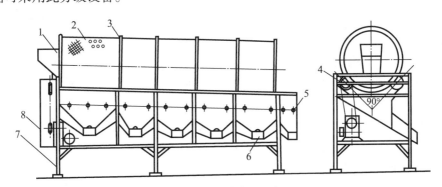

图 5—1　滚筒式分级机

1—进料斗；2—滚筒；3—摩擦轮；4—铰链；6—收集料斗；7—机架；8—传动系统

（2）振动式分级机　其筛体是多层装置，每层根据物料规格调剂孔径，自上而下按级缩小孔径，各层物料进入各自的收集斗中。此机适用于一般蔬菜的分级。

（3）三辊筒式分级机　这种设备适用于球形或近似球形的物料分级。分级更为准确，效率高、物料损失少。但结构、使用和维修比较复杂，造价高。

2. 预煮设备

预煮又称热烫、软化，是果蔬生产的一道常用工序。通过预煮可以破坏果蔬中氧化酶系

统，减轻加工过程中的果蔬褐变；破坏原料组织中的原生质，提高果蔬出汁率；杀灭原料表面的微生物，提高原料在加工过程中的新鲜程度，由于原料种类和性质不同，预煮的温度和时间也不同，使用预煮机械和设备时，必须严格按加工工艺要求操作。

（1）夹层锅

夹层锅又称二重锅，是一般食品厂的常用设备，通用性能好，除作预热外，还可作为化糖、调配和浓缩用。常用的有可倾斜夹层锅和固定式夹层锅两种。

（2）螺旋连续预煮机

如图5—2所示，螺旋式预煮机采用水加热方式，物料从进料口落入浸没在水中的筛网圆筒中，在筛筒中心螺旋的推动下向前运动。蒸汽从蒸汽管通过电磁阀分几路在壳体底部进入。预煮机中直接加热水保持水温为95～100℃，物料在前进中得到预煮。预煮时间可靠调节螺旋转速来控制。

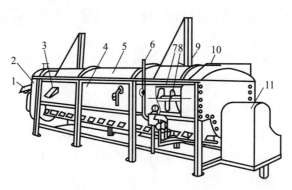

图5—2　螺旋式连续预煮机

1—斜槽；2—卸料机构；3—溢水口；4—壳体；5—上盖；6—蒸汽管；7—筛网；
8—螺旋推运器；9—卷扬机；10—进料口；11—传动装置

3. 去皮设备

水果去皮机一般采用碱液去皮机，碱液去皮机广泛应用在桃、梨等水果的去皮，它是利用热碱的作用使水果的皮与肉分离，切半去核后的桃子将切面朝下放在输送带上，在淋碱段喷淋热的稀碱液5～10s，在经过15～20s的时间让其腐蚀，然后用高压冷水喷射进行冷却和去皮。梨则需将整个果实浸泡在碱液中，然后用水冲洗，将皮除去。成熟度不高时，去皮较困难，这时还需增加短暂的高压蒸汽处理过程，最后用冷水冲洗将皮除去。

碱液去皮机的主体是一台链带输送机，在其上方设置了淋碱段，腐蚀段和冲洗去皮段，为使加热和碱液循环使用，系统配有碱液循环系统。该机的优点是排除碱液蒸汽和隔离碱液的效果好，去皮效率高，机构紧凑，调速方便；缺点是需人工加料、劳动强度大。

4. 抽空设备

抽空装置主要由真空泵、气液分离器、抽空锅组成。将原料放入90kPa以上的真空室内完成抽空。

5. 预封设备

常用预封机有手扳式、J型、阿斯托利亚型等。手扳式结构简单，生产效率低，每分钟

20~25 罐；J 型的生产效率每分钟 70~80 罐；阿斯托利亚型每分钟 100 罐，超过此数量会造成汤汁外溢。为保证汤汁不外溢，最好用滚轮式封罐机。

6. 排气设备

罐头排气有热力排气和真空排气两种方法。

（1）简易排气箱　适合小型加工厂使用。将预封的罐头放入排气箱，通过蒸汽加热来完成排气。

（2）链带式排气箱　也是用蒸汽加热来完成排气的设备。此设备主要用多条链带输送罐头半成品在箱内沿导轨往返多次来完成排气过程。

（3）真空排气机　在真空环境进行排气封口。排气时间短，主要排除顶隙内的空气。要求原料和罐液必须事先在真空室内抽空。

7. 封罐设备

常用的密封机有半自动封罐机、自动封罐机和真空自动封罐机。半自动封罐机用人工加盖并压紧后再用封罐机封罐。自动封罐机具有直接链带式进罐装置、自动分盖进盖、无盖不进盖的自动装置以及自动打号装置、自动加温润滑系统和自动停车装置。真空自动封罐机：罐头进入密封室内，由连接在真空泵的管道把罐头内的空气抽出后密封。如 GT4B2 型真空自动封罐机是罐头机械定型产品，适于圆型罐头的真空密封。

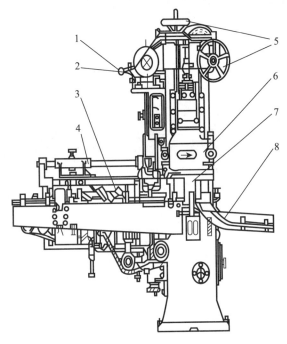

图 5—3　全自动真空封罐机

1—离器合手柄；2—电动机；3—分罐螺旋；4—自动配盖；5—手轮；
6—卷边机头；7—星形拨盘；8—卸罐槽

玻璃瓶罐因罐口边缘造型不同罐盖形式不同，其密封方法和设备也不同。

8. 杀菌设备

杀菌锅是其中最重要的设备之一，生产中常见的杀菌锅土要有以下几种。

（1）立式杀菌锅　立式杀菌锅可用作常压或加压杀菌，在品种少、批量小时很实用，目前中小型罐头厂还比较普遍使用。与立式杀菌锅配套的设备有杀菌篮、电动葫芦、空气压缩机及检测仪表等。

（2）卧式杀菌锅　卧式杀菌锅容量一般比立式的大，同时必用电动葫芦。但一般不适用于常压杀菌，只能作高压杀菌。

（3）回转式杀菌设备　回转式杀菌设备属于高温短时杀菌设簟。这种设备能使罐头在杀菌过程中处于回转状态，杀菌的全过程程序控制，杀菌过程的主要参数，如压力、温度和回转速度等自动调节和记录。但这种设备不能连续进罐和出罐。

（4）喷淋连续杀菌机　采用循环热水杀菌、循环温水预冷，冷却水喷淋冷却三段处理；具有杀菌温度自动控制、杀菌时间可调等优点。

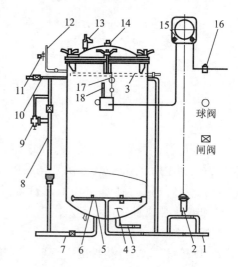

图5—4　立式高压蒸汽杀菌锅

1—蒸汽管；2—薄膜阀；3—进水管；
4—进水缓冲板；5—蒸汽喷射管；6—杀菌篮支撑架；
7—排水管；8—溢水管；9—保险阀；10—排气管；
11—减压阀；12—压缩空气管；13—安全阀；
14—泄气阀；15—调节器；16—空气减压过滤器；
17—压力表；18—温度计

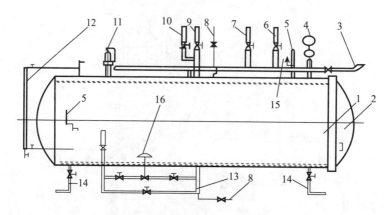

图5—5　卧式高压蒸汽杀菌釜

1—釜体；2—釜门；3—溢水管；4—压力表；5—温度计；6—回水管；7—排气管；8—压缩空气管；9—冷水管；
10—热水管；11—安全阀；12—水位表；13—蒸汽管；14—排水管；15—泄气阀；16—薄膜阀

任务2　糖水橘子罐头加工技术

一、糖水橘子罐头原材料准备

橘子、白砂糖、柠檬酸、盐酸、氢氧化钠、玻璃罐、高压杀菌锅或沸水杀菌锅、不锈钢锅或夹层锅、天平称、测糖仪、温度计等。

二、糖水橘子罐头工艺流程

原料选择 → 选果分级 → 去皮分瓣 → 去囊衣 → 整理 → 分选装罐 → 加糖水 →

排气密封 → 杀菌冷却 → 检验 → 入库贮存

三、糖水橘子罐头操作规程

编号	工序名称	操作规程
1	原料选择	果实扁圆，直径46～60mm；果肉橙红色，囊瓣大小均一，呈肾脏形，不要呈弯月形，无种子或少核，囊衣薄；果肉组织紧密、细嫩、香味浓、风味好，糖含量高，可溶性固形物在10%左右，含酸量为0.8%～1%，糖酸比适度（12:1），不苦；易去皮；八九成熟时采收
2	选果分级	原料进厂后应在24h内投产，若不能及时加工，可按短期或长期贮藏所要求的条件进行贮存。加工时应首先除去畸形、干瘪、霉烂、重伤、裂口的果子，再按大、中、小分为三级
3	去皮分瓣	将分级后的果子分批投入沸水中热烫1～2min，取出趁热进行人工去皮、去络、分瓣处理，处理时再进一步选出畸形、疆瓣、干瘪及破伤的果瓣，最后再按大、中、小分级
4	去囊衣	去囊衣是橘子罐头生产中的一个关键工序，它与产品汤汁的清晰程度、白色沉淀产生情况及橘瓣背部砂囊柄处白点形成直接相关。目前常用酸碱处理法去囊衣，即先用酸处理，再用碱处理脱去囊衣。去囊衣时，橘瓣与酸碱的体积比值为1:（1.2～1.5），橘瓣应淹没在处理液中。脱囊衣的程度一般由肉眼观察；全脱囊衣要求能观察到大部分囊衣脱落，不包角，橘瓣不起毛，砂囊不松散，软硬适度。半脱囊衣以背部外层囊衣基本除去，橘瓣软硬适度、不软烂、不破裂、不粗糙为度。酸碱处理后要及时用清水浸泡橘瓣，碱处理后需在流动水中漂洗1～2h后才能装罐
5	整理	全脱囊衣橘瓣整理是用镊子逐瓣去除橘瓣中心部残留的囊衣、橘络和橘核等，用清水漂洗后再放在盘中进行透视检查。半脱囊衣橘瓣的整理是用弧形剪剪去果心、挑出橘核后，装入盘中再进行透视检查
6	分选装罐	透视后，橘瓣按瓣形完整程度、色泽、大小等分级别装罐，力求使同一罐内的橘瓣大致相同。装罐量按产品质量标准要求进行计算
7	配糖水	橘瓣分选装罐后加入所配糖水。糖水浓度为质量分数，糖水的浓度及用量应根据原料的糖分含量及成品的一般要求（14%～18%的糖度标准）来确定，一般含量为40%
8	排气密封	中心温度65～70℃
9	杀菌冷却	净重为500g的罐头的杀菌式为：8′—10′—15′/100℃分段冷却
10	检验	杀菌后的罐头应迅速冷却到38～40℃，然后送入25～28℃的保温库中保温检验5～7d，保温期间定期进行观察检查，并抽样做细菌和理化指标的检验
11	入库贮存	成品贮存于常温库中

四、糖水橘子罐头质量标准

项目	质 量 标 准
感官指标	①外观：橘肉表面具有与原果肉近似之光泽，色泽较一致，糖水较透明，允许有轻微的白色沉淀及少量橘肉与囊衣碎屑存在；②滋味气味：具有本品种糖水橘子罐头应有的风味，甜酸适口，无异味；③组织形态：全脱囊衣橘片的橘络、种子、囊衣去净，组织软硬适度，橘片形态完整，大小大致均匀，破碎率以质量计不超过固形物的10%；半脱囊衣橘片囊衣去得适度，食之无硬渣感，剪口整齐，形态饱满完整，大小大致均匀，破碎率以质量计不超过固形物的30%（每片破碎在1/3以上按破碎论）；④杂质：不允许存在
净重	每罐允许公差为±5%，但每批平均不低于净重
固形物含量及糖度	果肉含量不低于净重的50%，开罐时糖水浓度（按折光计）为12%～16%
重金属含量	每千克制品中锡不超过100mg，铜不超过5mg，铅不超过1mg
微生物指标	符合罐头商业无菌要求

任务3 糖水菠萝罐头加工技术

一、糖水菠萝罐头原材料准备

菠萝、白糖、柠檬酸、杀菌锅、排气箱（锅）、铝锅、手持折光仪、温度计、粗天平、台秤、罐头瓶及罐盖、封罐机等。

二、糖水菠萝罐头工艺流程

原料选择 → 清洗 → 分级 → 切端 → 去皮1 → 捅心 → 修整 → 切片 → 去皮与分选2 → 预抽装罐 → 排气密封 → 杀菌冷却

三、糖水菠萝罐头操作规程

编号	工序名称	操 作 规 程
1	原料选择	选择果形大、芽眼浅、果心小、纤维少的圆柱形果作原料。除去病虫、伤残、干瘪果
2	清洗分级	用清水将果面的泥沙和杂物冲洗干净，再按果径大小分级 ①一级：横径85～94mm，去皮刀筒口径62mm，捅心筒口径18～20mm ②二级：横径95～108mm，去皮刀筒口径70mm，捅心筒口径22～24mm ③三级：横径109～120mm，去皮刀筒口径80mm，捅心筒口径24～26mm ④四级：横径121～134mm，去皮刀筒口径94mm，捅心筒口径28～30mm

编号	工序名称	操　作　规　程
3	切端去皮捅心	采用菠萝联合加工机进行
4	修整切片	削去残皮烂疤，修去果目，用清水淋洗一次，用单片切片机将果肉切成10～16mm厚的环形片。对不合格的果片或断片可切成扇形或碎块，但不能有果目、斑点或机械伤
5	预抽装罐	将果片放入预抽罐内，加入1.2倍的50℃左右的糖水，在80kPa下抽空25min；有条件的可用真空加汁机抽空，效果更佳。968罐型装菠萝片280g，加入用柠檬酸将pH调至4.3以下的糖水174g。玻璃罐装果片320g，加糖水180g
6	排气密封	热排密封，温度98℃左右，罐中心温度不低于75℃。真空密封的真空度应在53.3kPa以上
7	杀菌冷却	杀菌公式，968罐型为3′～18′/100℃，玻璃瓶为5～25′/100℃。杀菌后立即分段冷却至38℃
8	入库贮存	成品贮存于常温库中

四、糖水菠萝罐头质量标准

项目	质　量　标　准
感官指标	果肉淡黄至金黄色，色泽一致，糖水透明，允许有少量不引起混浊的果肉碎片，果肉酸甜适宜，无异味；果片完整，软硬适中，切削良好，无伤疤和病虫斑点
固形物重	果肉重不低于净重的54%
糖水浓度	按折光计为14～18%
微生物指标	符合罐头商业无菌要求

任务4　盐水蘑菇罐头加工技术

一、盐水蘑菇罐头原材料准备

新鲜蘑菇、食盐、洗涤槽、夹层锅、排气封罐设备、杀菌锅、锅炉等。

二、盐水蘑菇罐头工艺流程

原料验收 → 护色 → 预煮 → 冷却 → 分级 → 装罐 → 排气 → 密封 → 杀菌 → 冷却 →
入库贮存

三、盐水蘑菇罐头操作规程

编号	工序名称	操 作 规 程
1	原料验收	原料呈白色或淡黄色，菌盖完好，无机械伤和病虫害的蘑菇。菌盖直径18～40mm，菌柄切口良好，不带泥根。无空心，柄长不超过15mm。菌盖直径不超过30mm以下，菌柄长度不超过直径的1/2。片状用蘑菇菌盖直径不超过45mm，碎片用蘑菇菌盖不超过60mm
2	护色	将挑选的鲜菇，立即用护色液0.03%～0.05%的硫代硫酸钠或亚硫酸氢钠护色，若护色液挥发可另换新液，使蘑菇全部淹没在护色液中，护色2～3min，然后倒去护色液，用流动清水漂洗1～2h，以除去药物，水变清为止。原料进行长途运输时，要放入装有0.6%食盐或0.003%亚硫酸氢钠的护色液桶内进行运输，并需注明已护色的时间，以补充护色液的不足，护色所用的工具要求清洁，在运输中用薄膜盖好，不使蘑菇暴露在空气中，防止杂质落入。经护色的蘑菇应是洁白、无异味、无杂质、无烂脚蘑菇
3	预煮	取清水煮沸，按水重量的0.07%～0.1%放入柠檬酸及蘑菇，当水再次沸腾计时8min左右，以蘑菇开始过心为止，并及时打去水面上的泡沫，捞出即时放入流动水槽中，蘑菇成淡黄色
4	冷却	用水冷却30min
5	拣选修整分级	按照整菇、片菇的质量要求进行拣选，首先选出整菇，余下做片菇或碎菇。对不符合要求或有异味、变质、色泽不正常、菌褶发黑者不能做装罐用。对于泥根、菇柄过长、起毛、斑点应进行修整去掉
6	配汤汁	加入2.3%～2.5%沸盐水和0.05%～0.1%柠檬酸，加汁时温度在80℃以上
7	装罐	应分为整、片、碎3种规格装罐。①整菇：色淡黄、具弹性、菌盖形态完整，修削良好，同罐中色泽、大小、菇柄长短大致均匀。②片菇：同一罐内厚薄一致。③碎菇：不规则的碎块
8	排气及密封	真空度为46.7～53.3kPa，抽空时罐内中心温度80℃以上
9	杀菌及冷却	在121℃的高温高压条件下，根据罐体积大小，进行不同时间的杀菌，净重198g的杀菌时间为20min；净重850g杀菌时间30min；净重2840g、2977g、3062g的罐头杀菌时间为40min。冷却采用反压冷却，冷却至37℃左右
10	入库贮存	成品贮存于常温库中

四、盐水蘑菇罐头质量标准

项　目	质　量　标　准
感官指标	蘑菇呈淡黄色，汁液较清晰，无杂质；具有蘑菇应有的鲜美滋味和气味，无异味；略有弹性，不松软；菌伞形态完整，无严重畸形，大小大致均匀，允许少部分蘑菇有小裂口或小的修整，菇柄长短大致均匀
固形物重	不低于净重的55%
氯化钠含量	0.8%～1.5%
卫生指标	砷（以As计）≤0.5mg/kg；汞（以Hg计）≤0.1mg/kg；铅（以Pb计）≤1.0mg/kg；镉（以Cd计）≤0.5mg/kg
微生物指标	符合罐头商业无菌要求

【知识拓展】　食品软罐头加工技术

软罐头食品，或称蒸煮袋食品，国外称其为"第二代罐头"。软罐头食品最早是在50年代，由美国专为宇航员开发成功的，传入日本后很快获得发展。1968年日本大家食品公司首先生产出质量较高的蒸煮袋。此后，蒸煮袋在世界各国得到迅速发展，并在罐头食品的生产中，部分代替了金属罐。传统软罐头生产在国内一直采用加压加热高温杀菌的工艺，软包装生产新技术有欧洲和美国的真空包装——巴氏杀菌工艺和日本的气体置换包装——阶段杀菌工艺（新含气调理杀菌工艺），用于水产食品软罐头生产。

1. 加压加热高温杀菌食品软罐头

（1）工艺流程

原料预处理→装袋→抽真空（或充入氮气）→热熔封口→杀菌→冷却→保温→检验→包装→贮藏。

（2）工艺要点

①装袋

装袋操作要点一是成品限位，软罐头食品成品厚度的增加会导致杀菌时间的不足，造成成品可能败坏。软罐头成品的总厚度最大不得超过15mm，太厚影响热传导，降低杀菌值。二是装袋量，装袋量与蒸煮袋容量要相适宜，装袋量太多，封口时容易造成污染。不要装大块形或带棱角和带骨的内容物，否则影响封口强度，甚至刺透复合薄膜，造成渗漏而导致内容物败坏。三是装袋时的真空度，装袋应保持一定的真空度，以防袋内食品氧化、颜色褐变、香味变异。

装袋时防止袋口污染很重要。如果在封口部分有汁液、水滴附着，热封时封口部分的内层产生蒸汽压，当封口外压力消除时，瞬时产生气泡而使封口部分膨胀，导致封口不密封。另外，油和纤维等如附在封口内层，则部分区域不能密封，在加压杀菌及加压冷却时，造成二次污染，容易造成渗漏败坏事故。

②热熔封口

软罐头食品的封口采用热熔密封的原理，即电加热及加压冷却使塑料薄膜之间熔融而密封，蒸煮袋最适封口温度 180~220℃，压力 0.3MPa，时间 1s，在此条件下封口强度 ≥7kg/20mm。目前国内外广泛采用电热加热密封法和脉冲封口法。热熔封口时，封口部分容易产生皱纹，防止产生皱纹的措施有：袋口平整，两面没有长短差别；封口机压模两面平整，并保持平行；内容物块形不能太大，装袋量不能太多，成品要严格按照总厚度的限位要求。

③加热杀菌

软罐头食品杀菌时升温阶段的系数须修正，在相同加工工艺条件下，软罐头的杀菌值比马口铁罐头和玻璃瓶大，因此可以用比同类罐头更短的杀菌时间而达到同样的杀菌效果。

软罐头加压加热高温杀菌装置可分为间歇式和连续式。热介质可以是饱和蒸汽、蒸汽—空气混合或热水。由于高温热水式杀菌的 F 值比水蒸汽式杀菌的 F 值平稳，故软罐头常用高温热水杀菌。由于软罐头质轻而易漂浮，且为了防止其厚度的变化而影响杀菌效果，须用特别的限位盘装载。

软罐头杀菌设备必须采用反压力杀菌，其反压力控制有两种方式。

a. 定压反压力控制杀菌　这种反压力控制方式是在杀菌升温阶段就开始通入压缩空气，使杀菌锅内压比杀菌温度所对应的饱和蒸汽压高 0.03~0.1MPa 的差压，此差压一直保持到冷却阶段结束。

b. 定差压反压力控制杀菌　定差压反压力控制杀菌是指杀菌锅内压与包装容器内压在杀菌过程中始终保持一定差压。如为了保持蒸煮盒的盒形，常在低真空度下加盖膜热封，盒内留有少量空气。含有空气的蒸煮盒若采用定压反压力杀菌，其内部空气在杀菌过程中会膨胀而导致包装盒破裂或变形。因此蒸煮盒杀菌设备装有定差压程序控制仪表，使杀菌过程锅内压力与盒内压力始终保持一定差压，保证包装不破裂或不变形。

2. 气体置换包装——阶段杀菌食品软罐头

气体置换包装——阶段杀菌在日本主要由小野食品兴业株式会社、小野食品机械株式会社及日本含气调理食品研究所研制，被称为新含气调理食品加工技术，是针对目前普遍使用的真空包装、高温高压灭菌等常规软罐头加工方法存在的不足而开发的一种软罐头食品加工新技术，同样适用于水产品。它是将食品原料经预处理后，装在高阻氧的透明软包装袋中，抽出空气，注入不活泼气体并密封，然后在多阶段升温、两阶段冷却的调理杀菌锅内进行温和式灭菌。经灭菌后的食品可在常温下保存和流通长达 6~12 个月，较完美地保存食品的品质和营养成分，食品原有的口感、外观和色香味几乎不会改变。这不仅解决了高温高压、真空包装工艺带来的品质劣化问题，而且也克服了冷冻、冷藏食品的货架期短、流通领域成本高等缺点。

新含气调理食品加工工艺流程可分为初加工、预处理、气体置换包装和调理灭菌四个步骤。

（1）初加工

包括原材料的筛选、清洗、去皮、切碎等。

（2）预处理

在预处理过程中，结合蒸、煮、炸、烤、煎、炒等必要的调味烹调，同时进行减菌化处理。减菌化处理时用紫外线照射、酒精喷雾等对鱼体表面进行减菌，并使用真空红外线干燥机（即 V-CID）使鱼组织细胞脱水、干燥。

一般每克原料中约有 $10^5~0^6$ 个细菌，经减菌化处理后可降至 $10~10^c$ 个。通过这样的预处理，可大大降低和缩短最后的调理灭菌温度和时间，而使食品的热损伤控制在最小限度。

（3）气体置换

包装将预处理后的原料及调味汁装入高阻隔性的包装袋或盒中，以不活泼气体（通常使用氮气）置换其中的空气，然后密封。可用的包装材料种类很多，其中，PET、氧化铝、Nylon、CPP 透明复合膜的耐热性和阻隔性俱佳，经 120℃、20min 灭菌后，透氧率仍低于 $3mL/（m^2 \cdot d）$。

气体的置换方式可分为三种：①先抽真空后，再注入氮气，置换率一般可达 99% 以上；②通过向容器内注入氮气而将空气排出，置换率一般为 95% ~ 98%；③在氮气的环境中包装。特殊品种使用二氧化碳和氮气的混合气体。由于在包装后袋内仍残留少量空气，在灭菌后，包装袋中的气体置换率会下降 2% ~ 3%。为使食品不发生氧化，氮气的置换率基本应维持在 95% 以上。另外，氮气的充气量一般限制在规定的最小值，防止食品在包装袋内滑动，也避免消费者误认为袋中气体是因食品腐败变质而产生的。

（4）调理灭菌

采用波浪状热水喷淋、均匀加热、多阶段升温、二阶段急速冷却方式，将包装好的食品在短时间内烹调、灭菌、冷却。多阶段升温工艺，是为了缩小食品表面与内部之间的温差。基本上第一阶段为预热期；第二阶段为调理入味期；第三阶段为灭菌期。每一阶段灭菌温度的高低和时间的长短，均取决于食品的种类和调理的要求。新含气调理法独特的杀菌方式主要体现在：采用了波浪状热水喷射方式，从设置在杀菌槽两侧的多喷嘴里喷射出扇形、带状、波浪形热水，均匀洒在杀菌物表面，形成均匀的杀菌温度。急速的升降温方式，使用最少的热量完全杀灭食品里的细菌，食品自然风味的损伤达到了最小限度。

根据日本的食品卫生法规定，灭菌后在 37℃ 的条件下保温 48h，每 1g 食品内的细菌数不得超过 300 个，即可达到商业无菌。新含气调理食品在较低的 F 值（一般为 4 以下）下杀菌，即可达到此要求，单纯从灭菌角度考虑，可在常温下保存一年。但货架期还受包装材料的透氧率、包装时气体置换率和食品含水率变化的限制。如果包装材料在 120℃ 的条件下加热 20min 后，透氧率不高于 $2 \sim 3mL/（d \cdot m^2）$，使用的氮气纯度为 99.9% 以上，气体置换率达到 95% 以上时，尝味期可以达到 6 个月。适合于气体置换包装——阶段杀菌加工的食品种类相当广泛。除水产类外，主要品种还有主食、肉类、禽蛋类、素食类、点心水果类、汤汁类，亦可用于加工盒饭，市场前景十分广阔。

3. 真空包装——巴氏杀菌

真正的巴氏杀菌技术出现在 1972 年的法国，这种技术首先用于火腿的加工。现代巴氏杀菌技术第一次大规模应用在 1985 年，在法国国家铁路公司运用。在 20 世纪 90 年代真空包装技术的应用已相当广泛。巴氏杀菌产品的优势有：巴氏杀菌产品在食用时仅须再加热，减少了食物烹调方面熟练劳动力的需要量。

此项技术并不局限于某一特定操作，而是一组操作的组合，如包含真空包装以及真空包装前、后的不同形式的热处理。在此称为真空包装——巴氏杀菌。此项技术分为三类：真空包装状态下加热；常规热处理后的真空包装；热充填包装。

（1）真空包装状态下加热

它指在密封的真空包装中对食品进行加热，主要用于含蛋白质较多的食物，如肉、鱼和家禽。其他种类的食物如蔬菜、豆类也可运用此技术，当蔬菜、米饭与香草、香辛料等混合在一起加工时，最适合使用此技术，因为芳香物质得到浓缩。真空包装状态下加热的使用一是因为包装于密封袋中的食物用水和蒸汽加热比用传统的焙烤等方法更有效，二是用于密封包装的软质或硬质膜几乎使袋内环境与外界环境完全阻隔，采用巴氏杀菌即可解决产品中的微生物污染问题，在冷藏温度下有较长的保质期。

（2）常规热处理后的真空包装

常规热处理后的真空包装是对完全煮熟的制品进行真空封装。真空封装后，制品经巴氏杀菌。整个工序步骤与真空包装状态下加热的工序相同。但两种方式在真空包装前的热处理程度不同。此工序在真空包装前制品完全煮熟，真空包装后进行巴氏杀菌以防腐败，延长了冷藏温度下的保质期。此法多用于汤、酱料、炖料等制品。

（3）热充填包装

第三类巴士杀菌制品是将煮熟后的制品趁热充填然后进行真空包装，迅速冷却，如其他两类。此法一般用于液态制品。热充填与常规热处理后的真空包装效果相同，其冷藏制品的货架期可延长。

巴士杀菌制品在冷藏温度下的货架期一般为21d。同时由于制品所接受的热处理程度、pH、水分活度、NaCl浓度不同，以及抑菌组分或添加剂的存在与否都不同程度地决定了巴士杀菌制品在冷藏温度下的保存期。

 复习与思考

1. 影响果蔬罐头杀菌的因素有哪些？
2. 什么是罐头真空度？简述影响罐头真空度的因素？
3. 如何选择罐头杀菌对象并确定其杀菌工艺条件？
4. 常用的罐藏容器有哪些？各类容器的特点如何？
5. 列举说明典型果蔬罐头的工艺流程及操作要点。

项目六 果蔬制汁加工技术

【知识目标】

1. 了解《饮料通则》对果蔬汁饮料的分类及技术要求
2. 熟悉和理解果蔬汁生产关键技术的基本原理
3. 熟悉果蔬制汁常用设备及其使用

【技能目标】

1. 掌握果蔬汁生产工作程序
2. 掌握不同类型果蔬汁的生产关键技术
3. 熟练掌握典型果蔬汁生产技术及质量要求

任务1 果蔬制汁相关知识

果蔬汁于19世纪末以小包装原汁出现，1920年才开始大量生产。随着果蔬汁生产和保藏技术的进步，果蔬汁工业化也随之兴起。果蔬汁不仅具有美丽的色泽，而且含有新鲜水果、蔬菜中的多种维生素、矿物质和膳食纤维，风味与营养十分接近新鲜果蔬，故果蔬汁是一种良好的健康饮料。但蔬菜汁较水果原汁消费相比，蔬菜原汁消费微乎其微。近年来，人们对蔬菜原汁越来越重视，发展速度较快。目前，果蔬汁的发展方向已由原来的澄清果蔬汁向混浊果蔬汁发展，一般果蔬汁向浓缩果蔬汁等天然果蔬汁发展。

一、果蔬汁的分类

1. 关于果蔬汁的分类及定义

现行国家标准GB 10789—2007《饮料通则》按原料或产品性状将饮料分为11类，其中果汁和蔬菜汁类定义为：用水果和（或）蔬菜（包括可食的根、茎、叶、花、果实）等为原料，经加工或发酵制成的饮料。

根据《饮料通则》果汁和蔬菜汁类饮料分为九种类型，其名称、定义分别介绍如下。

（1）果汁（浆）和蔬菜汁（浆）

采用物理方法，将水果或蔬菜加工制成可发酵但未发酵的汁（浆）液；或在浓缩果汁（浆）或浓缩蔬菜汁（浆）中加入果汁（浆）或蔬菜汁（浆）浓缩时失去的等量的水，复原而成的制品。可以使用食糖、酸味剂或食盐，调整果汁、蔬菜汁的风味，但不得同时使用食糖和酸味剂，调整果汁的风味。

（2）浓缩果汁（浆）和浓缩蔬菜汁（浆）

采用物理方法从果汁（浆）或蔬菜汁（浆）中除去一定比例的水分，加水复原后具有果汁（浆）或蔬菜汁（浆）应有特征的制品。

（3）果汁饮料和蔬菜汁饮料

果汁饮料（fruit juice beverage） 在果汁（浆）或浓缩果汁（浆）中加入水、食糖和（或）甜味剂、酸味剂等调制而成的饮料，可加入柑橘类的囊胞（或其他水果经切细的果肉）等果粒。

蔬菜汁饮料（vegetable juice beverage） 在蔬菜汁（浆）或浓缩蔬菜汁（浆）中加入水、食糖和（或）甜味剂、酸味剂等调制而成的饮料。

（4）果汁饮料浓浆和蔬菜汁饮料浓浆

在果汁（浆）和蔬菜汁（浆）、或浓缩果汁（浆）和浓缩蔬菜汁（浆）中加入水、食糖和（或）甜味剂、酸味剂等调制而成，稀释后方可饮用的饮料。

（5）复合果蔬汁（浆）及饮料

含有两种或两种以上的果汁（浆）或蔬菜汁（浆）或果汁（浆）和蔬菜汁（浆）的制品为复合果蔬汁（浆）；含有两种或两种以上果汁（浆），蔬菜汁（浆）或其混合物并加入水、食糖和（或）甜味剂、酸味剂等调制而成的饮料为复合果蔬汁饮料。

（6）果肉饮料

在果浆或浓缩果浆中加入水、食糖和（或）甜味剂、酸味剂等调制而成的饮料。含有两种或两种以上果浆的果肉饮料称为复合果肉饮料。

（7）发酵型果蔬汁饮料

在水果、蔬菜或果汁（浆）、蔬菜汁（浆）经发酵后制成的汁液中加入水、食糖和（或）甜味剂、食盐等调制而成的饮料。

（8）水果饮料

在果汁（浆）或浓缩果汁（浆）中加入水、食糖和（或）甜味剂、酸味剂等调制而成，但果汁含量较低的饮料。

（9）其他果蔬汁饮料

上述八类以外的果汁和蔬菜汁类饮料。

2. 果汁和蔬菜汁类饮料的技术要求

根据《饮料通则》以上九种果汁和蔬菜汁类饮料的基本技术要求见表6—1。

二、果蔬汁生产工作程序

果蔬汁的原料和产品虽是多种多样，但其生产工艺基本原理和过程大致相同。果蔬汁生产的基本过程主要有原料选择、预处理、榨汁或浸提、澄清和过滤、均质、脱气、浓缩、成分调整、杀菌、包装。对于混浊果蔬汁，则不经过澄清过滤。

表6—1 果汁和蔬菜汁类饮料技术要求

分类	项目	指标或要求
果汁（浆）和蔬菜汁（浆）	具有原水果果汁（浆）和蔬菜汁（浆）的色泽、风味和可溶性固形物含量（为调整风味添加的糖不包括在内）	
浓缩果汁（浆）和浓缩蔬菜汁（浆）	可溶性固形物的含量和原汁（浆）的可溶性固形物含量之比 ≥	2
果汁饮料	果汁（浆）含量（质量分数）≥	10%

续表

分类	项目	指标或要求
蔬菜汁饮料	蔬菜汁（浆）含量（质量分数）≥	5%
果汁饮料浓浆和蔬菜汁饮料浓浆	按标签标示的稀释倍数稀释后，其果汁（浆）和蔬菜汁（浆）含量	不低于《饮料通则》对果汁饮料和蔬菜汁饮料的规定
复合果蔬汁（浆）	应符合调兑时使用的单果汁（浆）和蔬菜汁（浆）的指标要求	
复合果蔬汁饮料	复合果汁饮料中果汁（浆）总含量（质量分数）≥	10%
	复合蔬菜汁饮料中蔬菜汁（浆）总含量（质量分数）≥	5%
	复合果蔬汁饮料复合果蔬汁饮料中果汁（浆）蔬菜汁（浆）总含量（质量分数）≥	10%
果肉饮料	果浆含量（质量分数）≥	20%
发酵型果蔬汁饮料	按照相关标准执行	
水果饮料	果汁含量（质量分数）	5%～10%
其他果蔬汁饮料	按照相关标准执行	

1. 原料选择

GB/T 22000《食品安全管理体系　食品链中各类组织的要求》对果蔬汁生产企业的具体要求中规定，"加工用的果蔬类原料，应采用新鲜或贮藏的成熟适度、风味正常、无病虫害及霉烂果、符合加工要求的果实。果蔬类原料应来自安全的收购区域，其原料农药残留应符合国家相关法规和进口国的要求。加工用的干果品原料应干燥、无霉变、无虫蛀。"选用优质的制汁原料，是保障高质量果蔬汁生产的重要环节，对于果蔬加工者来说，常把果蔬的加工适应性、耐藏性、色泽、风味、营养价值等视为重要的质量标志。

（1）果蔬原料的品种

供制汁用的原料应有良好的风味和芳香、汁液丰富、取汁容易，加工和贮存过程中风味、色泽稳定。

①出汁（浆）率高：出汁（浆）率是指从水果原料中压榨（或打浆）出的汁液（或原浆）的质量与原料质量的比值。通常苹果出汁率为77%～86%，梨78%～82%，葡萄76%～85%，草莓70%～80%，柑橘类40%～50%，其他浆果约为70%～90%，番茄汁75%～80%。而杏的出浆率在78%～80%，桃75%～80%，梨85%～90%，浆果类90%～95%。果蔬制汁的目的就是要获得果蔬汁，出汁率低，生产成本高，并且加工困难。

②酸甜适口：甜度和酸度对果汁风味有很大的影响，但二者相互配比关系（一般称糖酸比）对口味的影响更为突出。仁果类水果糖酸比在10∶1～15∶1，较适合制汁；苹果在13∶1左右，榨出的汁酸甜适口；橙汁在13∶1～19∶1，口感较好。而浆果类水果酸度高些，风味较好。

③香气浓郁：每种水果都有其特有的典型香气。只有用于加工果蔬汁的原料具有该品种的特殊香气时，才能加工出香气诱人的果汁产品来。

（2）果蔬原料的新鲜度和清洁度

不同品种的果蔬原料，对其新鲜度评价标准不同。对于健康的、无损伤的、挂枝成熟后在采摘的仁果类水果原料，为提高果蔬汁的质量，一般要贮存两周左右。在冷藏条件下，某些晚熟的并耐贮存的仁果类水果品种甚至可以贮存更长时间，也不会对质量产生损害。但是过熟的和贮存过久的冷藏水果原料一般不再具有新鲜品质，从而降低了加工价值。

决定果蔬原料贮存性能最重要的因素是采购时的原料初始细菌含量。细菌含量对于能否达到完善的保藏（杀菌）作业从而保证果蔬汁的质量也有决定性的意义。因此，果蔬原料的新鲜度是影响果蔬汁品质的重要因素，必须选用新鲜果蔬为原料。注意在任何情况下，都不允许用被霉菌侵袭的果蔬原料制造果蔬汁。扩张青霉、荨麻青霉和雪白丝衣霉会产生致癌作用、致畸作用，棒曲霉素有致突变作用。

另外，果蔬原料的农药残留要符合国家相关法规和进口国的标准。

（3）果蔬的成熟度

果蔬汁加工一般要求原料达到最佳加工成熟度，其外表介于可采成熟度与食用成熟度之间，又不能等到果实进入衰老过熟阶段。要求具有该品种典型的色、香、味及营养成分特征。未成熟的果实或过熟的果实都不能采用。

一般情况下，采收过早，果实色浅、风味淡，酸度大，肉质生硬，产量低，品质较差；采收过晚，则组织变软，酸度降低，且不耐贮藏和热处理，影响产品脆度。过晚和过早采收都会影响水果的耐藏性和降低产品质量，因此对原料必须讲究适期采收，以供加工需要。

2. 原料预处理

（1）原料洗涤

果蔬原料的生长、采收、运输和贮藏过程中，不同程度的受到残留农药、沙土、微生物及其他污物的污染，为保证果蔬汁质量，榨汁前必须将果蔬原料进行充分的洗涤。

清洗的作用机理主要包括水的溶解作用、机械冲刷作用、界面活性作用、化学作用、酶作用和加热作用。果蔬原料清洗方法包括物理方法和化学方法。物理方法包括浸泡、鼓风、摩擦、搅动、喷淋、刷洗、震动等；化学方法是加入清洗剂、表面活性剂等对原料清洗。在实际生产中，可根据原料的形状、性质和设备条件进行选择，通常采用多种清洗方法组合使用。经过清洗作业的原料应达到：①清洗去水果表面的泥土、农药、杂物，清洗水应达到饮用水标准；②清洗后的水果应达到饮食标准。

（2）拣选

洗涤之后，进入原料的拣选作业，捡去一切杂物、腐败、成熟度不够及清洗不干净的果蔬。即使腐败原料或未成熟原料的数量很少，也会使果蔬汁的质量下降，因此该工序是果蔬汁生产的关键控制点之一。目前，拣选作业采用手工进行，在回转拣选带旁，每隔一定间距站立一名操作工人。

3. 取汁技术

榨汁是果蔬汁生产的关键环节，含汁液丰富的原料，常采用破碎压榨法来取汁，含汁液较少的原料，如山楂可采用加水浸提的方法来提取果汁。柑橘类果汁为防止果皮柚，白皮、种子等混入果汁造成果汁品质的下降，多采用逐个压榨法。

（1）破碎和打浆

为了提高出汁率，一般榨汁前先对果蔬原料进行破碎，尤其是皮、肉致密的原料，更需要破碎。果蔬破碎的程度要适当，粒度过大，出汁率低，破碎过度，果块太小，造成压榨时外层汁液很快榨出，形成一层厚皮，使内层汁液流出困难，也会降低出汁率。破碎程度视果蔬原料的品种而定，破碎粒度大小可以通过调节破碎机工作部件的间隙或筛板的孔径来控制。苹果、梨破碎后大小以 3~4mm 为宜，草莓和葡萄以 2~3mm 为宜。破碎的同时可添加维生素 C 等抗氧化剂进行护色；加入柠檬酸溶液调整果蔬汁的 pH，以利于保存。常用的破碎机有辊式、锤式和打浆机等，应根据果蔬的种类不同，选用不同的破碎机。加工带果肉的果蔬汁厂采用打浆机。打浆机是由带筛眼的圆柱体及打浆器构成，原料进入打浆机内，由于打浆器的旋转，使果肉从筛眼中渗出，而种子、皮、核从出渣汁中排出。筛眼的大小可根据产品的要求进行调节。

（2）榨汁前的预处理

果蔬原料经破碎成为果浆，这时，果蔬组织被破坏，各种酶从破碎的细胞组织中逸出，活性大大增强，同时果蔬表面积急剧扩大，大量吸收氧，致使果浆产生各种氧化反应。此外，果浆又为来自于原料、空气、设备的微生物生长繁殖提供了良好的营养条件，极易使其腐败变质。因此，必须对果浆及时采取措施，钝化果蔬原料自身含有的酶，抑制微生物繁殖，保证果蔬汁的质量，同时，提高果浆的出汁率。通常采用加热处理和酶法。

①加热处理：红色葡萄、桃、番茄、李、山楂等水果，在破碎后需进行加热处理。由于加热使细胞原生质中的蛋白质凝固，改变了细胞的半透性，同时使果肉软化、果胶质水解，降低了汁液的粘度，因而提高了出汁率。加热还有利于色素和风味物质的渗出，并能抑制酶的活性。一般的处理条件是 60~70℃、15~30min。带皮橙类榨汁时，可预煮 1~2min，减少汁液中果皮精油的含量。对于宽皮橘类，为了便于去皮，也可在 95~100℃ 热水中烫煮 25~45s。

②加果胶酶制剂处理：果胶酶可以有效地分解果肉组织中的果胶物质，使果汁粘度降低，容易榨汁过滤，提高出汁率。添加果胶酶制剂时，要使之与果肉均匀混合，根据原料品种控制酶制剂的用量，并控制作用的温度和时间。酶制剂用量不足或作用时间短，则果胶物质分解得不完全，反应温度不仅影响果胶分解速度，而且影响到产品质量。

例如，应用果胶酶（无锡酶制剂生产的食品工业用果胶酶）处理胡萝卜汁，条件为酶用量的 0.02%，pH3.5，45℃，2h，可以大大提高产品的出汁率、增产 10% 以上，而且提高了汁液可溶性固形物，粘度、色泽得到改观。

（3）榨汁

榨汁方法依果实的结构、果汁存在的部位及其组织性质、以及成品的品质要求而异。压榨法取汁是生产果蔬汁应用最广泛的一种方法。它是在物料受外部压力作用下，使汁液细胞破裂，释放出汁液来。压榨过程主要包括加料、压榨、卸渣等工序。有时为了提高压榨效率而需对物料进行必要的预处理，如破碎、热烫和打浆等。

大多数果蔬，其汁液包含在整个果实中，一般通过破碎就可压榨取汁，但某些风味和色泽的可溶性物质一起进入到果汁中，而柑橘类果实的外皮中的精油，含有极容易变化的萜烯，容易生成萜品类物质而产生萜品臭，果皮、果肉皮和种子中存在柚皮柑和柠檬碱等导致苦味化合物，为了避免上述物质大量的进入果汁，这类果实就不易采用破碎压榨法取汁，而应该采用逐个榨汁的方法。另外，某些果实榨汁时的压力不宜过大，而且只允许极少量的囊衣渣子和外皮进入果汁中。石榴皮中含有大量丹宁物质，故应先去皮后进行榨汁。

果实的出汁率取决于果实的质地、品种、成熟度和新鲜度、加工季节、榨汁方法和榨汁效能。压榨饼的孔隙度、果汁的粘度对出汁率也有颇大影响。一般以浆果类出汁率最高，柑橘类和仁果类略低。

果实的破碎和榨汁，不论采用何种设备和方法，均要求工艺过程短，出汁率高，要防止和减轻果汁色、香、味的损害，要最大限度的防止混入空气。

对于果汁含量较少的果实，可采用加水浸提法。例如山楂片提汁，是将山楂片剔除霉菌烂果片，用清水洗净加水加热至 85～95℃，浸泡 24h，滤除浸提液。

（4）粗滤（筛滤）

在制混浊果汁时，只需粗滤除去分散在果汁中的粗大颗粒或悬浮粒。在制透明果汁时，粗滤后还要精滤，或先行澄清后过滤，务必除尽全部悬浮粒。滤筛通常装在压榨机汁液出口处，粗滤与压榨同步完成；也可在榨汁后用筛滤机完成粗滤工序。果汁一般通过 0.5mm 孔径的滤筛即可达到粗滤要求。

4. 不同类型果蔬汁的生产关键技术

（1）透明果蔬汁的澄清和过滤技术

生产透明果蔬汁，要通过澄清和过滤，除去果蔬汁中的悬浮物和容易产生沉淀的胶粒。悬浮物主要包括发育不完全的种子，果芯、果皮和维管束等，可以直接通过过滤和离心分离的方法去除。胶态颗粒在水中会形成亲水胶体，主要是果胶、淀粉和蛋白质，这种胶体一旦电荷中和，脱水或加热，都足以引起胶粒的聚集沉淀，影响产品的品质。传统的方法是向果蔬汁中添加澄清剂，使果蔬汁中直径在 0.001～0.1μm 之间的悬浮颗粒絮凝和沉淀，再通过过滤作业，使果蔬汁达到令人满意的澄清度。常用的澄清剂有明胶、皂土、单宁和硅溶胶。现代果蔬汁加工工艺则是酶技术和膜分离技术相结合，以获得澄清果蔬汁。

①自然澄清法：将粗滤后的果蔬汁装在容器内，经一定时间的静置，将果汁中悬浮物沉淀至容器底部。未经消毒的果蔬汁在常温下易发酵，应添加适量防腐剂。

②明胶澄清法：明胶是从动物皮、骨的胶原组织中提取的，是动物胶原蛋白经部分水解衍生的相对分子量为 10000～70000 的水溶性蛋白质，是果蔬汁加工中使用广泛的澄清剂。果蔬汁中的果胶、纤维素、单宁及多缩戊糖等胶体粒子带负电荷，酸介质、明胶带正电荷，明胶分子与胶体粒子相互吸引并凝聚沉淀，使果汁澄清。明胶还能够与果蔬汁中的单宁、果胶及其他多酚物质反应生成络合物，相互聚集并吸附果蔬汁中的其他悬浮颗粒共沉淀，达到澄清的目的。

明胶的用量因果蔬汁的种类和明胶的种类而不同，如果明胶过量，不仅会妨碍聚集过程，反而能保护和稳定胶体，使果蔬汁形成胶态溶液，影响产品的清澈度。果蔬汁的 pH 和存在的电解质，特别是 Fe^{3+} 能影响明胶的凝聚能力。因此每一种果蔬汁、每一种明胶，均需在使用前进行试验，确定最佳使用量。明胶用量一般为 20g/100L（果蔬汁），使用前通常先把明胶溶于 40℃水中配制成浓度为 5%～10% 的明胶溶液，且必须在充分搅拌下慢慢加入，以防起稳定作用。

③明胶单宁澄清法：单宁又称单宁酸、鞣质，存在于多种树木（如橡胶树和漆树）的树皮和果实中，不是单一的物质。食品中所谓的单宁物质是食品原料中存在的一些能引起褐

变和涩味性质的成分，如无色花色素。单宁种类较多，根据其结构，可分为水解型单宁（也叫焦性没什子酸单宁）和缩合型单宁（也叫儿茶酚单宁）两大类，它们都是具有多羟基的酚类衍生物，水解型单宁较常用。不同来源的单宁虽结构不同，但具有一些共同的性质，都是无定形粉末，易溶于水、酒精及丙酮，其水溶液呈酸性并有涩味，与蛋白质生成不溶于水的沉淀，在氧化酶的作用下，发生氧化聚合而生成黑色物质。

明胶单宁澄清法适用于多酚物质含量很低的、难以澄清的果蔬原汁。将单宁加入果蔬原汁中，再加入明胶，通过明胶和单宁反应生成明胶单宁酸盐的络合物而聚集沉淀，同时夹带出其他浑浊物（悬浮物）。单宁用量在 5～15g/100L 之间，明胶用量是单宁的 2 倍，分别采用 1% 溶液加入到果蔬汁中，混合均匀，在 8～12℃（下静置 6～10h），令其发生反应生成沉淀。该方法用于梨汁、苹果汁的澄清效果较好。

④明胶硅溶胶澄清法：硅溶胶由胶体二氧化硅构成，粒子大小为 10～20nm，是一种纳米材料，具有很大的比表面积，它可吸附果汁中的蛋白质。硅胶用于蛋白质在可溶性溶液中形成浅色的凝乳状絮凝物。

明胶硅溶胶澄清法适用于多酚物质含量高的果蔬原汁。一般在明胶添加之后加入浓度为 15% 的硅胶溶液。明胶通过静电引力与果蔬汁中的负电荷粒子互相吸引络合絮凝，硅溶胶粒子呈负电性，与果汁中呈正电性的蛋白质粒子以及可能过量存在的明胶结合而沉淀。硅溶胶的用量为明胶的 5～10 倍。

⑤酶制剂澄清法：酶是细胞原生质合成的一种具有高度催化活性的特殊蛋白质，普遍存在于动、植物和微生物的组织或细胞中。将酶从生物组织或细胞以及发酵液中提取出来，加工成具有一定纯度标准的生物制品，称为酶制剂。酶具有蛋白质的一切理化性质，凡能够引起蛋白质变性的因素均能使酶失活。因此，酶的作用条件一般是在常温、常压、接近中性的水溶液中进行。高温、强碱、强酸和某些金属离子都会使酶失活。

酶法澄清是生产果蔬清汁的一个重要工艺步骤。它是利用果胶酶、淀粉酶等来分解果蔬汁中的果胶物质和淀粉等，从而达到澄清目的的一种方法。澄清果蔬汁的主要商品酶制剂有果胶酶、淀粉酶，为提高果胶酶的澄清效果，有时将果胶酶与其他纤维素酶、半纤维素酶、蛋白酶、阿拉伯聚糖酶等数种酶进行复配，称为复合果胶酶。使用果胶酶时，需先了解该种酶制剂的特性，使所用酶制剂与被澄清果蔬汁中的作用基质相吻合，以提高澄清效果。

新榨的果蔬汁由于果胶的作用，一般都是一个相对稳定的胶体体系。果胶的粘性对这一体系起着保护作用，并且阻止果蔬汁中的蛋白质和多酚物质之间发生絮凝反应，阻碍果蔬汁自发产生澄清作用。应用果胶酶进行果蔬汁的澄清处理，果胶酶水解果蔬汁中的果胶物质，生成聚半乳糖醛酸和其他降解产物，果胶失去胶凝化作用，当粘度降到一定程度时，悬浮胶体发生絮凝，果蔬汁原来的浑浊状态被破坏，经过分离处理后就可以获得理想的果蔬澄清汁。

果胶酶的反应速度与反应温度有关。在 45～55℃ 范围内时，酶反应的速度随温度的增加而加快，同时温度越高酶的消耗越快。在温度高于 55℃，酶的活性被钝化，反应速度反而减慢，当达到 60℃ 时酶的活性仅剩约 5%。酶制剂澄清所需的时间，与反应温度，果蔬汁的种类、酶制剂的种类和浓度有关，低温所需时间长，高温所需时间短，但为防止果蔬汁发酵，应避开微生物生长最适温度 25～45℃。

由于果蔬种类的不同，果蔬原料成熟度的不同以及酶的活力不同，酶的使用量存在较大的差异。通常要在加工前作充分的酶解试验，用实验室酶试验数据来确定加酶量。果胶酶用量一般是每吨果蔬汁添加干酶制剂 2～4kg。

未成熟的仁果类原料含有淀粉，制汁时常有大量的淀粉进入到果蔬汁中。当果蔬经热处理后，淀粉糊化冷却后发生老化或形成凝胶，以悬浮态存在于果蔬汁中而难以除去，而且装罐后会和单宁形成络合物导致果蔬汁混浊。使用淀粉酶可除去由于淀粉而引起的混浊。常用的淀粉酶制剂为 α-淀粉酶，反应温度一般控制在 30～35℃。实际生产中往往是果胶分解与淀粉分解同时进行，所以酶解温度一般为 50℃左右或 20～25℃。

酶制剂可在鲜汁中加入，也可在果蔬汁加热杀菌后加入。前者利用酶制剂与果汁中原有的天然酶制剂协同作用，提高澄清效果。有些果蔬中氧化酶的活力较高，其鲜汁在空气中存放时容易被氧化褐变，为了避免果汁因氧化发生变色反应或因微生物作用而引起发酵、腐败等，可将果蔬汁加热灭酶杀菌并冷却后再进行酶处理。

某些原汁既含有丰富的果胶，又含有丰富的鞣质，为防止鞣质对酶的不利作用，酶制剂与明胶结合使用。如苹果汁的澄清，果汁加入酶制剂作用 20～30min 后加入明胶，在 20℃下进行澄清，效果良好。

此外，还有加热凝聚澄清法和冷冻澄清法等。

⑥过滤：过滤是固—液分离的一种方法，它是利用过滤介质或多孔膜将液相和固相分离的操作，果蔬汁澄清后还须经过精滤操作。果蔬汁中的悬浮物可借助重力、加压或真空使通过各种滤材而过滤除去。常用的精滤设备有纤维过滤器、板框压滤机、真空过滤器、离心分离机等。滤材有滤布（聚丙烯、聚酯及尼龙）、不锈钢丝网、纸板等，截流的最小颗粒直径分别是 $10\mu m$、$5\mu m$、$3\mu m$。对不易过滤的果汁可添加助滤剂。如硅藻土，是一种具有高度多孔性、低重力的助滤剂。

A. 压滤法：果蔬汁压滤可采用过滤层过滤和硅藻土过滤，常用设备为板框式过滤机。过滤层过滤是用石棉和纤维等过滤介质与粘接剂混合、干燥后制成一次性使用的过滤层，把过滤层固定在滤框上，然后让果蔬汁一次性通过过滤层过滤。硅藻土过滤则是用硅藻土作为过滤介质。先把硅藻土加入到果蔬汁中，经过一段时间，待硅藻土在滤板上的沉积厚度达到 2～3mm（450～800g/㎡），可进行连续过滤。选用淡粉色的硅藻土（含氧化铁）过滤果蔬汁时，配一台离心泵，以提供较高的滤压，保证理想的出汁率。每 1000kg 苹果汁需用硅藻土 1～2kg、葡萄汁中 3kg、其他果汁中 4～6kg。

B. 真空过滤：真空过滤是在过滤滚筒内产生真空，利用压力差使果蔬渗透过助滤剂，得到澄清果蔬汁。过滤前，在真空过滤器的过滤筛外表面涂上一层助滤剂，过滤筛部分浸没在果蔬汁中。过滤器以一定速度转动，均匀地把果汁带入整个过滤筛的表面。过滤器内的真空使过滤器顶部和底部果汁有效地渗过助滤剂，损失很少。过滤器真空度一般维持在 84.6kPa。

C. 超滤：超滤是利用特殊的超滤膜的膜孔选择性筛分作用，在压力驱动下，把溶液中的微粒、悬浮物、胶体和高分子等物质与溶剂和小分子溶质分开。使用这一技术不但可澄清果蔬汁，同时，因在处理过程中无需加热，无相变现象，设备密闭，减少了空气中氧的影响，对保留维生素 C 及一些热敏性物质是很有利的，另外超滤还可除去一部分果蔬汁中的微生物等。

D. 离心分离：离心分离主要有两种一种是利用旋转的转鼓所形成的外加重力场来完成

固—液分离的，全过程分为滤饼形成、滤饼压紧、滤饼中果蔬汁排出三个阶段。另一种是利用待离心的液体中固体颗粒与液体介质的密度差，施加离心力来完成固—液分离的。

（2）混浊果蔬汁的均质和脱气技术

①均质：所谓均质，就是将果蔬汁通过均质机中孔径为0.002～0.003mm的微孔，在高压下把果蔬汁中所含的悬浮粒子破碎成更微小的粒子，使其能均匀而稳定地分散于果蔬汁中，促进果胶渗出，增加果汁与果胶的亲和力，抑制果蔬汁分层、沉淀现象，使果蔬汁保持均一稳定。

要使果肉颗粒能够均匀地分布在浑浊果蔬汁饮料中，就必须使果肉颗粒在果蔬汁中的沉降速度尽可能地接近于零。为了使果肉颗粒的沉降速度接近于零，应该尽可能地减小果肉颗粒的粒度，让混浊果蔬汁饮料具有一定的粘度，并尽可能减少果肉颗粒与汁液之间的密度差。

果蔬汁均质常采用高压式均质机，压力达到14～20MPa。操作时，主要是通过均质阀的作用，使加高压的果汁从极端狭小的间隙中通过，然后由于急速降压而膨胀和冲击作用，使粒子微细化并能均匀地分散在果汁中。

此外，还可采用胶体磨对果蔬汁进行均质。当果汁流经胶体磨的狭腔时（约为0.05～0.07mm），受到强大的离心作用，颗粒相互冲击、摩擦混合，使微粒的细度达到0.02mm，从而达到均质的目的。

②脱气：脱气也称脱氧，即在果蔬汁加工时，除去果蔬汁中氧气，防止或减轻果蔬汁中的色素、维生素C、芳香成分和其他物质氧化导致品质降低，去除附着在悬浮物颗粒上的气体，减少或避免微粒上浮，防止或减少灌装和杀菌时产生泡沫。常用的脱气方法有：真空脱气法、气体置换法、酶法、抗氧化剂法等。

真空脱气是将处理过的果蔬汁用泵打到真空脱气罐内进行脱气的操作。真空度一般控制在-0.07～-0.05MPa，物料温度应当比真空罐内绝对压力所相应的温度高2～3℃，一般控制在50～60℃。果蔬汁在脱气时，常采用离心喷雾、压力喷雾和薄膜流方法使果蔬汁分散成雾状或薄膜状，加大果蔬汁表面积以利于脱气。真空脱气时，一般有2%～5%的水分和少量挥发性成分的损失，为了防止芳香物质的损失，可在排气口加装芳香物质回收装置。

气体置换法是把惰性气体如二氧化碳、氮气等充入果蔬汁中，利用惰性气体把果蔬汁中的氧置换出来的方法。其中比较常见的是氮气置换法，该种方法可减少挥发性芳香成分的损失，有利于防止加工过程中的氧化变色。

酶法是在果蔬汁中加入葡萄糖氧化酶，利用其催化葡萄糖氧化生成葡萄糖酸的反应来消耗掉氧。此外，抗氧化剂法是灌装果汁中加入少量抗坏血酸等抗氧化剂，除去包装顶隙的氧。

（3）果蔬汁的浓缩技术

浓缩可以把果蔬汁的可溶性固形物含量从5%～20%提高到60%～75%，提高了果蔬汁的糖度和酸度，能抑制微生物的生长繁殖，使产品长期保存，避免果实采收期和品种所造成的成分上的差异，统一产品的规格要求；而体积缩小到原来的1/7～1/6，既节约包装物费用，又便于贮藏和运输。常用的浓缩方法有真空浓缩、冷冻浓缩、反渗透、超滤浓缩等。

①真空浓缩：即在减压条件下加热，降低果蔬汁的沸点，使果蔬汁中的水分迅速蒸发的浓缩方法。该方法既可缩短浓缩时间，又能较好地保持果蔬汁的质量。目前已成为制造果蔬

浓缩汁的最重要的和使用最广泛的一种浓缩方法。浓缩温度一般为 25～35℃，不宜超过40℃，真空度约为 94.7kPa。这种较适合微生物的繁殖和酶的作用。为此，在果蔬汁浓缩前应进行适当的瞬间杀菌和冷却。各类果蔬汁中以苹果汁、橘汁较耐热可采用较高的温度进行浓缩，但亦不宜超过 55℃。

②冷冻浓缩：将果汁降温，当达到冰点时，水分首先结晶，用离心方法除去冰晶。余下果汁浓度进一步提高。如此反复进行几次后，使果汁达到浓缩的目的。冷冻浓缩优点是避免了热及真空的作用，没有热变性，挥发性芳香物质损失少，产品质量较高。由于把水冻成冰所消耗的热能远低于蒸发水所消耗的热能，因此能耗较低。缺点是效率不高，不能把果蔬汁浓缩到 5～6 倍以上，且分离除去冰晶时会带走一部分果蔬汁而造成损失（通常冰晶中残留1%的果汁）。另外，冷冻浓缩时不能抑制微生物和酶的活性，浓缩计还必须再经热处理或冷冻保藏。

③反渗透浓缩和超滤浓缩：这是一种较新的膜分离技术。通常情况下，溶液通过半透膜（只允许溶剂分子通过而不允许溶质分子通过的膜）从浓度较小（或水）的一方向着溶液浓度较大的一方渗透扩散。若在膜的一侧（溶液）给予大于渗透压的压力，那么，溶液中的水就会透过半透膜进入另一侧（水），这种反方向透过半透膜的扩散现象称为反渗透。果蔬汁中的水分通过加压，透过半透膜而被除去，果蔬汁就得到浓缩。

反渗透法与超滤法浓缩果蔬汁的基本原理相同。不同的是反渗透法一般用于小的溶质分子（相对分子质量为 10～10000）的处理。用来处理溶质相对分子质量和溶剂分子量相差 1 位数的溶液。反渗透法操作压力较大，为 30～150kg/cm²，使用的半透膜材料是由醋酸纤维素或其衍生物制成。

超滤法是用于溶质分子量比溶剂分子量差 100 倍以上的分离对象，一般用于相对分子质量为 1000～50000 左右的溶质分离。如使果汁中分离出肽、果胶等高分子物质而得到澄清，其渗透压力较小，为 0.5～6kg/cm²，使用的半透膜材料由聚丙烯腈和聚烯烃系制成。

采用此法浓缩果蔬汁，由于是在常温下，密闭的系统中进行操作的，制品具有耗能少、风味好的优点。缺点是不能把果蔬汁浓缩到较高的浓度，现主要作为果蔬汁的预浓缩工艺。

5. 杀菌

果蔬汁杀菌的目的是杀死果蔬汁中的致病菌、产毒菌、腐败菌，并破坏果蔬汁中的酶，使果蔬汁在储藏期内不变质。目前，杀菌方法有加热杀菌和非加热杀菌（也称冷杀菌）两大类。加热杀菌有可靠、简便和投资小等特点，是应用最普遍的杀菌方法。

（1）**热杀菌** 由于加热会使果蔬汁的营养成分及色、香、味发生损失，因此，既保证杀菌效果，又尽可能降低热处理对产品品质的影响，热杀菌必须选择合理的加热温度和时间。加热杀菌根据用途和条件的不同分为巴氏杀菌（亦称低温杀菌）和高温杀菌。杀菌温度取决于果蔬汁的 pH、微生物的数量和种类，容器的材料和大小等。果蔬汁 pH 大于 4.6 或小于 4.6 是决定果蔬汁采用巴氏杀菌工艺或高温杀菌工艺的分界线。

巴氏杀菌指的是在 100℃ 以下的加热介质中的低温杀菌，加热介质常用热水，杀菌时间较长，一般在数分钟至数十分钟。这种杀菌方法可杀死致病菌，但不能完全杀死非致病的腐败芽孢菌，但果蔬汁内酸性环境能抑制其生长。果蔬汁的低温杀菌温度一般在 85～100℃，杀菌时间为数分钟。

高温短时（HTST）杀菌是将食品加热到 100℃ 以，进行短时杀菌处理，常用的杀菌温度在135℃以下，杀菌时间一般在数秒至6min。多用于低酸性蔬菜汁的杀菌，这些蔬菜原浆和蔬菜汁中含有耐热的芽孢杆菌，必须进行高温杀菌，一般在122～126℃下停留几分钟，常采用连续式高温杀菌装置杀菌。

超高温瞬时杀菌（UHT）的杀菌温度一般在135～150℃，杀菌时间为数秒钟。这种杀菌方法，物料经受的加热时间短，营养成分损失及其色、香、味变化少。

巴氏杀菌设备使用最为广泛的是板式热交换器和管式热交换器。为了防止果蔬汁受到微生物的再污染，果蔬汁经灌装后常进行间歇式或连续式二次杀菌，杀菌设备有杀菌锅、隧道式热水或蒸汽杀菌机等。

果蔬汁的瞬间杀菌器是采用热交换器，主要形式有片状式、多管式和圆筒式等。选用杀菌器时，要考虑到果汁的粘度、果肉浆的含量、杀菌温度和压力、杀菌时间、加热部位是否产生局部过热、果汁在杀菌器内停留的时间、果汁是否受加热媒质的污染、设备拆装清洗是否简便等。

（2）非热杀菌方法　果蔬汁的非加热杀菌主要包括物理杀菌和化学杀菌。物理杀菌主要是指：辐照杀菌、紫外线杀菌、超高压杀菌、高压脉冲电场杀菌、磁力杀菌、脉冲强光杀菌和超声波杀菌等。物理杀菌的主要优点是杀菌效果好，对果蔬汁污染小，易于操作和控制，能更好地保持食品自然风味，但杀菌成本较高。

化学杀菌时指在加工中通过添加抑菌剂和防腐剂，如臭氧、二氧化氯等成本较低。但在使用中易受水分、温度、pH和机体环境等因素的影响，作用效果变化较大。

6. 包装

果蔬汁的包装方法，因果蔬汁的品种和容器种类而有所不同。

（1）包装材料　食品包装材料的作用是保护商品的质量和卫生，不损失原始成分和营养，方便贮运，促进销售，提高货架期和商品价值。对食品包装材料安全性的基本要求是不能向食品中释放有害物质、不能与食品各种成分发生反应。

①塑料及复合包装材料：塑料包装材料是以合成树脂为主要原料，添加稳定剂、着色剂、润滑剂以及增塑剂等组分而制成的合成材料，具有重量轻、运输销售方便、化学稳定性好、易于加工、装饰效果好等优点。

复合材料种类繁多，其基本结构是：外层材料应当是熔点高，耐热性能好，不易破损、磨毛，印刷性能好，光学性能好的材料，常用的材料有纸、铝箔、玻璃纸、聚碳酸酯（PC）、尼龙、聚酯（PET或PETP）、聚丙烯（PP）等。内层材料应当具有热封性、粘合性好、无味、无毒、耐油、耐水、耐化学药品等性能，如聚丙烯、聚乙烯（PE）、聚偏二氯乙烯（PVDC）等热塑材料。

②金属包装材料：金属包装材料按成分主要分钢材和铝材两大类，按使用形式则主要是板材和箔材。板材主要用于制作各种硬质包装容器，铝箔材则是复合包装材料的主要组成部分，如利乐、康美公司的纸盒复合包装中均加入一层铝箔。

金属包装材料具有优良的阻隔性能和机械性能，表面装饰性能好，废弃物容易处理。但其化学稳定性差，金属离子易析出而影响风味。

③玻璃瓶：玻璃具有造型灵活的特点，具有良好的阻隔性、化学稳定性、耐高温性、透明性和一定的阻光性（有色玻璃）。另外，原料来源丰富，价值低廉，可多次周转使用，生产自动化程度高。其缺点是它易碎、笨重、抗热冲击力低，容器生产耗能大。

国家标准对玻璃瓶的检验项目包括：瓶的重量和容量；瓶口、瓶身尺寸公差、厚薄度、合缝线；瓶的热稳定性、化学稳定性、内压；瓶的退火程度和裂纹、气泡、色泽等。

（2）灌装　果蔬汁的灌装方法有热灌装、冷灌装和无菌灌装等。热灌装是将物料加热杀菌后立即灌装到清洗过的容器内，封口，将瓶子倒置 10 ~ 30min，对瓶盖进行杀菌，然后迅速冷却至室温。使用玻璃容器，应对瓶子预热，避免过度的骤变温度刺激，严格控制温差在 25℃ 之内。若灌装后杀菌，是先将果蔬汁灌入瓶内封口，在放入杀菌釜内用 90℃ 的温度杀菌 10 ~ 15min。也可装入回转式杀菌设备中，以 85℃ 的温度杀菌 5min。热灌装过程中易受到污染，货架寿命较短。灌装后杀菌较彻底，货架寿命较长，但要求容器耐高温。

无菌灌装可使产品达到商业无菌的目的。无菌灌装的条件要求果蔬汁和包装容器要彻底无菌，并在无菌的条件下灌装，灌装后的容器要密封好，防止再次污染。无菌灌装果蔬汁一般采用超高温瞬时杀菌工艺，保证产品的色泽、风味和营养成分最大程度的保留。无菌包装材料一般为纸塑铝复合材料或近年来兴起的 PET 聚酯瓶。包装容器可用化学、物理的方法进行杀菌，如过氧化氢、过氧乙酸清洗，紫外线照射等。无菌空间环境的保持，对于 PET 无菌灌装设备，一般采用净化间隔离措施，主体灌装机设计为 D100 级空气净化间，外面还有万级净化间，通过净化间的过滤系统保证灌装环境内空气的清洁度，使物料不会被空气中悬浮的微生物二次污染。

三、果蔬汁生产中常见的质量问题及其控制

1. 果蔬汁的败坏变质

果蔬汁败坏变质主要是由微生物的侵染和繁殖引起，其一般表现为变味，也有长霉、混浊和发酵等现象。

控制措施：采用新鲜、无霉烂、无病害的果蔬原料；注意原料榨汁前的洗涤消毒，尽量减少果蔬原料外表的微生物；严格车间、设备、管道、工具、容器等的清洁卫生；缩短工艺流程的时间，防止半成品的积压；果蔬汁灌后封口要严密；杀菌要彻底。

2. 果蔬汁的变色

果蔬汁在生产中发生的变色多为酶褐变，在贮藏期间发生的变色多为非酶褐变。

控制措施：对于酶褐变应尽快采用高温处理使酶失活；添加有机酸或维生素 C 抑制酶褐变；加工中要注意脱氧，避免接触铜铁用具等。而控制非酶褐变的办法主要是防止过度的热力杀菌和尽可能地避免长时间的受热；控制 pH 在 3.3 以下；在较低的温度贮藏，并注意避光。

3. 果蔬汁的稳定性

带肉果汁或混浊果汁，特别是瓶装带肉果汁，保持均匀一致的质地对品质至关重要。要使混浊物质稳定，就要使其沉降速度尽可能降至零。其下沉速度一般认为遵循斯托克斯方程。

$$v = \frac{2gr^2 \ (\rho_1 - \rho_2)}{2\eta}$$

式中　v——沉降速度；

　　　g——重力加速度；

　　　r——混浊物质颗粒半径；

　　　ρ_1——颗粒或油滴的密度；

　　　ρ_2——液体（分散介质）的密度；

η——液体（分散介质）的勃度。

控制措施：采用均质、胶体磨处理等，降低悬浮颗粒体积；可通过添加悬托剂如果胶、黄原胶、脂肪酸甘油酯、CMC 等，增加分散介质的粘度；通过加高脂化和亲水的果胶分子作为保护分子包埋颗粒，以降低颗粒与液体之间的密度。

4. 绿色蔬菜汁的色泽保持

绿色蔬菜汁的色泽来源于组织细胞中的叶绿素，在酸性条件下容易被 H^+ 取代变成脱镁叶绿素，从而失绿变褐。

控制措施：采用热碱水（$NaHCO_3$）烫漂处理或清洗后的绿色蔬菜在稀碱液中浸泡 30min，使游离出的叶绿素皂化水解为叶绿酸盐等产物，绿色更鲜。

5. 柑橘类果汁的苦味与脱苦

柑橘类果汁在加工过程中或加工后易产生苦味，其主要成分是黄烷酮糖苷类和三萜系化合物。如橙皮苷、柚皮苷等，主要存在于柑橘类外皮、种子和囊衣中，在果汁加工时往往会溶入而产生苦味。

控制措施：选择含苦味物质少的原料种类、品种，且要求果实充分成熟或进行追熟处理；加工中尽量减少苦味物质的溶入，如种子等尽量少压碎，最好采用柑橘专用挤压锥汁设备，注意缩短悬浮果浆与果汁的接触时间；采用柚皮苷酶和柠碱前体脱氢酶处理，以水解苦味物质；采用聚乙烯吡咯烷酮等吸附脱苦；添加蔗糖、β-环状糊精等提高苦味物质发阈值，起到隐蔽苦味的作用。

四、果蔬汁生产常用设备及其使用

1. 原料输送设备

现代化的果蔬汁加工厂中，果蔬原料从仓库到清洗设备的输送均通过以下几种装置来实现。

（1）水流输送槽

水流输送槽是利用水流的动力来输送苹果、梨、山楂、番茄及其他块茎类等原料的设备。在输送的同时，还能起到浸泡和清洗作用。一般由具有一定倾斜度的水槽和水泵构成。水槽多用砖和水泥砌成，也可用木材、钢材或者硕聚乙烯板材制成，槽内壁光滑平整，呈半圆形或矩形，并设除砂装置。槽的倾斜度（即槽两瑞高度差与长度比）直线槽为 0.8% ~ 1.5%，曲线槽为 2.5% 左右。水流量为原料的 5 ~ 10 倍，水流速度约 0.5 ~ 0.8 m/s，槽中水位为槽高的 3/4。可用自来水压力直接输送，一般多采用离心泵加压。

（2）带式输送机

带式输送机主要由输送带、托辊、滚筒、张紧装置及驱动装置等组成。带式输送机的优点是运输量大，生产效率高、输送中不损伤物料，劳动消耗少，工作连续、平稳、可靠，结构简单，维护容易，适合各种距离的倾斜及水平输送，缺点是不密封，轻质物料易飞扬。输送带常采用橡胶带、塑料带、钢带或网状钢丝带等。国内生产的橡胶带品种及宽度可查相应国家标准。倾斜输送时（ >10°），输送带上常增设硫化处理过的橡胶托板及例板。

（3）斗式升运机

斗式升运机分为倾斜式和垂直式两种，主要用来在不同高度间升运物料，适合将松散的粉粒物料由低位置提升到高位置的另一台机械上。它占地面积小，提升高度大，有良好的密封性，但对过载较敏感，必须均匀进料。

（4）螺旋输送机

螺旋输送机是一种不带挠性牵引件的连续输送机械，适用于需密闭输送的粉状、颗粒状物料以及小块物料，多用于短距离的水平输送，一般在 30m 以下。螺旋输送机的结构简图如图 6—1 所示。主要部件是输送螺旋，输送螺旋是将螺旋叶片按一定螺距焊在空心钢管的轴上，输送螺旋的叶片有实体式、带式、叶片式、成型式四种。应根据输送物料的具体性质选用。工作时动力由传动装置传入使输送螺旋旋转，启动正常后，自料斗加入物料，利用随轴旋转的螺旋叶片的轴向推理力作用，将被输送的物料沿料槽向前推移进行输送。

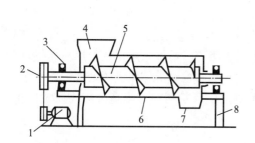

图 6—1　螺旋输送机结构原理

1—电动机；2—传动装置；3—轴承；4—进料斗；
5—输送螺旋；6—料槽；7—出料口；8—机架

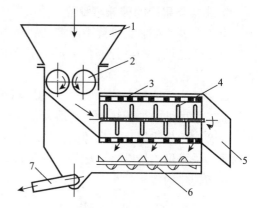

图 6—2　葡萄破碎除梗机

1—料斗；2—带齿磨辊；3—筒筛；4—叶片；
5—果梗出口；6—螺旋输送机；7—果汁、果肉出口

2. 原料预处理设备

（1）除梗机

采摘下来的葡萄等都带有梗，根据工艺要求应除去果梗。图 6—2 是葡萄除梗破碎机结构示意图。工作时，将带果梗的葡萄喂入料斗，经两个相对向内回转的齿辊破碎成混合物，然后进入圆筒筛，中心轴上安有呈辐射状排列的叶片，形成输送螺旋，混合物在圆桶中受到揉擦、挤压等作用，果粒、果肉、果汁、果皮从筛孔中排出，掉入位于圆桶筛下方的螺旋输送器内，而果梗在筛内经叶片螺旋输送出机外。为提高效率，应尽量保持颗粒完整，还可以采用反向转动的滚筒与摘梗辊。

（2）除核机

对于体积较大的水果如桃、杏、李等，常采用劈半取核的方法来除核，而对于种核较小的水果如山楂、枣、油橄榄、樱桃等，采用穿孔冲核的方法除核。图 6—3 所示为一台用于樱桃除核的除核机。樱桃由进料口有序地铺放在承料孔中，并位于工作滚筒最上方，经除核顶杆除核后，随工作滚筒旋转 14.4° 倾斜角，间歇停止，等到又下一次冲核行程。冲出的核落入收集槽被螺旋输送器从排核口排出。除核后的樱桃在转过 90° 以后，落入收集槽中。

3. 清洗机械设备

果蔬清洗时，要根据所加工原料自身的特性（果蔬原料的形状、密度、果皮和果肉的坚实度、抵抗机械负荷的能力等），选择清洗工艺和与之配套的清洗设备。

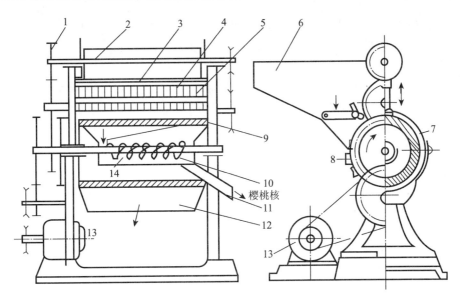

图 6—3　核果除核机

1—齿轮；2—凸轮轴；3—横杆；4—穿孔器；5—倒轴；6—进料斗；7—承料孔；8—周期转动机构；

9—工作滚筒；10—螺旋输送机；11—排核口；12—收集槽；13—电动机；14—盛核斜槽

（1）洗涤水槽

洗涤水槽呈长方形（图6—4），大小随需要而定，可3～5个连在一起呈直线排列。用砖或不锈钢制成。槽内安置金属或木质滤水板，用以存放原料。在洗涤槽上方安装冷、热水管及喷头，用来喷淋洗涤原料。并安装一根水管直通到槽底，用来洗涤喷洗不到的原料。在洗涤槽的上部有溢水管。在槽底也可安装压缩空气喷管，通入压缩空气使水翻动，提高洗涤效果。

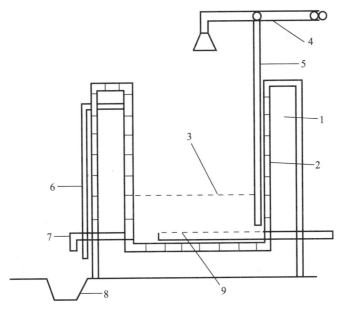

图 6—4　洗涤水槽

1—槽身；2—瓷砖；3—滤水板；4—热水管；5—通入槽底的水管；

6—溢水管；7—排水管；8—出水槽；9—压缩空气喷管

此种设备较简易，适用各种果蔬洗涤。可将果蔬放在滤水板上冲洗，也可将果蔬用筐装盛放在槽中浸洗。但不能连续化，速度慢，劳动强度大，耗水量多。

（2）刷淋式清洗机

如图6—5所示，物料从进料口1进入洗槽内，装在清洗槽2上的两个刷辊3的旋转使洗槽中的水产生涡流，物料在涡流中得到清洗。同时由于两刷辊之间间隙较窄，故液流速度较高，压力降低，被清洗物料在压力差作用下再次被刷洗。接着物料在被顺时针旋转的出料翻斗5捞起，出料过程中又经高压喷淋得以进一步清洗。工作时刷辊刷洗后达到出料翻斗5处被捞起出料。该机效率高，生产能力可达2000kg/h，破损率小于2%，清洗效率达99%，结构紧凑，清洗质量好，造价低，使用方便，是中小型企业较为理想的果品清洗机。

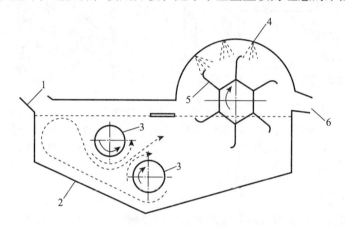

图6—5　刷淋式清洗机

1—进料口；2—清洗槽；3—刷辊；4—喷水装置；5—出料翻斗；6—出料口

4. 破碎机械和设备

目前，已根据不同果蔬原料种类和不同榨汁方法研制出多种破碎机，常见的有辊式破碎机、鼠笼式（锯齿式）破碎机、齿辊式破碎机、离心式破碎机、锤式破碎机、空板式破碎机等。

（1）辊式破碎机

辊式破碎机也称挤压式破碎机，该破碎机适用于浆果、仁果类果蔬的破碎，同时，也能对预煮软化过的仁果类的果蔬进行破碎，破碎粒度为5～8mm。工作时果蔬原料落到破碎辊上，在两个破碎辊之间受到辊的挤压力和剪切力的破坏而破碎，辊的间隙根据预破碎的粒度加以调整。

（2）鼠笼式破碎机

鼠笼式破碎机也称锯齿式破碎机，该破碎机特别适用于苹果、梨及蔬菜的破碎。破碎室由一高速回转（转速约1600r/min）的人字形打击板和一个固定的齿刀构成，锯齿刀由特种硬质钢材制成，安装在固定筒的下半部分缝隙内，可根据原料成熟度不同更换刀具，一般新鲜的和较硬的果蔬用细刀具，果蔬或软的果蔬用粗刀具。工作时，物料进入料斗，经过破碎工作室，物料在离心力作用下，被打击板抛向齿刀筒壁，并沿筒壁做圆周运动，经过刀切割而破碎。

（3）锤式破碎机

锤式破碎机特别适用于苹果、梨、桃、胡萝卜等果蔬物料的破碎，具有结构新颖紧凑、节能高效、生产能力大、适用范围广等优点。锤式破碎机的主要工作部件为带有锤子（又称锤头）的转子。转子由主轴、圆盘、销轴和锤子组成。

电动机带动转子在破碎腔内高速旋转。物料自上部给料口给入机内，受高速运动的锤子的打击、冲击、剪切、研磨作用而粉碎。在转子下部，设有筛板、粉碎物料中小于筛孔尺寸的粒级通过筛板排出，大于筛孔尺寸的粗粒级阻留在筛板上继续受到锤子的打击和研磨，最后通过筛板排出机外。锤式破碎机的优点在于破碎物料的粒度一致，其大小由带腰形孔的筛网决定。

5. 榨汁机械与设备

榨汁是果蔬汁生产加工的最关键工序，为适应各种果蔬汁原料的制汁要求，满足果蔬制汁工艺和现代果蔬汁工业的需要，出现了类型众多的果蔬汁机械设备，如打浆系统、压榨机系统、卧式离心机系统、浸提装置系统、过滤机系统等。

（1）打浆机

打浆机通过粉碎打浆作用把果蔬中无用的核、籽、皮、蒂等物分离出去，是一些果汁、果酱专业食品厂常用机械。打浆机结构及工作原理如图6—7所示，转轴3由两个轴承1支承在机架10上。固定在转轴3上的螺旋推进器7与安装在机架上的浆叶5配合对原料进行破碎。筛筒4由不锈钢板钻孔后卷成圆筒而成。

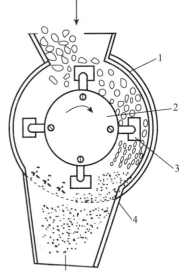

图6—6　锤片式破碎机

1—破碎机；2—转轮；
3—锤片；4—出料

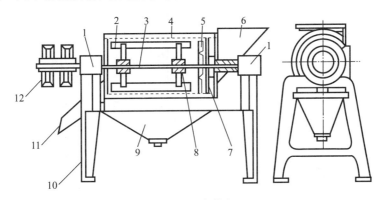

图6—7　打浆机

1—轴承；2—刮板；3—转轴；4—筛筒；5—破碎浆叶；6—进料口；7—落选推进器；
8—夹持器；9—收集料斗；10—机架；11—出渣口；12—传动系统

一对打浆刮板8由两个夹持器通过螺栓安装在转轴两侧，转轴在传动系统带动下回转时，带动刮板2在筛筒4内旋转对物料打浆。两个夹持器8绕轴3相对偏转，可使刮板与轴3的轴线保持一定夹角，这个夹角叫导程角。工作时，启动打浆机，刮板2和推进器7由轴3带动在筛筒内旋转。物料由进料斗6加入，推进器7将其推向破碎浆叶5，破碎后推入筛筒4末端。随后由刮板2的旋转和导程角的作用，使物料既受到离心力的作用，又受到轴向推力的作用，沿筛筒从右向左朝出渣口移动，这个复合运动的结果，使物料按螺旋线移动。刮板旋转时使物料获得离心力而抛向筛筒内壁，物料在刮板与筛筒产生相对运动的过程中因受离心力以及揉搓作用而被擦碎。已成浆状的汁液和肉质经筛孔流入收集斗9送入下一工序，皮和籽从出渣口排出，达到分离的目的。

影响打浆效果的因素包括物料本身的性质、轴的转速、筛孔直径、筛孔面积（按占筛筒总面积的百分率）、导程角和刮板与筛筒间距离等。其中真正需要用户自己调整的只有转速和导程角。由于转速不能实现任意调整，导程角可在适当范围内任意调整，而且导程角的变动对物料移动速度比改变转速的影响大得多，因此通常采用调整导程角的方法来达到理想的打浆条件。一般情况下，含汁率较高的物料，导程角和间距应小些；反之，应大些。导程角间距是否合理，可以从排出的渣的含汁率高低来判断，渣含汁率高说明导程角和间距过大，需重新调整。

（2）压榨机

压榨机是利用压力把固态物料中所含的液体压榨出来的固—液分离机械。压榨机按工作方式可分为间歇式和连续式两大类，压榨过程主要包括加料、压榨、卸渣等工序，有时为了提高压榨效率需对物料进行必要的预处理，如破碎、热烫、打浆等。

①手动螺杆式压榨机：手动螺杆式压榨机属于最简单的压榨机，其构造如图6—8所示。操作时，先把物料装入料桶，放在托盘8上，与压板5对准。旋动手柄由螺杆4带动压板5下压，使物料受到很大压力，汁液从料桶孔眼流入盛汁盘7收集。压榨结束，压板5复位后，取下料桶排渣。该机结构简单，不消耗动力，机动灵活，但劳动强度大，适合于在产地进行小批量生产。

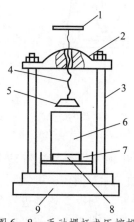

图6—8 手动螺杆式压榨机

1—手柄；2—上横梁；3—立柱；
4—梯形螺杆；5—压板；6—料筒；
7—盛汁盘；8—托盘；9—机座

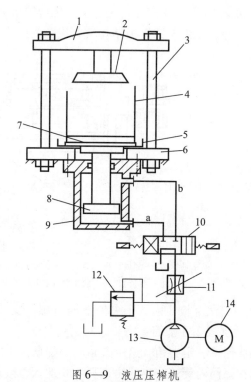

图6—9 液压压榨机

1—上横梁；2—压头；3—立柱；4—压榨网桶；5—盛汁盘；
6—上横梁；7—托盘；8—活塞；9—油缸；10—电磁换向阀；
11—节流阀；12—溢流阀；13—油泵；14—电动机

②液压压榨机：液压压榨机是利用液压系统产生的压力将待榨物料加压而榨汁的设备，如图6—9所示。物料装入桶放入托盘与压头2对准后，开启换向阀10使压力油经节流阀11和电磁换向阀10的左阀芯孔，再经过管道a进入油缸9下腔。在油压作用下活塞8经活塞杆和托盘7推动料桶4上升，使压头2对物料加压，榨出的汁液经料桶孔眼流入盛汁盘。当活塞上升到压力最大值时，换向阀10自动切换到中间位置，进入保压压榨阶段，使所压汁液有足够的时间从料桶中心排出桶外。到预定保压时间后，电磁切换阀10右端阀芯与主油路接通，使压力油经管道b进入油缸9上腔，同时下腔油经管a返回油箱，使活塞连同物料下降卸压，活塞复位后出渣并准备下一个循环。液压压榨机的工作压力大，工作平稳，生产能力大，劳动强度小，加压、保压、卸压可自动完成。该机也有旋转双工位双桶交替压榨式，将两个托盘用导柱定位安放在转盘上，转盘绕一个立柱回转，两个压榨桶交替压榨、卸渣，可缩短工作间歇时间，提高功效。

③气囊榨汁机：气囊榨汁机如图6—10所示。该机是由一个用滤布衬里的圆筒筛和桶中的一个橡皮气囊组成。工作时把待压榨的物料装入筒内，往橡皮气囊充入压缩空气使其涨起，给夹在气囊与圆筒之间的物料施加压力，将汁液榨出。橡皮气囊充气的最大压力可达0.6MPa。这类压榨机一般用于浆果果汁榨取。

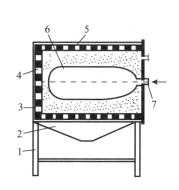

图6—10　气囊榨汁机

1—机架；2—收集斗；3—圆筒筛；4—过滤布；
5—气囊；6—外壳；7—压缩空气入口

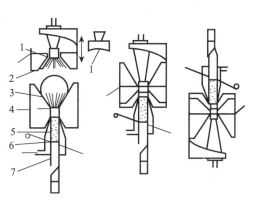

图6—11　柑橘榨汁机

1—上切割器；2—多指形上压杯；3—多指形下杯；
4—下切割器；5—预过滤管；6—果汁收集器；7—通孔管

④连续式螺旋榨汁机：在我国广泛应用，结构简单、外形小、故障少、生产效率高、操作方便。该机的不足之处是榨出的汁液果肉含量高，适用于葡萄、番茄和浆果类水果的榨汁，要求汁液澄清度较高时不宜选用。

如图6—12所示，螺旋榨汁机主要工作部件为螺旋杆，采用不锈钢材料铸造后精加工而成。其直径沿废渣排出方向从始端向终端逐渐增大，螺距逐渐减小，因此，它与圆筒筛相配合的容积也越来越小，果浆所受压力越来越大，压缩比可达1∶20，果蔬汁通过圆筒筛的孔眼中流出。圆筒筛常用两个半圆筛合成，外加两个半圆形加强骨架，通过螺栓紧固成一体，螺旋杆终端成锥形，与调压头内锥形相对应。废渣从二者锥形部分的环状空隙中排出。通过调整空隙大小，即可改变出汁率。可根据物料性质和工艺要求，调整挤压压力，以保证设备正常工作。

⑤连续式带式榨汁机：带式榨汁机也是国内外果汁加工中常用的机型之一。国内使用的进口带式榨汁机以德国福乐伟（Flottweg）公司的居多，其次是德国贝尔玛（BELLMER）公

司的。国产带式榨汁机的数量也在逐渐增加。

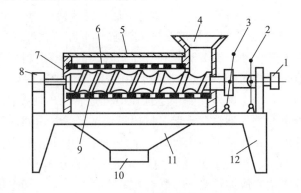

图 6—12　螺旋榨汁机

1—传动装置；2—离合手柄；3—压力调整手柄；4—料斗；5—机盖；6—圆筒筛；
7—环形出渣口；8—轴承盒；9—压榨螺杆；10—出汁口；11—汁液收集斗；12—机架

FLOTTWEG 带式榨汁机结构如图 6—13 所示。主要由喂料盒、压榨网带、一组压辊、高压冲洗喷嘴、导向辊、汁液收集槽、机架和传动部分以及控制部分等组成。所有压辊均安装在机架上，一系列压辊驱动网带运行的同时，从径向给网带施加压力，使夹在网带之间的待榨物料受压而将汁液榨出。为了进一步提高榨汁效率，该设备在末端设置了两个辊，以增加线形压力与周边压力。榨汁后的滤饼由耐磨塑料刮板刮下从右端出渣口排出。为保证榨出的汁液顺利排出，设置两个高压喷嘴对网带进行冲洗。该机的优点是，逐渐升高的表面压力可使汁液连续榨出，出汁率高，果渣含汁率低，清洗方便。但压榨过程中汁液全部与大气接触，所以，对车间环境卫生要求较严。

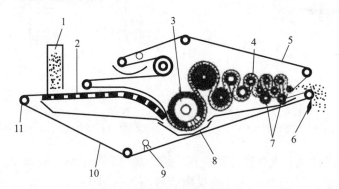

图 6—13　带式压榨机原理

1—喂料盒；2—筛筒；3、4—压辊；5—上压榨网带；6—果渣刮板；7—增压辊；
8—汁液收集槽；9—高压冲洗喷嘴；10—下压榨网带；11—导向辊

（资料来源：德国 Flottweg 公司）

⑥柑橘榨汁机：柑橘榨汁机的结构如图 6—11 所示。榨汁机具有数个榨汁器，每个榨汁器由上下两个多指形压杯组成。固定在共用横杆上的上杯，靠凸轮驱动，可做上下运动，下杯则是固定不动的，上下两杯在压榨过程中，上下各自的指形条相互啮合，托护住柑橘的外部以防破裂。上杯顶部有管形刀口的上切割器，可将柑橘的顶部开孔，以使干橘皮和果实内部组分分离。下杯底部有管形刀口的下切割器，可将柑橘底部开孔，以使柑橘的全部果汁和

其他内部组分进入下部的过滤管。改变过滤管壁上孔径和通孔管在预过滤管内上升的高度，均能改变果汁的产量和类型。由于两杯指形条啮合，被挤出的果皮油顺着环绕榨汁杯的倾斜板流出机外。由于果汁与果皮能瞬时分开，果皮油很少混入果汁，从而为了制取高质量柑橘汁提供了保证。

6. 过滤、分离机械与设备

（1）离心分离设备

离心过滤是将果蔬汁送入有孔的转鼓，以离心力为推动力完成过滤作业。离心过滤兼有离心和过滤的双重作用。

①管式离心机

它是一种能产生高强度离心力场的分离机械，分离因数为 13000～16000，其产生的离心力是普通离心机的 8～24 倍，能分离出 0.5～500μm 的颗粒。图 6—14 为一种管式分离机的构造简图，其分离能力较碟式分离机低。

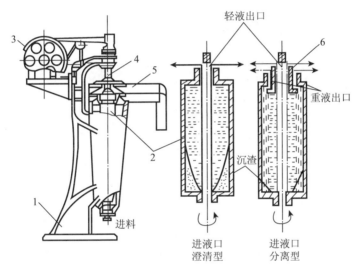

图 6—14　管式分离机结构

1—固定机座；2—转鼓；3—传动装置；4—驱动器；5—排液罩；6—环状隔板

工作时，料液由底部流入，再经转鼓的中空轴进入不锈钢制成的管形转鼓中，在转鼓高速旋转（约 15000r/min）的过程中，为防止液体与鼓壁脱离，在转鼓内装有三叶转翼板，能使液层随转鼓回转而近入强大的离心力场而分离。轻液和重液在鼓壁周围分层，液相中的固体颗粒逐渐分离至转鼓内壁形成沉渣。在管式分离机的转鼓上，如果是澄清型结构，则轻液从轴颈处通道直接流入分液室，经排液管排出。如果是分离型结构，则在转鼓内上部装有一定内径尺寸的环状隔板，以分别收集轻液和重液。这种分离机进料压力在 0.025～0.03MPa 范围内，适宜分离极稀的悬浮液、难分离的乳浊液和固相物质在 1% 以下的悬浮液。沉积在鼓壁的固体沉渣聚积到一定数量后需停机清理。其容量和分离能力受到结构的限制。

②碟式分离机

碟式分离机由许多层倒锥式的碟片将果蔬汁等液流分成许多 1～2mm 薄层，减少了混浊物的沉淀路程，强化了分离作用，提高了分离效果。分离机的转鼓以中等速度在固定的机壳内旋转，圆锥形碟片锥角在 35°～45° 之间，相互层状叠加在转鼓的中心套管上，碟片间距约0.4～2mm，膜片层数在40～150层之间。料液从进料管进入转鼓的中心套管后，向下降落，经转鼓下部碟片外缘与转鼓内壁之间的空腔进入碟片间的间隙中，在离心力作用下，被分离后的液体沿碟片间隙向上流动，然后从排出口排出，而固体则沉积于转鼓壁处。图6—15为转鼓、碟片和液流运动情况示意图。

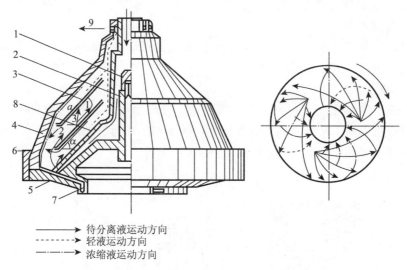

→ 待分离液运动方向
--→ 轻液运动方向
—·—→ 浓缩液运动方向

图6—15　转鼓、碟片和液流运动示意图

1—大螺帽；2—轴套；3—碟片；4—转鼓盖；5—转鼓底；6—紧固螺圈；

7—重液出口；8—碟片组支撑板；9—轻液出口

③螺旋式离心分离机

这种分离机也叫滗析器或排污器，实际上它是一种卧式离心分离机，适用于含有较粗固体颗粒和纤维状混浊物的果蔬汁澄清。其结构如图6—16所示。

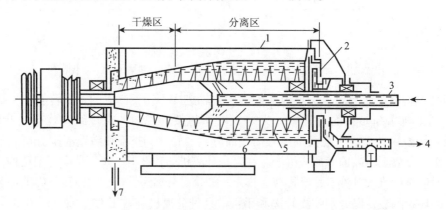

图6—16　螺旋式离心分离机结构示意图

1—外壳；2—端面板；3—进口；4—果蔬汁出口；5—螺旋叶片；6—旋转滚筒；7—沉淀物出口

转鼓内装有一带有螺旋叶片的空心轴，螺旋叶片的外径略小于内径，转鼓和空心轴以相同方向，但不同速度旋转。空心轴长度为转鼓长度的一半左右。料液从空心轴进入，通过空心轴末端的放射状孔洞进入转鼓内腔。在离心力和滚筒、叶片与料液之间摩擦力作用下，料液中的颗粒物质沉积到转鼓内表面上，并被叶片不断刮下输送到转鼓后部的锥形部位排出机外。澄清的料液从转鼓另一端的出口流出。

该设备在现代果蔬汁加工企业中不仅用来澄清、也被用来预排汁。

（2）过滤机

过滤是实现悬浮食品物料分离的一种有效手段，也是果蔬汁加工过程重要的操作。其原理是利用多孔过滤介质，在外力作用下使果汁通过过滤介质的孔道，克服过滤介质阻力进行固—液分离，得到具有一定透光率果汁的物理过程。

①板框式过滤机：板框式过滤机是间歇式过滤机中应用最广泛的一种。其原理是利用滤板来支撑过滤介质，滤浆在加压下强制进入滤板之间的空间内，并形成滤饼。其结构如图6—17所示，由许多交替排列并支持在一对横梁上的衬有过滤介质（滤布或滤饼）的滤板和滤框组成。滤板和滤框数目依生产能力和滤液的情况而定，一般10～60个，借手轮、电动或液压装置压紧或拉开，形状多为正方形，边长在1m以下，框的厚度约为20～75mm。板框式过滤机的特点是过滤面积大，占地小、构造简单、制造方便、过滤推动力大、对物料适应性好，但装拆劳动量大、间歇操作、滤布消耗量大。

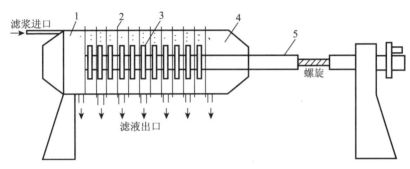

图6—17　板框压滤机
1—固定端板；2—滤布；3—板框支座；4—可动端板；5—支承横梁

滤板和滤框的结构如图6—18所示。滤框为中空的框架，左右上角都有小圆孔，构成供滤浆和洗水的通道。框的两侧覆以滤布，空框与滤布围成了容纳滤浆或滤饼的空间。滤板的作用是支承滤布并提供滤液流出的通道。为此，板面制成了凸凹不平的纹路。滤板分成洗涤板和非洗涤板，为了辨别，常在板、框外侧铸有小钮或其他标志。每台板框压滤机有一定的总框数，最多达60个，当所需框数不多时，可取一盲板插入，以切断滤浆流通的孔道，后面的板框即失去作用。板框压滤机内液体的流动路径如图6—19所示。

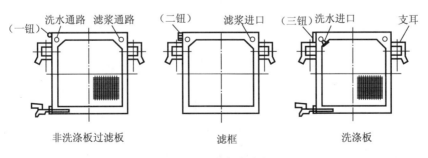

图6—18　滤板和滤框

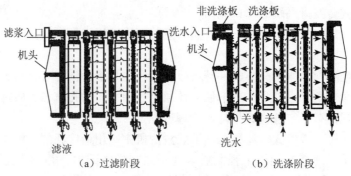

（a）过滤阶段　　　　　　　　（b）洗涤阶段

图6—19　板框压滤机内液体的流动路径

板框压滤机工作时，滤浆由滤框上方通孔进入滤板空间，固粒被截留，在滤框内形成滤饼，滤液则穿过滤饼和滤布流向两侧的滤板，然后沿滤板的沟槽向下流动，由滤板下方的通孔排出。排出口处装有旋塞，可观察滤液混浊度，并依此判断滤布是否损坏。如果滤液混浊，可关闭旋塞，待操作结束时更换。以上这种结构滤液的流出方式称明流式。另一种暗流式的压滤机滤液是由密闭的滤液通道集中流出，这种结构较简单，且可减少滤液与空气的接触。

当操作进行到一定时间后，滤框内被滤渣塞满，过滤速率大大降低或压力越过允许的程度（一般允许的最高压力降为0.3MPa），此时应停止进料，进行洗涤操作，并更新组装。

板框开动强度大，清洗时间长，拆装麻烦，从经济的角度考虑，最好采用二级或三级过滤装置，在实际生产中，人们常把装有不同过滤介质的两到三台过滤机串联使用，以过滤不同大小的固体颗粒，即先粗滤，后细滤。

②硅藻土过滤机：硅藻土过滤机是使用硅藻土作助滤剂附着在织物介质上的过滤机械，适用于果汁过滤，可滤除$0.1 \sim 1\mu m$的固体颗粒。该机性能稳定、适用性强、物料经过滤后风味不变，无悬浮物和沉淀物、汁液澄清透明、滤清度高、液体损失少、清洗方便、占地面积小，轻巧灵活、移动方便。

图6—20为硅藻土过滤机的结构图。硅藻土过滤机有水平叶片式和垂直叶片式两种，其结构一般都由壳体、空心轴、过滤网盘、玻璃视筒、压力表、排气阀等主要部件组成。料液从进液口进入，通过滤布、过滤网盘、空心轴，由出液口流出，经透明玻璃的视筒来观察滤液的澄清状况。

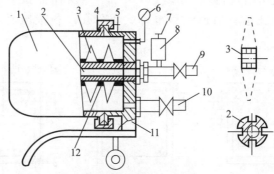

图6—20　硅藻土过滤机

1—壳体；2—空心轴；3—过滤网盘；4—卡箍；5、7—排气阀；6—压力表；
8—玻璃视筒；9—滤液出口；10—原液出口；11—支座；12—密封胶圈

使用硅藻土过滤机首先要做好助滤剂的预覆工作。该机工作时一般要配一个回流缸，在回流缸中向原液加入硅藻土助滤剂，添加量按滤盘总过滤面积450～800g/m² 计算，拌均匀后由过滤机进口进料，同时打开排气阀5、7，排气完毕立即关掉排气阀，使机内充满液体。在压力推动下，滤液穿过滤布、滤网盘，进入空心轴2的长槽中，通过槽中的孔进入空心轴，再由出口排入回流缸，一直循环到硅藻土均匀涂布在滤布上为止（从视筒8观察滤液清澈）。将待过滤的液体泵入过滤机中正常工作。预覆过程中，以硅藻土在过滤布上形成2～3mm厚的均匀、稳定、无裂纹与脱落的助滤层为最好。预覆时如液体流速太慢则所建立起来的预程层松散，很不稳定，如流速太快，使预覆层压力增高紧密，从而使液体过滤时压力也较高。最适宜的是压力调到不大于0.1MPa（0.01～0.05MPa 更好）能得到较满意的效果。该机应连续运行，若中途临时停机应先关出口阀再关入口阀，保持机内正向压力，以防硅藻土层裂口或脱落，影响再次启动后滤液的质量。

7. 均质设备

果汁加工业的均质机械较多，但就其作用原理来说，主要是通过机械作用或流体力学效应而造成高压、挤压冲击、失压等现象，从而使物料在高压下挤研，在强冲击下发生剪切，在失压下产生膨胀，通过这三重作用可达到物料间的细化和混合均质的目的。常用的均质设备有高压均质机、胶体磨、超声波均质机。

（1）高压均质机

高压均质机是特殊形式的高压泵。结构上可分为使料液产生高压能量的高压泵和产生均质效应的均质阀两大部分。

①高压泵

高压泵是一种往复式柱塞泵，结构如图6—21所示。工作时，料液经输料管送入进料腔1，在动力作用下使柱塞7左右运动。当柱塞向右移动时，由于泵腔的容积增大形成低压，这时进料腔1内的料液便推起活门2自动将料液吸入泵腔内。反之，当柱塞向左移动时，由于泵腔的容积减小，迫使吸入泵腔的料液顶起活门而从泵腔中排出，这是一个柱塞的工作过程。

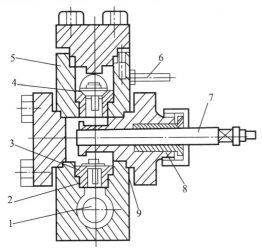

图6—21　高压泵

1—讲料腔；2—吸入活门；3—活门塞；4—排出活门；
5—泵体片；6—冷却水管；7—柱塞；8—填料；9—垫片

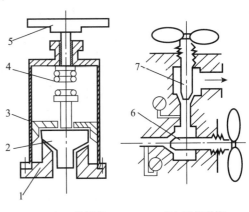

（a）工作原理　　（b）双级系统

图6—22　均质阀工作原理

1—阀座；2—阀芯；3—挡板环；4—弹簧；
5—调节手柄；6—第一级阀；7—第二级阀

②均质阀

均质阀是均质机的关键部件，由高压泵送来的高压液体，在通过均质阀时完成均质。均质阀的工作原理如图6—22所示。工作时，脂肪球或带有细小颗粒的物料，经高压泵的排出活门被压入均质阀下面阀座处的入口处。在压力作用下，阀芯2被顶起，使阀芯2与阀座1之间形成了极小的环形间隙，当物料在高压下流过间隙时，脂肪球或细小颗粒在间隙处受力情况发生变化。在均质阀内速度梯度引起的剪切力和料液流过均质阀时的高速（200～300m/s）撞击，以及高速料液在通过均质阀缝隙时由于压力剧变引起的迅速交替的压缩与膨胀作用在瞬间产生的空穴现象，使料液中的脂肪球或软性、半软微粒被破碎得更细小，达到均质的目的。

（2）胶体磨

胶体磨是一种磨制胶体或近似胶体物料的超微粉碎、均质机械，按结构和安装方式不同分立式和卧式两种。立式胶体磨研磨粉碎能力强，适合粘度较高的物料（粘度大于1Pa·s）。

立式胶体磨的转动件垂直于水平轴旋转，如图6—23所示。作为关键工作件的动磨盘呈锥形，安装在工作轴上。定、动盘均为不锈钢件，热处理后的硬度要求达到70HRC。动盘的外形和定盘的内腔均为截锥体，锥度为1:2.5左右。工作表面有齿，齿纹按物料流动方向由疏到密排列，并有一定的倾角。齿纹的倾角、齿宽、齿间间隙及物料在空隙中的停留时间等因素决定物料的细化程度。动、静磨盘锥形齿槽面的接触面积大于50%。组装后同轴度误差不超过0.05mm。当物料通过间隙时，由于动磨盘的高速旋转，产生强烈的剪切、摩擦、挤压、冲击作用使物料产生分散、混合和乳化均质作用。

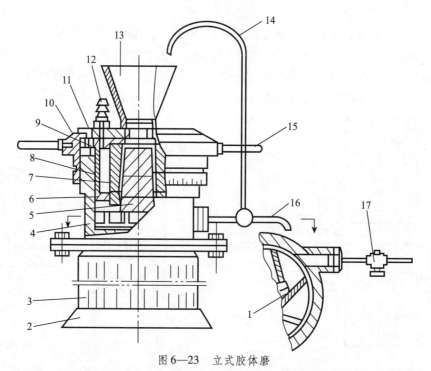

图6—23　立式胶体磨

1—叶轮；2—机座；3—电动机；4—座体；5—动磨盘；6—固定磨套；7—定盘；8—密封圈；
9—限位螺钉；10—调节环；11—盖板；12—进、出冷却水管；13—料斗；14—循环管；
15—调节手柄；16—第一级阀管；17—三通塞

动、静磨盘两表面间隙可调，形成粗、中、细三个环带的三道粉碎区。调节时，可以通过转动调节手柄 15 由调整环 10 带动定盘 7 做轴向移动而使间隙改变。若需要大的粒度比，则调整定盘 7 往下移。一般调节范围为 0.005 ~ 5mm。为避免无限制地调节而引起定、动盘相碰，在调节环下方设定限位螺钉 9，当调节环顶到螺钉时便不能再进行调节。一般胶体磨在出料管处设有三通管，可循环操作，直到所需要的细度时为止。立式胶体磨的转速为 3000 ~ 10000r/min。粉碎细度一般为 5 ~ 20μm，最细者可达 1μm。

8. 真空脱气装置

果蔬汁中都含有一定量的气体，包括果实本身含有的气体和在榨汁、筛滤、搅拌、均质作业时混入的气体。常通过真空脱气法及时将这些气体排除以防止果蔬汁中营养成分继续氧化；减少果肉颗粒与汁液之间的密度差值，减少灌装及杀菌时起泡和马口铁罐包装时对罐内壁的腐蚀等。

图 6—24 是 GT9A2 型脱气机示意图。整个脱气机组由双级水环式真空泵、气水分离器、脱气机和螺杆泵等部分组成。

这种真空脱气机属喷雾式，果蔬汁由泵通过控制阀进入喷嘴呈喷射状向下散开，在具有一定真空度的容器内落下，而果蔬汁中 80% ~ 90% 的气体被吸走。脱气果蔬汁流集于底部，从出液管被泵走。为了保持脱气的果蔬汁量和上下工序泵排出量的均衡，用液面控制阀控制进液管的流量，脱气室内液面过高时停止进液。脱气后的果蔬汁在脱气机内处于负压状态，必须用吸出泵把它输送到下一工序，经常使用螺杆泵来完成。气水分离器是盛有一定体积水的方形或圆形的无盖容器，其作用一是用来承接从水环泵排出混有少量水的气体，水留在容器内而气体则逸出；二是向水环泵提供循环的冷却水。

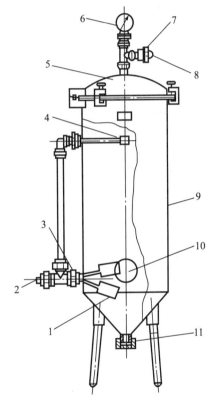

图 6—24　GT9A2 型脱气机

1—浮子；2—进料管；3—三通管；4—喷头；
5—顶盖；6—真空表；7—单向阀；8—真空阀；
9—脱气室；10—视孔；11—放液口

9. 杀菌设备

果蔬汁的杀菌一般采用板式和管式热交换器，杀菌方法多采用高温短时杀菌或超高温瞬时杀菌。

（1）板式杀菌设备

板式杀菌设备关键部件是板式换热器，它由许多冲压成型的不锈钢薄板组合而成，图 6—25 所示为板式换热器的结构示意图。传热板 1 悬挂在导杆 2 上，前端为固定板 3，旋紧后支架上的押金螺杆 6 后，可使压紧板 5 与各传热板叠合在一起。板与板之间有橡胶垫圈 7，以保证密封并使两板间有一定空隙。压紧后所有板块上的角孔形成流体的通道，冷流体与热流体就在传热板两边逆向流动，进行热交换。拆卸是仅需松开压紧螺杆 6，使压紧板 5 与传热板 1 沿着导杆 2 移动，即可进行清洗或维修。板式换热器的优点如下。

①传热效率高　由于板与板间的空隙小，换热流体可获得较高的流速，且传热板具有一定形状的凸凹沟纹，流体通过时形成急剧的湍流现象，因而获得较高的传热系数，一般可达

$3500 \sim 4000W/（m^2 \cdot K）$，而其他换热设备一般在 $2300W/（m^2 \cdot K）$ 左右。

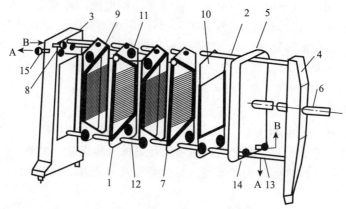

图6—25　板式换热器组合示意图

1—传热板；2—导杆；3—前支架（固定板）；4—后支架；5—压紧板；6—压紧螺杆；

7—板框橡胶垫圈；8、13、14、15—连接管；9—上角孔；10—分界板；

11—圆环橡胶垫圈；12—下角孔；A—物料流程；B—加热介质流程

②结构紧凑，设备占地面积小。

③适宜热敏性物料的杀菌　由于热流体以高速在薄层通过，实现高温或超高温瞬时杀菌，不会产生过热现象，适合果汁等热敏性物料的杀菌。

④操作安全、卫生，容易清洗。

⑤节约热能。

板式换热器的缺点是由于传热板之间的密封圈结构，使板式换热器承压较低。密封圈易脱落、变形、老化，造成运行成本高。

（2）管式杀菌设备

管式杀菌器都设计为套管式，如图6—26所示。套管式杀菌器又可以分为双套管、多套管和列管套管三种。

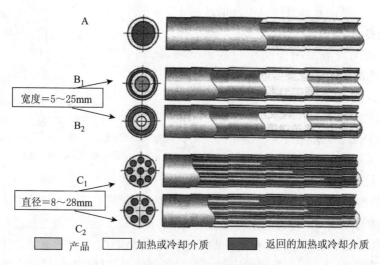

宽度＝5～25mm

直径＝8～28mm

▨ 产品　　□ 加热或冷却介质　　■ 返回的加热或冷却介质

图6—26　套管式杀菌器

为了增强换热效果，套管式杀菌器的内管外表面可以设计制作成波纹状以增加流体的湍流程度，提高换热效果。图6—27所示为管式杀菌机的结构图，它是由加热管、前后盖、器体、旋塞、高压泵、压力表、安全阀等部件组成。壳体内装有不锈钢加热管，形成加热管束；壳体与加热管通过管板连接。管式杀菌机的工作过程为：料液用高压泵送入加热管内，蒸汽通入壳体空间后将管内流动的物料加热，料液在管内往返数次达到杀菌所需的温度和保持时间后成产品排出。若达不到要求，则经回流管回流重新进行杀菌操作。

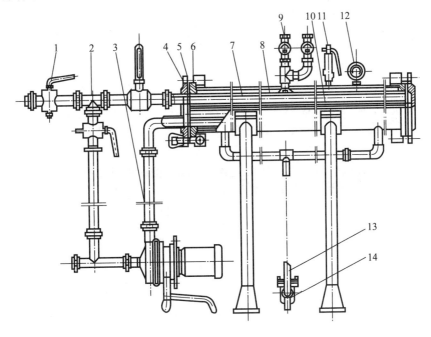

图6—27　管式杀菌机的结构图

1—旋塞；2—回流管；3—离心泵；4—两端封盖；5—密封圈；6—管板；7—加热管；8—壳体；
9—蒸汽截止阀；10—支角；11—弹簧安全阀；12—压力表；13—冷凝水排出管；14—疏水器

管式杀菌机的结构特点：

①加热器由无缝不锈钢环形管制成，没有密封圈和"死角"，因而可以承受较高的压力。

②在较高压力下可产生强烈的湍流，保证制品的均匀性和具有较长的运行周期。

③在密封情况下操作，可以减少杀菌产品受污染的可能性；

④其缺点为换热器内管内外温度不同，以致管束与壳体的热膨胀程度有差别，从而产生应力使管子易弯曲变形。

10. 浓缩设备

真空浓缩设备是果蔬汁浓缩最重要的和使用最广泛的设备，其型式很多，按加热蒸汽被利用次数分为单效浓缩装置和多效浓缩装置；按加热器结构型式分为中央循环管式蒸发器、盘管式蒸发器、升膜式蒸发器、降膜式蒸发器、片式（板式）蒸发器、刮板式蒸发器、离心薄膜蒸发器等。

选用浓缩设备应考虑：①设备的生产能力；②设备对果蔬汁的适应性如浓缩度、粘度、热敏性等；③芳香物质的回收；④设备使用性能如操作、维护和清洗方便性，满足生产工艺和食品卫生要求；⑤设备使用经济性，投资和操作费用，热能利用率；⑥与厂房设计大小等因素。

（1）蒸发器

蒸发器主要由加热室（器）和分离室（器）两部分组成。加热室的作用是利用水蒸气为热源来加热被浓缩的料液，其型式多种多样，为强化传热过程，采用强制循环代替自然循环。分离室的作用是将二次蒸汽中夹带的雾沫分离出来，其型式可与加热室置于一体或者单独成为分离器。下面介绍升膜和降膜式蒸发器。

升膜和降膜式蒸发器为自然循环的长管型液膜式蒸发器。主要特点是管束很长，约6～8m，截面积很小，但具有很大的传热面，液体沿管壁成膜状流动，进行连续传热蒸发，液体在蒸发器内停留时间短，约几秒至几十秒，传热效率高，广泛应用于果蔬汁的浓缩。

图6—28为单效升膜式浓缩装置示意图，由加热器体、离心分离室、液沫捕集器及循环管组成。管长与管径比约为100～150。料液经预热后从管束的下部引入。首先被管间的蒸汽加热产生自然对流，温度升高至沸腾时产生气泡，随温度不断升高气泡增大使料液在管壁上形成液膜，并被产生的高速上升的二次蒸汽所带动继续成膜状上升并受热蒸发而浓缩，最后进入蒸发分离室，在离心力作用下与二次蒸汽分离。浓缩液可直接排出，或与原料液混合后再循环，或进入下一步浓缩。这种蒸发器的特点是设备占地面积少，传热效率高，受热时间短，但因管束内下部区域积存较多料液，产生静压效应，反而不利于浓缩，适于易起泡沫和粘稠果蔬汁的浓缩。

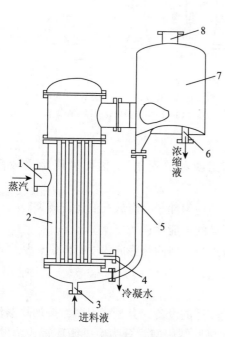

图6—28 单效升膜式浓缩装置

1—蒸汽进口；2—加热器；3—料液进口；
4—冷凝水出口；5—循环管；6—浓缩液出口；
7—分离器；8—二次蒸汽出口；

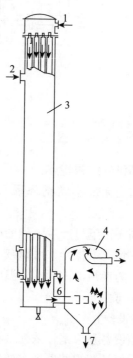

图6—29 单效降膜式浓缩装置

1—料液进口；2—蒸汽进口加热器；3—加热器；
4—分离器；5—二次蒸汽出口；6—冷凝水出口；
7—浓缩液出口

降膜式蒸发器的构造（如图6—29所示）与升膜式相似，工作原理也与升膜式一样，主要区别是料液从管束的顶部加入，液体在重力作用下经降膜分布器进入加热管，然后沿管内壁成膜状向下流动。降膜分布器的好坏直接影响传热效果，其作用是料液均匀分布于各加热管，避免局部过热和焦壁。

降膜式蒸发器不存在静液层效应，物料沸点均匀，传热效率高，热能经济性好，清洗较方便。可对粘度达到1Pa·s的果蔬汁进行浓缩。

（2）浓缩设备的附属设备

①冷凝器

冷凝器主要作用是将真空浓缩所产生的二次蒸汽进行冷凝，并将其中不凝结气体如空气、二氧化碳等分离，以减轻真空系统的容积负荷，同时保证达到所需的真空度。常用的冷凝器有表面式、大气式、低位式及喷射式四种。

①捕集器

捕集器一般安装在浓缩设备的蒸发分离室顶部或侧面。其作用主要是防止蒸发过程中形成的细微液滴被二次蒸汽夹带逸出。对汽—液进行分离，可减少料液的损失，同时净化二次蒸汽，防止污染管道及其他浓缩设备的加热面。捕集器一般分惯性型捕集器、离心型捕集器和表面型捕集器三种。

③抽真空装置

抽真空装置的作用主要是使整个浓缩设备处于真空状态，以降低料液表面压力，料液在低温下沸腾，有利于提高产品质量。常用的抽真空装置有干式真空泵、水环式真空泵、水力喷射泵和蒸汽喷射泵。

11. 灌装设备

果蔬汁灌装以定容法为主，定容法又有等压法和压差法之分。等压法就是在灌装时，料液罐顶部空间压力和包装容器顶部空间压力相同，果蔬汁靠自身重力流入包装容器内，它既可以在常压下灌装（常压法），也可以在大于1个大气压（高压法）或者在小于1个大气压下灌装（真空法）。压差法是指在灌装时，贮液罐的压力与容器压力不一样，且贮液罐的压力大于容器内压力，这种灌装方法灌装速度较快。

（1）常压灌装机

常压灌装机主要由灌装系统、进出瓶机构、升降瓶罐机构、工作台、传动系统等组成，用于灌装不含气的液体。图6—30所示为常压灌装机机构原理图。在传动系统作用下，转轴16带动转盘11和定量杯一同回转，料液从贮液筒经管道13靠自重流入定量杯内。在凸轮2的作用下，瓶托1带动瓶子上升。当瓶口顶着压盖盘5上升时弹簧压缩，此时滑阀6就在活动量杯8内孔中向上滑动。随着转轴回转，已定量好的两杯转离贮液筒14下方，进入灌装位置。当滑阀6上升，进液孔7打开时料液便流入瓶内，瓶内气体从压盖盘5下表面的四条小槽排出，完成一个瓶子的灌装任务。随着转盘转动，8个定量杯逐次进入14正下方完成定量工作，当转离定量位置，进入灌装位置时又开始灌瓶，如此反复连续不断地工作。定量杯容量靠调整活动定量杯8的高低实现。

（2）负压灌装机

也称真空式灌装机。这种灌装方法是使贮液箱内处于常压，灌装时，对瓶内抽气使之形成真空，到一定真空度时液体靠贮液箱与容器压力差作用流入瓶中，完成灌装。

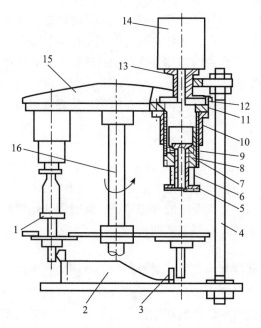

图 6—30　常压灌装机

1—瓶托；2—端面凸轮；3—滚子；4—撑杆；5—压盖盘；6—滑阀；7—进液口；8—活动量杯；9—密封圈；
10—固定量杯；11—转盘；12—密封盘；13—进料管；14—贮液筒；15—罩盖；16—转轴

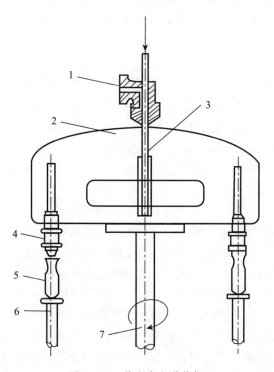

图 6—31　单室真空灌装机

1—接真空泵；2—贮液箱；3—进料管；4—灌装阀；5—瓶；6—瓶托；7—立轴

①单室真空灌装机

图 6—31 是单室真空灌装机原理示意图，它实际上是真空等压灌装，液体靠自身重力灌

入容器。真空室和贮液箱连通在一起，瓶子上升推压灌装头（阀），打开灌装头液流出口时，吸气管便插入瓶中开始抽真空。瓶内压力小于贮液箱2中的气压与被灌料液压力之和时，料液便从进液口灌入瓶内。瓶内液面上升到抽气管管口时，进入的多余物料便被抽到贮液箱，此时，瓶托机构正好处于下降位置，进液口关闭，完成灌装任务。单室真空灌装机不宜灌装有香味的液体。

②双室真空灌装机

图6—32是双室真空灌装机原理示意图，贮液箱处于常压，当包装容器内获得一定真空度后，料液灌装阀吸入，通过输液管插入瓶内的深度来调节控制灌装量。其气室与贮液箱分开，通过两根回流管连接，这样避免了单室结构的缺点，适用于高浓度液体如含果肉果汁、糖浆等的灌装。

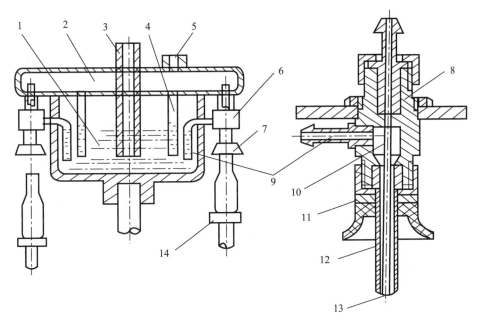

图6—32　双室真空灌装机

1—贮液箱；2—真空室；3—进料管；4—回流管；5—抽气管；6—灌装阀；7—橡皮碗头；8—阀体；9—吸液管；10—吸气管；11—灌装量调整垫片；12—输液管；13—吸气口；14—顶杆托盘

任务2　苹果汁加工技术

一、苹果汁原材料准备

苹果、不锈钢刀具、榨汁机、离心机、滤筛、均质机、复合果胶酶、台秤、电磁炉、不锈钢锅、玻璃瓶及盖子、手持折光仪、碱式滴定管。

二、苹果汁工艺流程

苹果汁的品种有混浊苹果汁、透明苹果汁和带果肉苹果汁等。下面介绍混浊汁、透明汁及浓缩苹果汁的生产工艺流程（图6—33）。

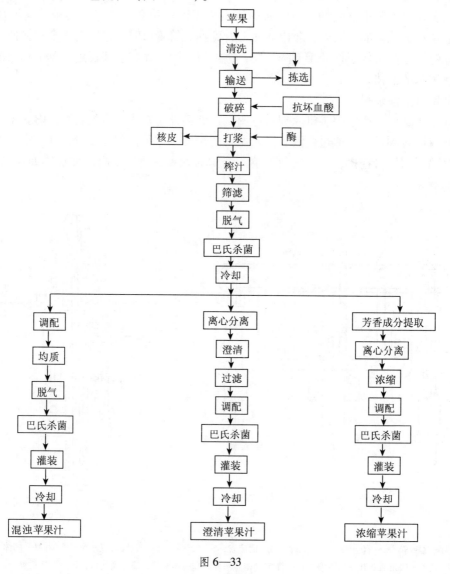

图 6—33

三、苹果汁操作规程

编号	工序名称	操作规程
1	原料验收	原料要求是富有苹果风味，糖分较高，酸度适当，香味浓郁，果汁丰富，取汁容易，加工及储藏过程中不宜褐变。如红玉、国光
2	清洗	先由流槽将苹果进行初步清洗，同时将苹果由原料间输送出来，然后由斗式提升机喷淋机将果实从流槽内捞出并进一步清洗，若仍未清洗干净，可经辊轴式喷淋机清洗一次。水洗后，将果实放在1%氢氧化钠和0.1%~0.2%的洗涤剂混合液中，浸泡10min。洗涤液的温度一般控制在40℃以下。浸泡洗涤液后，进行水洗，充分洗去果实表面的洗涤液。通过清洗将附着在苹果上的泥土和农药洗净，将苹果原料携带的微生物量降低到原来的2.5%~5.0%

编号	工序名称	操　作　规　程
3	分选	将腐烂、机械损伤的果实和树叶等杂物挑选出来。一般采用人工分选，即将苹果放在一条长输送带上，输送带的速度一般为 0.2～0.5m/s，工作时工人站在带的两侧将不合格的果实剔出，也可以采用机械分选
4	破碎与护色	苹果的破碎多采用磨碎机或锤碎机。锤碎机速度快，苹果受锤打击而粉碎，并从底部排出。破碎粒子的大小，可由底部带孔板的孔径大小调节，但是过熟的苹果，往往会破碎过度，造成榨汁困难。也可以根据苹果的硬度，改变锤碎机回转的速度。如果使用离心分离机进行榨汁，破碎后须用碎浆机进行处理，使粒子微细，增加榨汁率。破碎时，果块最好在 3～4mm。由于苹果中的多元酚物质在多元酚酶的作用下，易产生褐变，尽量避免物料与空气接触，同时，在果实破碎时一定要加护色剂，如维生素 C、柠檬酸等。1t 苹果原料，添加 1kg 的 5%～10% 的抗坏血酸溶液，用定量泵注入到破碎机中，一般采用喷淋式添加方式，一边破碎一边向已破碎好的物料中喷洒护色剂
5	榨汁	苹果的榨汁大致分为压榨法和离心分离法两种。运转方式有间歇和连续两种。常的用榨汁机有包裹式榨汁机、卧式圆桶榨汁机、螺旋压榨机和带式榨汁机。带式榨汁机是当今苹果汁生产中较先进的榨汁机械。苹果中果胶含量较多，在榨汁前应进行果胶酶处理，以提高出汁率。果胶酶用量应根据苹果中果胶含量而定，一般在 0.3%～0.4% 左右，酶解温度为 40℃，处理时间为 2h。新鲜成熟的苹果原料出汁率为 68%～86%，平均为 78%～81%，而贮存过的原料或过熟原料，出汁率显著下降
6	筛滤	果浆中氧化酶和果胶酶的含量高于果汁。果汁中果肉浆含量过多，在杀菌和芳香回收操作时，容易产生焦糊。因此，榨出的果汁，应立即通过筛滤分离出果浆。滤筛使用不锈钢的回转筛或震动筛，滤网以 60～100 目为宜。
7	脱气	榨出的果汁中氧含量约 2.5～4.7mL/L，会导致果汁产生氧化褐变，为此，在杀菌前必须进行脱气
8	杀菌	为了杀菌和钝化氧化酶和果胶酶，促使热凝固性物质凝固，榨出的果汁应立即加热。一般果汁杀菌在 95℃ 以上，保持 15～30s，采用多管式或片式杀菌机。杀菌后立即冷却，透明果汁冷却到 45℃，混浊果汁更要低些，以除去其中的悬浮物。苹果的果胶酶耐热性很强，即使在 93℃，3min，还有微量的活性，因此生产混浊果汁时必须控制杀菌温度
9	离心分离	透明果汁在用酶澄清之前，应先分离去沉淀物，这样可以提高酶的作用效果，澄清后的果汁容易过滤。离心分离约造成 2%～4% 果汁的损失

编号	工序名称	操 作 规 程

10	澄清
	（苹果清汁）
		苹果原料的品种和状态，对澄清有很大的影响，有时用单一酶处理，效果不理想，可采用纤维素酶、淀粉酶和酸性蛋白酶并用的方法，可以提高澄清效果。果汁中含有大量的铜、铁等重金属离子，会阻碍酶的作用，添加微量的动物胶能阻止酶活性的下降。过熟的苹果汁，酸含量减少，pH 升高，增加澄清的困难。为此必须适当调节 pH。澄清方法可以采用加单宁、明胶、皂土处理、果胶分解酶处理和物理方法等
		  ①果胶酶—明胶—硅溶液澄清法：用 0.07% 果胶酶在 45℃ 下保温 2h 后，每 100L 果汁加明胶 8g、硅溶液 80g，搅拌均匀，常温下静置 60min 后进行分离
		  ②硅藻土澄清法：一般将硅藻土配置成 40～50g/L 的悬浮液后加入果汁中，充分搅拌 20min。硅藻土的最高使用量为 450g/1000L，不可使用过多，否则会造成苹果汁的后混浊
		  ③明胶—硅溶液澄清法：一般 1L 苹果汁中加入 1.2g 的硅胶溶液（SiO_2）和 0.06～0.2g 的明胶。首先将硅胶溶液和苹果汁混合均匀，然后一边搅拌一边加入明胶，约 0.5～3h 后果汁就会出现絮状物，静置一段时间就可以得到清汁

11	过滤
	（苹果清汁）
		过滤就是将苹果汁中的固体粒子除去，固体粒子包括果肉微粒、澄清过程中出现的沉淀物及其他杂物。过滤主要采用板框式过滤机、叶式过滤机、硅藻土过滤机、离心式分离机、过滤式离心机以及膜分离等
		  ①板框式过滤机：是目前最常用的过滤设备之一。特别是近年来常作为苹果汁进行超滤澄清的前处理设备，对减轻超滤设备的压力十分重要
		  ②硅藻土过滤机：是在过滤机的过滤介质上覆上一层硅藻土助滤剂的过滤机，该设备在小型苹果汁生产企业中应用较多。它具有成本低廉、分离效率高等优点。但由于硅藻土助滤剂容易混入苹果汁给以后的作业造成困难
		  ③膜分离技术：苹果汁澄清工艺中的膜主要采用超滤膜，膜材料有陶瓷膜、聚砜膜、黄化聚砜膜、聚丙烯腈膜及其共混膜。用超滤膜澄清的苹果汁无论从外观上还是从加工特性上都优于其他澄清方法制得的苹果澄清汁
		  澄清过滤后的果汁，经加热杀菌，有时还会再出现混浊现象，这是由于澄清前没有进行加热处理或加热温度偏低产生的现象。通过高温加热杀菌之后，再进行澄清就能够防止这种现象。透明果汁在贮藏中，有时也会产生二次沉淀，这种沉淀可能是果胶分解产物，与金属离子络合形成很大的分子或多元酚类的聚合而产生的沉淀现象

12	均质 （混浊苹果汁）	均质是混浊果汁加工中的特殊工序。均质的目的是使果汁中含有的悬浮颗粒进一步破碎，且大小均匀，并促进果胶的渗出，使果胶和果汁亲和、均匀而稳定地分散在果汁中。不经均质的混浊果汁，由于悬浮粒子较大，在重力作用下会逐渐沉淀而失去混浊度 高压均质机是在 9.8～18.6MPa（100～190kgf/cm²）压力下，使悬浮粒子受压而破碎，通过均质阀，使加高压的果汁从极端狭小的间隙中通过，然后由于急速低压作用而膨胀和冲击，使粒子微细化并均匀地分布在果汁中

编号	工序名称	操 作 规 程
13	脱气（混浊苹果汁）	脱气可以将混浊果汁的空气含量降低到1.5%～2.0%（体积分数），该方法会蒸发1%～2%的水分，同时也会造成芳香物质的损失。一般采用真空脱气法，真空度一般控制在−0.07～−0.05MPa，物料温度应当比真空罐内绝对压力所相应的温度高2～3℃，一般控制在50～60℃
14	杀菌	苹果汁生产中主要采用巴氏杀菌和高温短时杀菌法。巴氏杀菌为：85～100℃杀菌数分钟，高温短时杀菌法为：105～110℃杀菌数十秒钟
15	灌装	目前商业上使用的灌装方法主要有热灌装、冷灌装和无菌灌装等。热灌装是将苹果汁加热杀菌后立即灌装到清洗过的容器内，封口后将瓶子倒置10～30min，对瓶盖杀菌后立即冷却。冷灌装是先将苹果汁灌入瓶内封口，在放入杀菌釜内90℃杀菌10～15min。无菌灌装的条件是苹果汁无菌、包装容器无菌、灌装空间也要无菌

四、苹果汁质量标准

项目	质 量 标 准
感官指标	具有苹果制品应有的滋味及气味，无异味；澄清果汁呈黄褐色，清亮透明，允许有少量沉淀。混浊汁呈乳白色或淡黄色；混浊汁混浊均匀，允许有少量果肉沉淀
可溶性固形物	≥12%
二氧化硫残留量（SO_2）	≤10mg/L
展青霉素	≤50μg/L
杂质	不允许有外来杂质存在
菌落总数/（cfu/mL）	≤500
大肠菌群/（MPN/100mL）	≤30
霉菌/（cfu/mL）	≤20
致病菌	不得检出（沙门氏菌、志贺氏菌、金黄色葡萄球菌）

任务3　柑橘汁加工技术

一、柑橘汁原材料准备

柑橘、拣选机、洗果机、柑橘榨汁机、滤筛、离心分离机、均质机、电磁炉、不锈钢锅、折光仪、碱式滴定管、玻璃瓶及盖子。

二、柑橘汁工艺流程（图6—34）

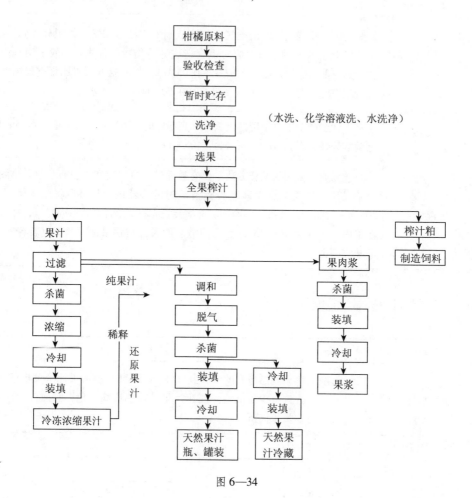

图6—34

三、柑橘汁操作规程

编号	工序名称	操 作 规 程
1	原料验收	原料要求：甜酸适口、色浓、香气浓郁、果汁多，榨汁率高。目前国内外由于甜橙汁加工的品种有早熟的雪柑、锦橙、新会橙、香水橙、柳叶橙、大红甜橙、哈姆林橙、帕逊布朗橙和卡特尼拉橙等；中熟的派因阿普尔橙和红玉血橙；晚熟种的伏令夏橙、五丹红、桂夏和刘金光夏橙等 原料进厂后按制汁质量求进行检验，弃除病害果、未成熟果、枯果、软果、过熟果和机械损伤等不合格的果实后进行中间贮存，贮存时间不宜超过36h，尽量避免新鲜度下降而影响果汁质量
2	拣选和清洗	最好采用辊式拣选机进行拣选。原料经流水输送至清洗设备中，在含有清洗剂的水中短时浸泡，然后进入旋转的清洗滚刷清洗，并用含氯 $10 \times 10^{-6} \sim 30 \times 10^{-6}$（ppm）的清洗水喷淋后经清水冲洗，然后重新拣选剔除漏除的不合格果实

编号	工序名称	操 作 规 程
3	除油	清洗后的果实进入针刺式除油机，在针刺式除油机中有旋转的有刺辊轴或有刺平板。当果实经过这些辊轴或平板时，果皮被刺破，果皮中的油从细胞中逸出，被喷淋水带走。再通过碟式分离机把甜橙油从甜橙油和水的乳浊液中分离出来。残液经循环管道再进入除油机中做喷淋水用
4	榨汁	分离油后的果实，由皮带传送机成单列送到进料斗中，然后逐个正确地投入榨汁机下托盘内，柑橘一进入托盘内，上盖筒立即降下，进入榨汁工序，同时从底部打开抽出果汁的圆孔。然后带小孔的出汁管上升到滤网管中间，由于管内的果肉受到挤压，果汁就从滤网关的小孔流出，汇集到下部集液管。果皮片、橘囊皮、种子等从出汁管的中间空隙排出，完成榨汁。优质果实的平均榨汁率为40%～50%
5	过滤	一般来说，榨汁机均附有果汁粗滤设备，榨出的果汁经粗滤后立即排出果渣及种子，因此无需另设粗滤器。经粗滤的果汁立即送往精滤机进行精滤，筛孔的孔径为0.3mm，果汁的质地可通过调节精滤机的压力和筛筒的筛孔大小加以控制。对于天然果汁来说，果肉浆的最适含量为3%～5%，可以使果汁保持良好的色泽、浊度和风味
6	调和	将调节好果肉浆含量的果汁，放入带搅拌器的不锈钢容器中，进行调和，使品质和成分一致，必要时可按产品标准添加适量的砂糖或柠檬酸。调和后的果汁可溶性固形物达到15%～17%（以折光计），总酸度要达到0.8%～1.6%（以柠檬酸计）。果汁的糖酸比，各地区要求不同，美国最好的糖酸比为13.5，根据不同要求可以从12.5～19.5范围内，实际上大多数产品为13.0～17.0左右
7	脱气	对含油量很低的甜橙汁，可以在常温下进行真空脱气。对含油量较高的甜橙汁，可以在脱气同时完成脱油，一般真空蒸发器在50～52℃下操作，这种情况下会蒸发掉果汁中的3%～6%的水分，甜橙油可脱除75%左右。通常甜橙汁中宜保留0.015%～0.025%的甜橙油
8	杀菌	如果仅仅为杀灭微生物，可以选择71～72℃杀菌温度和相应的停留时间，但为了钝化果胶酶、抗坏血酸氧化酶和保证柑橘原汁的胶态稳定性，甜橙汁的工业化生产需采用板式或管式热交换器在86～99℃之间进行高温短时杀菌
9	灌装、冷却	巴氏杀菌后的果汁多采用热灌装，灌装过程中应防止空气混入果汁。对于纸质包装容器采用冷灌装，将果汁杀菌后通过热交换器冷却到25℃左右进行灌装、密封，或者在无菌条件下无菌灌装
10	入库贮存	成品贮存于常温库中

四、柑橘汁质量标准

橙汁及橙汁饮料质量要符合国家标准 GB/T 21731—2008 的规定。

项目	质量标准
感官指标	①状态：呈均匀液状，允许有果肉或囊胞沉淀；②色泽：具有橙汁应有之色泽，允许有轻微褐变；③气味与滋味：具有橙汁应有的香气及滋味，无异味
杂质	无可见外来杂质
可溶性固形物	10% ~ 11.2%
果汁含量	100（g/kg）
菌落总数/（cfu/mL）	≤500
大肠菌群/（MPN/100mL）	≤30
霉菌/（cfu/mL）	≤20
致病菌	不得检出（沙门氏菌、志贺氏菌、金黄色葡萄球菌）

任务4 番茄汁加工技术

一、番茄汁原材料准备

番茄、破碎机、榨汁机、离心分离机、折光仪、碱式滴定管、不锈钢锅、电磁炉、瓶子及盖子。

二、番茄汁工艺流程（图6—35）

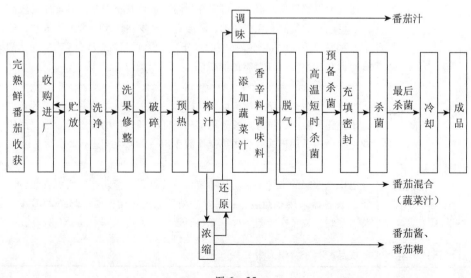

图 6—35

三、番茄汁操作规程

编号	工序名称	操作规程
1	原料验收	原料要求采用新鲜、成熟度适当、颜色鲜红、香味浓郁、可溶性固形物含量在5%以上，糖酸比适宜（6:1）的优良品种。进厂原料应及时加工，贮藏不宜超过24h
2	清洗	将果实在水槽浸渍一定时间后，送到旋转洗涤机或冲洗输送机，使果实一边回转，一边受压力为882kPa左右的，流量为20~23r/min的水喷洗。喷嘴与果实的距离以17~18cm左右为宜。洗涤效果根据洗涤水的流量与时间综合决定，但喷雾压力高时会损伤番茄。番茄应进行严格的洗涤，以除去番茄表面附着的微生物、砂土、枯叶和部分农药等，保证番茄汁的杀菌效果，保证产品质量的稳定
3	选果和修整	原料经进入工厂和生产前二次检查，在加工时很少混入不适用果实，但还会有漏检的、不适用的果实或没有除去果蒂的果实。因此，此工序不可缺少。一般用人工除去不良果实。不良果实中，局部不合格的可切除，留下合格部分，也就是进行休整，这个操作通常与选果同时进行
4	破碎和预热	破碎、预热工序是影响番茄汁粘稠度和得率的重要工序。破碎有热破碎和冷破碎两种。破碎指番茄破碎后，立即加热到80℃以上的破碎方法。冷破碎法的果肉浆中，果胶酶活性很强，在短时间内容易分解果胶。在冷破碎中，将破碎厚的果肉浆放置5min，盐酸可溶性果胶（高分子果胶）明显减少，继续下去，水溶性果胶也明显减少。因此，为了生产具有适当粘稠度，且倒入饮用容器之后不产生水浆液分离的番茄汁，最好采用热破碎法
5	榨汁	破碎、加热后的榨汁，在除去果皮、种子和果芯的同时，也进行果肉浆粒子的调整。一般采用螺旋式榨汁机，也可采用打浆机。螺旋式榨汁机是在螺旋和筛孔之间挤压破碎浆而取汁。打浆机是以撞击的方式取汁，筛孔孔径通常为0.4mm。一般采用螺旋是榨汁机，可减少空气的混入。榨汁率因过滤筛孔的大小（通常为1.0~0.8mm）、旋转桶和外套桶的间隔以及旋转桶的回转数的不同而不同。优良品种番茄的榨汁率为75%~80%左右
6	脱气	在破碎和榨汁过程中，不可避免地混入空气，所以榨汁后的脱气工序是必要的。脱气可以使用降膜式真空脱气装置或喷雾式真空脱气装置进行
7	调味	作为番茄汁的调味料，仅仅是添加食盐，其添加量为0.5%左右。间歇式混合食盐时，先在一部分番茄汁中将食盐溶解成高浓度，然后从混合槽底部打入，并在不混入气泡的情况下搅拌混合
8	均质	为了使果肉浆粒子细致，提高粒稠度，可使用均质机均质。但是，通过均质的番茄汁口感过于柔滑，所以大多数可以不进行均质。如前所述，冷破碎的番茄汁，即使进行均质，果肉浆与浆液分离也是不可避免的

编号	工序名称	操 作 规 程
9	预杀菌	番茄汁含有果肉浆，粘度较高，装入容器密封之后通常不进行杀菌。这是因为内容物粘稠，传热性差，需要的杀菌时间长，而且会降低制品品质（如褐变、异臭、维生素损失等）。因此，番茄汁最好在装入容器之前进行杀菌。杀菌温度一般为118～122℃，40～60s杀菌后，立即冷却到90～95℃，装填密封
10	装填和密封	番茄汁所使用的容器，一般为金属罐，也可使用玻璃瓶和纸容器。预杀菌后，冷却到90～95℃的番茄汁立即装入洁净的容器，装满为度，称为热装填法。热装填后立即进行密封
11	杀菌	热装注密封后，放置10～60min，使之完全杀菌，然后用冷却水使容器内番茄汁温度迅速冷却到35℃以下

四、番茄汁质量标准

项目	质 量 标 准
感官指标	汁液呈红色、橙红色或橙黄色；具有新鲜番茄汁应有的滋味及气味，无异味；汁液均匀混浊，允许有少量的微小番茄肉悬浮在汁液中，静置后允许有轻度分层，浓淡适中，但经摇匀后，应保持原有的均匀混浊状态，汁液粘稠适度
可溶性固形物	≥6%
番茄红素	≥6mg/100g
外来杂质	不允许
菌落总数/（cfu/mL）	≤500
大肠菌群/（MPN/100mL）	≤30
霉菌/（cfu/mL）	≤20
致病菌	不得检出（沙门氏菌、志贺氏菌、金黄色葡萄球菌）

【知识拓展】 PET瓶的无菌冷灌装技术

无菌冷灌装是指在无菌条件下对饮料产品进行冷（常温）灌装，这是相对于在一般条件下进行的高温热灌装方式而言的。无菌条件下灌装，设备上可能会引起饮料发生微生物污染的部位均保持无菌状态，所以不必在饮料内添加防腐剂，也不必在饮料灌装封口后再进行后期杀菌，就可以保证商业无菌，同时可保持饮料的口感、色泽和风味。2001年汇源果汁集团斥资亿元引进亚洲第一条PET瓶的无菌冷灌装生产线，该生产线采用瞬时超高温杀菌技术、低温灌装，使饮料中的营养成分、香味、色泽最大程度地保留。近年来无菌冷灌装技术被众多知名饮料厂商应用，已越来越完善，生产的饮料品种也越来越多，包括果蔬汁、茶饮料、碳酸饮料、水、乳饮料等。

1. 无菌冷灌装的工艺流程

无菌冷灌装工艺是先将吹瓶机吹制好的空瓶由空瓶输送带送入隧道式消毒液灌注通道，灌满消毒液的 PET 瓶在输送带上经多道瓶外喷淋消毒装置对瓶子的外壁灭菌，多道瓶口和瓶底喷淋消毒后，经杀菌保持段进入翻转机将瓶内消毒液倒出、沥干后送入无菌组合机的冲瓶机部分，用无菌水将残留于瓶子内外表面的消毒液洗掉，沥干进入灌装机部分灌装。灌装完成后再进入旋盖机前用多道无菌水洗掉瓶口螺纹上的残余物料；旋盖后的产品由输送带送出，经贴标、喷码、人工装箱后送到成品仓库。瓶盖经过瓶盖输送机、理盖机消毒机，经无菌水冲洗和无菌空气吹干后送入旋盖机。

2. PET 无菌冷灌装的无菌化设计

PET 无菌冷灌装的关键是如何实现灌装物料、灌装设备、灌装环境、空瓶、瓶盖等的无菌处理，以保证产品的商业无菌。

（1）灌装物料的无菌化

灌装物料采用超高温瞬时杀菌技术（UHT）技术。调配好的物料经脱气、均质后泵送到 UHT 杀菌机，低酸产品一般经 $137 \sim 142℃$，$4 \sim 30s$ 杀菌；高酸产品一般 $105 \sim 115℃$，$15 \sim 30s$。杀菌后的物料经过冷却段降温至 $25℃$ 左右，送到无菌灌装机的物料系统。见图 6—36。

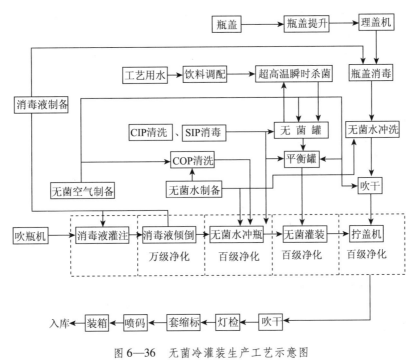

图 6—36　无菌冷灌装生产工艺示意图

（2）灌装环境的无菌化

为保证灌装环境的无菌，无菌灌装机采用了独特的 FFU 无菌隔离技术。该技术采用送风单元加超高效过滤器，隔离罩与机体有机结合，将无菌空间降为最小。在静态下达到 100

级的洁净室标准，在动态条件下实现无菌，隔离罩内正压达到 10～20Pa。采用该技术后，可连续生产 48～72h 后再清洗灌装机外部，降低了运行费用。

（3）PET 空瓶及瓶盖的灭菌

空瓶的灭菌是无菌冷灌装生产工艺中最关键的一步。由于标准 PET 瓶不耐热，只能采用化学试剂进行灭菌，要保证瓶子和盖子得到有效的灭菌，且不能让化学试剂影响到产品，无菌灌装采取了以下措施：要求最初吹制的瓶子原始菌落数不超过 10CFU/瓶；输送瓶子采用无菌空气，配有空气输送带；瓶子内部采用过乙酸类消毒剂进行浸泡灭菌，可以达到很高的杀菌效果；同时对瓶子外部进行消毒剂两次喷淋和三次保持，实现彻底灭菌；消毒剂有自动回收和浓度测定系统，保证消毒剂浓度稳定；用无菌水将瓶中残留的消毒剂冲洗干净，再用无菌空气吹干，保证残留消毒剂不会对物料产生影响。

瓶盖一般采用消毒剂浸泡杀菌，通过控制浸泡时间保证杀菌效果。理盖机在万级净化间内，采用机械旋转的理盖方式，避免压缩空气将细菌带入万级净化间。浸泡灭菌后的瓶盖先用无菌水冲洗，再用无菌压缩空气吹干，经全封闭的输送带送到旋盖机。该通道内保持 100 级洁净度和正压状态。

（4）灌装设备内部与物料接触部分的清洗（CIP）和灭菌（SIP）

无菌冷灌装的主体设备要求符合食品卫生级设计，主要在管道和阀门技术、材料表面的抛光、重要区域的表面设计、选择抗腐蚀材料等几方面具有优势，还带有 CIP 系统、杀菌（SIP）系统以及设备外部泡沫清洗系统（COP）。在停止生产或开机前，需马上对物料灌装阀等物料通道进行酸、碱和水的清洗（CIP），保证物料通道的洁净。清洗结束生产前，首先要对物料通道进行蒸汽杀菌，保证物料通道的无菌环境。

（5）其他辅助系统的灭菌

为了保证生产时的无菌状态，各辅助系统的灭菌也非常重要，如无菌罐系统、无菌水管道和无菌空气管道等。在设计时充分考虑每个可能的污染点，保证了灌装过程是在可靠的无菌条件下实现的。

3. PET 无菌灌装线的主要设备

（1）隧道式消毒液灌注及瓶外壁喷淋装置

该装置是将消毒液灌装到输送的空瓶内，是消毒液充满 PET 瓶来实现对瓶子内壁的浸泡杀菌。瓶外壁和瓶口喷淋装置是通过安装在输送带侧板上的定向喷嘴，对灌满消毒液的瓶子外壁和瓶口进行喷淋灭菌。根据生产线生产能力可以设计不同喷嘴组合。基本配置包括卫生泵、安装于箱体顶部的排风管道、消毒液回收过滤循环利用系统等。

（2）无菌灌装机组

无菌灌装机组由倾倒机、冲瓶机、灌装机和旋盖机组成。冲瓶机是通过无菌水冲洗将残留于瓶内壁的消毒液冲掉，使得残留浓度小于 0.1mg/kg。灌装机采用非接触式电子式定量灌装阀，瓶口和阀体不接触，防止二次污染；灌装部分设置有自动假瓶机构，在 CIP 清洗和 SIP 灭菌式自动装假瓶。封盖机采用磁力恒力矩旋盖装置、抓盖上盖、保证旋盖的成品率。传动部位采用热障蔽技术，有效隔离污染区与洁净区域。采用集中润滑点的方式润滑，整机设置严格的密封措施，不会产生泄漏现象。

（3）消毒液配制系统

包括泵、预混罐、自动液位检测和进水流量控制装置、储罐和过滤器等，采用 PLC 及触摸屏控制。消毒液循环能力为 15m³/h，消毒液配制浓度 400～2500mg/kg，送出温度为 40～65℃。

（4）无菌水制备系统

采用超高温灭菌方式制备。主要供给冲瓶机及瓶外表面的冲洗、拧盖机拧盖前的瓶口冲洗，瓶盖冲洗和泡沫清洗机等。基本配置包括板式换热器、泵、PLC 及触摸屏控制，具有自动酸洗功能，防止结垢。

（5）无菌空气制备系统

采用中效、高效两级空气过滤器，主要供给瓶吹干和无菌罐、无菌平衡罐背压等部位。使用蒸汽对过滤滤芯进行灭菌，空气管道采用消毒液消毒。

（6）蒸汽过滤系统

主要供给灌装机内部与物料接触部分的蒸汽灭菌。基本配置为蒸汽过滤器。

（7）自动外部泡沫清洗系统

主要对无菌组合及外部和隔离罩内表面进行泡沫清洗和灭菌。基本配置包括主体发泡沫胶体装置、加压泵、定向喷嘴、人工清洗装置和控制装置。

（8）全自动 CIP 清洗系统

主要对灌装机的料缸、管路系统、灌装阀、无菌罐、UHT 等直接与物料接触部位进行就地清洗，具备酸、碱液的自动配制和回收功能。基本配置包括不锈钢储罐、流量开关、电导仪、温度和液位自动控制装置、热交换器、气动控制阀、管路系统和清洗泵。

（9）瓶身干燥装置

将灌装旋盖后冲洗过程中残留在瓶外壁的水珠吹干，有利于下道贴标工序的操作。

（10）瓶输瓶系统

进瓶输瓶系统的作用是输送空瓶到消毒液灌注通道，可直接与吹瓶机对接。空瓶输送设有有机玻璃防尘罩，防止在输送过程中粉尘污染。

（11）出瓶输瓶系统

封盖机出口段装有输送链浸泡消毒装置，保证与外界接触的输送带再回到隔离罩内已经过消毒灭菌。该段为全封闭结构，内装有喷嘴，对瓶身和瓶口处用无菌水冲洗。系统在输送链的布局上已与人工贴标和人工装箱的位置相连接。

（12）物料杀菌机（脱气机、均质机）

由不锈钢框架、物料平衡罐、热水罐、热回收管、杀菌保持段、冷却管组成。经过 CIP 清洗和 SIP 杀菌，常温物料经平衡罐再经物料泵加压，经过预热、杀菌、保温、冷却后，背压出料到无核机无菌储罐。杀菌机配备完善的蒸汽系统、热水系统以及脱气控制系统，可实现 137℃、20min SIP 杀菌。出料温度为 25℃左右。

（13）瓶盖输送和消毒装置

瓶盖提升输送、消毒装置是专为无菌灌装封盖机设计的配套设备，实现瓶盖的输送、理盖、消毒、冲洗、吹干等工序，保证瓶盖在无菌状态下送到旋盖机使用。

（14）其他设备

包括人工贴标台、无动力输箱机、中央控制系统、工控电脑和连接电缆等。

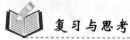 **复习与思考**

1. 果蔬汁有哪些类型?
2. 透明果蔬汁与混浊果蔬汁加工有何异同点?
3. 影响果蔬出汁率的主要因素有哪些?
4. 果蔬汁生产中常用的澄清方法有哪些? 各有什么要求?
5. 果蔬汁的杀菌方式有哪些? 各有什么要求?
6. 列举几种典型果蔬汁的制作工艺流程和关键操作要点。
7. 试设计某一果蔬汁的工艺流程、操作要点及设备要求。

项目七　果酒酿造技术

【知识目标】

1. 了解果酒的概念、类型及产品特点
2. 熟悉和理解果酒的发酵过程及原理
3. 了解果蔬酿制常用设备
4. 了解我国果酒生产中存在问题及解决方法

【技能目标】

1. 掌握果酒酿造的一般工作程序及操作要点
2. 熟练掌握干红葡萄酒生产技术及质量要求

果酒就是含有一定糖分和水分的果实经过破碎、压榨取汁、发酵或者浸泡等工序以后，酿制调配而成的各种低度饮用酒。中国果酒生产历史悠久，自汉代时期葡萄品种和酿造技术传入中国后，即开始葡萄酒的酿造，随后还产生了橘子酒、苹果酒、山楂酒、杨梅酒、凤梨酒、枇杷酒、山枣酒等。经过数千年的发展，中国果酒名品层出不穷。果酒具有低酒度、高营养、益脑健身等特点，可促进血液循环和机体的新陈代谢，控制体内胆固醇水平，改善心脑血管功能，同时具有利尿，激发肝功能和抗衰老的功效。果酒含有大量的多酚，能起到抑制脂肪在人体中堆积的作用。随着人们生活水平的提高以及对生活质量的更高要求，果酒的诸多优点和独特功效受到越来越多的重视。

任务 1　果酒酿造相关知识

一、果酒的分类

果酒的种类很多，依酿造方法不同可分为四种：一是选用果浆或果汁经发酵而成的发酵酒；二是用发酵酒经蒸馏所得的蒸馏酒；三是用果汁或果实的浸泡液加入酒精、糖、酸、色素、香精和水等制成的配制酒；四是含有大量 CO_2 的汽酒。

1. 发酵果酒

果实发酵酒是用果汁或果浆直接发酵酿制而成的低度酒。

2. 蒸馏果酒

它是将果实或果渣经过酒精发酵后，利用酒精和水的沸点不同，采用蒸馏的方法，将酒精和芳香物质分馏而得的白酒，其酒精含量一般为38%～44%。包括下述三种：①葡萄蒸馏酒——白兰地。②其他果实蒸馏酒——果实白酒。③补酒或药酒——以蒸馏果实白酒为原料，再调配各种补酒和中药浸泡而成，如人参酒、三鞭酒、红花补酒等。果实蒸馏酒的生产方法有液体蒸馏和固体发酵物蒸馏两种。液体蒸馏法是指以发酵结束后的果酒作原料，置于蒸馏器中蒸馏，固体发酵物蒸馏是用含糖分或淀粉的果实连同果皮、果心、果渣等直接发酵经蒸馏而成。

3. 配制果酒

果实配制酒是用果实发酵酒或蒸馏酒的一种，加入其他配料配制而成的果酒均称配制果酒。其种类很多，按配制方法又可分为再制酒和配制酒。再制酒是以某一种果实发酵酒为原料，加入植物香料或其他成分再制而成。配制酒是以某种蒸馏酒为原料加入果汁或果实、果皮、药材、鲜花等浸出汁配制而成。

4. 汽酒

汽酒是含汽饮料酒。成分主要是水、果汁、酒精、糖、有机酸、二氧化碳气体等。这些成分在汽酒中溶为一体。其特点是营养高，酒度低，清凉爽口，很有市场发展前景。

我国果酒的生产以葡萄酒为主。葡萄酒的类型较多，根据葡萄酒的颜色、含糖量、酒精含量、酿造方法以及是否含有二氧化碳等可分为以下几种类型。

（1）根据葡萄酒的颜色可把葡萄酒分为白葡萄酒（酒色为浅黄、禾杆黄、金黄或近似无色）、红葡萄酒（酒色为深红、鲜红、紫红或宝石红）和桃红葡萄酒（酒色为桃红或浅玫瑰红，颜色介于红、白葡萄酒之间）。

（2）根据成品葡萄酒含糖量不同可分为干葡萄酒（葡萄糖质量浓度≤4.0g/L）、半干葡萄酒（葡萄糖质量浓度4.1~12g/L）、半甜葡萄酒（葡萄糖质量浓度12.1~50g/L）和甜葡萄酒（葡萄糖质量浓度≥50.1g/L）。

（3）根据是否含二氧化碳可把葡萄酒分为静止葡萄酒（不含二氧化碳）、气泡葡萄酒（由葡萄原酒加糖进行密闭二次发酵产生二氧化碳而制成）。

（4）根据酿造方法不同还可把葡萄酒分成天然葡萄酒（完全用葡萄原汁发酵制成而不外加糖或酒精）、加强葡萄酒（在葡萄酒发酵前或发酵中加入部分白兰地或酒精，称加强干葡萄酒；若在提高酒精含量的同时，也提高糖含量则称为加强甜葡萄酒或称浓甜葡萄酒）和配制葡萄酒（如在葡萄酒中加入一定量的果汁、草药、甜味剂、香料、酒精或蔗糖等）。

二、果酒发酵过程

果酒的酿造是由酵母菌将果实含有的己糖经酒精发酵最终生成酒精和二氧化碳的过程，实际上是经酵母菌作用的一个非常复杂的生化过程。

1. 果酒发酵微生物

酵母菌是果酒发酵的主要微生物。果汁中的主要成分是糖类，酵母菌主要以糖类物质为基质进行发酵作用，贯穿于整个果酒酿制过程，生成酒精和一定量的香味物质，这两种物质决定了酒的质量和产量。酵母品种是酿造果酒的关键因素之一，酵母性状的好坏直接影响到所酿果酒的口感和风味，决定果酒品质的优劣。酵母菌广泛存在于自然界中，特别喜欢聚集于植物的分泌液中，果实上常附着大量的野生酵母，随破碎压榨带入果汁中参与酒精发酵。常见的品种有巴氏酵母菌和尖端酵母菌（又名柠檬形酵母菌）等。这些酵母菌的抗硫力较强，繁殖速度快，在发酵初期活动占优势。但其发酵力较弱，只能发酵到4%~5%（体积分数）酒精度，在此酒精度下，该酵母即被杀死。空气中的产膜酵母、圆酵母、醋酸菌以及其他菌类也常侵入发酵池或罐内活动。它们常于果汁发酵前或发酵势较弱时，在发酵液表面繁殖并生成一层灰白色的或暗黄色的菌丝膜。它们有很强的氧化代谢力，将糖和乙醇分解为挥发性酸和醛等物质，干扰正常的发酵进行。由于这些杂菌的繁殖需要充足的氧气，且其抗硫力弱，在生产上常采用减少空气，加强硫处理和接种大量的优良酵母菌等措施来消灭和抑制其活动。

现在随着技术的不断成熟，大型工业生产中通常加入人工培养的纯酵母，如酿酒酵母（*Saccharomyces cerevisiae*）和贝酵母（*Saccharomyces bayanus*）。其中，酿酒酵母是酒精生产和果汁发酵酿酒的主要菌种，但纯酿酒酵母会造成果酒口味的单一，在生产中也可以添加一些产香的非酿酒酵母。

（1）纯酿酒酵母

在发酵培养基中添加纯培养酿酒酵母菌，可使它在发酵中迅速占据压倒优势，减少或抑制其他酵母和有害微生物的繁殖，使果酒发酵顺利进行。整个发酵过程具有启动快，发酵能力强，能耐受一定的二氧化硫和乙醇的能力，并且能使发酵过程进行得完全，残糖量少，酒精含量高，果酒酒体协调，酒质清淡。因此纯种发酵的应用非常广泛，近些年来，许多传统果酒酿造国家也纷纷采用筛选的酵母进行纯种发酵，从而提高了生产效率且使酒的酿造过程便于控制，保证安全高效生产。

（2）非酿酒酵母

上乘果酒的发酵不是仅由单一酵母完成的，单一酵母往往会造成产品风味上的缺陷，口味较平淡。果酒发酵中的非酿酒酵母也叫产香酵母，如孢汉逊酵母属（*Hanseniaspora*）、克勒克酵母属（*Klaeckera*）、假丝酵母属（*Candida*）和毕赤酵母属（*Pichia*）等。它们在发酵过程中产生一些高级醇、低级脂肪酸和酯类等芳香物质，使得果酒气味芬芳，果香浓郁。

在现代葡萄酒的生产过程中，越来越广泛地采用纯粹培养的优良酿酒酵母代替野生酵母发酵。优良的葡萄酒酵母应满足以下几个基本条件：①具有很强的发酵能力和适宜的发酵速度，耐酒精性好，产酒精能力强；②抗二氧化硫能力强；③发酵度高，能满足干葡萄酒的生产要求；④能协助产生良好的果香和酒香，并有悦人的滋味；⑤生长、繁殖速度快，不易变异，凝聚性好；⑥不产生或极少产生有害葡萄酒质量的副产物；⑦发酵温度范围宽，低温发酵能力好。

2. 果酒酿造过程及原理

果酒的酿造是利用酵母菌等微生物将果汁中可发酵性糖类经酒精发酵作用生成酒精，再在陈酿澄清过程中经酯化、氧化及沉淀等作用，制成酒液清晰、色泽鲜美、醇和芳香的产品，主要反应是通过酵母菌等发酵，生成主要产物是乙醇，所以果酒酿造过程也称为酒精发酵。

（1）酒精发酵机理

果酒的酒精发酵是指果汁中所含的己糖，在酵母菌等一系列酶的作用下，通过复杂的化学变化，最终产生乙醇和二氧化碳的过程。简单反应为：

$$C_6H_{12}O_6 \rightarrow 2CH_3CH_2OH + 2CO_2$$

酵母菌的酒精发酵过程为厌氧发酵，所以发酵要在密闭无氧的条件下进行。如果有空气存在，酵母菌就不能完全进行酒精发酵作用，而部分进行呼气作用，把糖转化为 CO_2 和水，使酒精产量减少。

果汁中的葡萄糖和果糖可直接被酵母菌发酵利用，蔗糖和麦芽糖在发酵过程中需通过分解酶和转化酶的作用生成葡萄糖和果糖后，才可参与酒精发酵。但是果汁中的戊糖、木糖和酮糖等则不能被酵母菌发酵利用。

酒精发酵的主要过程为：葡萄糖磷酸化，生成活泼的1，6-二磷酸果糖→1分子1，6-二磷酸果糖分解成2分子的磷酸二羟丙酮→3-磷酸甘油醛转变成丙酮酸→丙酮酸脱羧生成乙醛，乙醛在乙醇脱氢酶的催化下，还原成乙醇。

（2）酒精发酵的主要副产物

就葡萄酒而言，酒精发酵将约94%的糖转化为酒精、二氧化碳和热量，另外约6%左右的糖转化为其他微量物质。这些微量物质对葡萄酒的质量和风味常起着决定性的作用，习惯上把它们统称为葡萄酒发酵的副产物。这些副产物按代谢途径可分为初级副产物（如乙醛、丙酮酸、乙酸乙酯、柠檬酸、延胡索酸、苹果酸等）和次级副产物（如高级醇、高级脂肪酸等）。

①甘油：主要在发酵过程时由磷酸二羟丙酮转化而来，也有一部分是由酵母细胞所含的卵磷脂分解而形成。发酵开始时，酒精发酵和甘油发酵同时进行，并且甘油发酵占优势，随后酒精发酵逐渐占优势，甘油发酵逐渐减弱。甘油对葡萄酒的酒体和风味形成具有重要作用。研究表明，甘油是决定葡萄酒质量的重要成分之一，适量甘油的存在能改善葡萄酒的质量，能形成良好的口感和增加酒的醇厚感。甘油在较高浓度时呈甜味，并可增加酒的粘度。因此，甘油是一种很重要的葡萄酒内容物。

②有机酸

醋酸：主要是由乙醛氧化而生成，乙醇也可氧化生成醋酸。但在无氧条件下，乙醇的氧化很少。醋酸有一定的酸味，含量高时，具有不利的感官效应。醋酸的产生往往与醋酸菌的污染有关。酵母菌繁殖和开始发酵时，葡萄汁中含有一定量的溶解氧，也会产生一些醋酸。美国法规对葡萄酒中醋酸的限量为：白葡萄酒$1.2g/L$，红葡萄酒$1.4g/L$。

琥珀酸：主要由乙醛反应生成，或者由谷氨酸脱氨、脱酸并氧化而生成。琥珀酸是葡萄酒中味感最复杂的物质。在葡萄酒中，琥珀酸可使滋味浓厚、增强醇厚度，但有时也会引起苦味。琥珀酸在葡萄酒中含量一般低于$1.0g/L$。

乳酸：乳酸是由糖酵解过程中的中间产物加氢生成的，主要由丙酮酸加氢形成。在葡萄酒中，一般低于$1.0g/L$，是添加效果最好的单一酸。等量的乳酸和柠檬酸是混合酸中添加效果最好的。

柠檬酸：葡萄酒中柠檬酸的含量大约为$0.5g/L$。葡萄酒中的柠檬酸只有一部分是由酵母菌代谢产生的，柠檬酸也是三羧酸循环中的一个有机酸，属于糖代谢的中间产物，还有相当一部分柠檬酸来自葡萄汁中。

③高级醇：高级醇是指碳原子数超过2的脂肪族醇类。这些醇的混合物称为杂醇油，它们是酒精发酵的副产品。主要由正丙醇（1-丙醇），异丁醇（2-甲基-1-丙醇），活性戊醇（d-戊醇，2-甲基-1-丁醇）及异戊醇（3-甲基-1-丁醇）所组成。在葡萄酒的杂醇油中，以异戊醇的量为主，一般常占总量的50%以上。这些高级醇是构成酒类风味的重要组成物质之一，量虽少但影响很大。当其过量存在时，亦会影响产品质量，可使酒具有不愉快的粗糙感。

④酯类：葡萄酒中的酯类，主要在酒精发酵和陈酿过程中生成。发酵过程中的酯类主要是通过生化反应，而陈酿过程产生的酯类主要来源于化学反应。在发酵过程中，酯的生物合成在细胞内进行。在酵母体内酯酶催化下，由某些脂肪酸与醇合成相应的酯。从乙酸到壬酸

都可以合成其乙酯。酵母合成乙酸乙酯的能力最强。其反应式为：

$$CH_3COOH + CH_3CH_2OH \rightarrow CH_3COOCH_2CH_3 + H_2O$$

葡萄酒中的酯可分为两类：中性酯和酸性酯。中性酯大部分是由生化反应生成的，如酒石酸、苹果酸和柠檬酸所生成的中性酯。1mol 的酒石酸和 2mol 的乙醇通过化学反应可以生成酒石酸乙酯。其反应式为：

$$2CH_3CH_2OH + HOOC(CHOH)COOH \rightarrow CH_3CH_2COO(CHOH)_2COOCH_2CH_3 + 2H_2O$$

酸性酯多是在陈酿的过程中，由醇和酸直接化合而生成，例如乙醇与柠檬酸在陈酿中直接化合生成酸性酒石酸乙酯。其反应式为：

$$HOOC(CHOH)_2COOH + CH_3CH_2OH \rightarrow HOOC(CHOH)_2COOCH_2CH_3 + H_2O$$

通常葡萄酒中所含有的中性酯和酸性酯约各占 1/2。酯在葡萄酒贮存的前两年生成最快，以后速度逐渐变慢。酯属于芳香物质，在葡萄酒中所占比例虽然不高，但对酒的口味、质量有明显的影响，通常葡萄酒的酯含量高，酒的口感好，酒质也高。

⑤其他物质：酒精发酵的副产物除上述外还有甲醇，主要在酶分解果胶类物质时产生，在通常情况下，微量的甲醇不会对人的健康造成不良影响，而对酒的风味有所帮助；葡萄酒中还含有游离的醛和酮等羰基化合物，醛类中最重要的是乙醛，当乙醛浓度超过阈值时，会使葡萄酒出现氧化味；当乙醛浓度略低于阈值时，则可以增进葡萄酒的香气。葡萄酒中还可以检测出其他的醛、酮类物质，如异丁醛、正丙醛、正丁醛、异戊醛、己醛以及丙酮等。

三、果酒发酵过程的控制

1. 果汁改良

为保证成品质量，使发酵能够顺利进行，接种前，需对果汁成分进行调整，主要是进行果汁糖、酸含量的调整。

（1）糖度调整　果汁中的糖是酵母菌生长繁殖的碳源。当糖浓度适宜时，酵母菌的繁殖和代谢速度都比较快；随着糖浓度的逐渐增加，酵母菌的繁殖和代谢速度反而变慢，糖浓度超过一定范围酵母菌还会停止发酵。为使发酵后产品达到所需的酒精含量，需要提高果汁糖度。在葡萄酒的酿造过程中，检测葡萄发酵醪液中的残糖含量，是控制葡萄酒发酵过程是否结束的最主要指标。当残糖降到 0.2g/L 以下时，意味着葡萄的酒精发酵过程已经完成。含糖量高于 0.2g/L 的葡萄原酒难以贮藏管理，其中的酵母菌和细菌很容易活动，会引起再发酵，使原酒难以澄清，甚至造成原酒败坏变质。

（2）酸度调整　尽管酿酒酵母在微酸性（pH = 4）的环境下最适于生长繁殖，但较低的 pH 可以保证添加的 SO_2 以较多的游离态存在，更好地起到抑制有害微生物的作用。然而 pH 太低，不但影响酵母发酵，还会促使乙酸酯的水解，生成挥发酸，影响果酒的口味。故实际果酒生产中往往取 pH3.3 ~ 3.5 之间。未经调整的果汁往往不能满足该 pH 要求，需要进行调酸处理。

2. 温度控制

温度是影响酵母生长、繁殖、发酵的主要环境因素。酵母只有在一定的温度范围内才能生长并起发酵作用。在低于 10℃ 的温度条件下，酵母或孢子一般不发芽或极缓慢地发芽；随着温度的升高，发芽速度逐渐加快，以 20℃ 为最适繁殖温度；若温度升高至 20℃，则发芽速度更快，但细胞逐渐衰老，酵母数随之降低；当温度超过 35℃ 时，酵母繁殖受阻，到

40℃时酵母停止发酵。酿酒酵母在最适培养温度（25～28℃）时发酵速度最大，但酵母衰老也快，产品酒度低，风味不好。所以，生产中通常选择低温发酵、低温陈酿，以最大程度地保留水果中固有的风味物质、营养成分，提高酒精含量，增加酒味的柔和性、果味的浓郁感。

果酒发酵温度一般在16～23℃之间；对猕猴桃等水分含量较高、果味较淡的水果，发酵温度可控制在27～32℃的较高温度范围内；同种水果，酿制甜型酒的温度要比酿制干型酒高1～2℃；带渣发酵的比不带渣的约高3℃左右；后醇的温度则低于主醇温度约5℃。但发酵过程中会产生热量，使发酵液温度上升。生产中通常利用发酵罐中的冷却管、蛇形管或双层发酵罐罐体外层的夹套来输送冰水或致冷介质，达到降温的目的。

葡萄酒发酵过程首先要控制好温度。白葡萄酒的最佳发酵温度在14～18℃之间。温度过低，起发酵困难，加快浆液的氧化；温度过高，发酵速度太快，损失部分果香，降低了葡萄酒的感官质量。白葡萄酒的发酵罐，罐体外面应该有冷却带，或者在罐的里面安装冷插板。因为在酒精发酵过程中产生的热量，会使温度升高（在葡萄酒发酵过程中，每产生1%体积分数酒精，温度升高1.3℃）。在白葡萄酒的发酵过程中，要通过冷却控制发酵温度。

红葡萄酒发酵最适宜的温度范围在26～30℃之间，最低不低于25℃，最高不高于32℃。温度过低，红葡萄皮中的单宁、色素不能充分浸渍到酒里，影响成品酒的颜色和口味。发酵温度过高，使葡萄的果香遭受损失，影响成品酒香气。红葡萄酒的发酵罐，最好也能有冷却带或安装冷插板，这样能够有效地控制发酵温度。因为红葡萄酒的发酵温度较高，因而在罐体较小的情况下，用自来水喷淋罐体，也能把发酵温度控制在需要的范围内。这样的罐体可以不带冷却装置。

3. 空气

酵母菌繁殖需要氧，在完全无氧条件下，酵母菌只能繁殖几代，然后就停止。在有氧气的条件下，酵母菌生长发育旺盛，大量地繁殖个体。而在缺氧条件下，个体繁殖被明显抑制，同时促进了酒精发酵。在进行酒精发酵以前，对葡萄的处理（破碎、除核、除梗、运送以及对白葡萄汁的澄清等过程）保证了部分氧的溶解。在发酵过程中，特别是发酵前期，氧越多，发酵酒越快，越彻底。在生产中常用倒罐的方式来保证酵母菌对氧的需要。在果酒发酵初期，宜适当多供给些氧气，以增加酵母菌的个体数。一般在破碎和压榨过程中，所溶于果汁中氧气已经足够酵母菌发育繁殖之所需，只有在酵母菌发育停滞时，才通过倒罐适量补充氧气。如果供氧太多，会使酵母菌进行好气活动而大量损失酒精。如果缺氧时间过长，多数酵母菌会死亡。因此，果酒发酵一般在密闭条件下进行。

4. 二氧化硫

果酒生产中使用SO_2为抑菌剂，在抑制有害微生物的同时，可最大程度地保留原料原有成分，如氨基酸、Vc等。经驯养的有益微生物如酿酒酵母，耐SO_2的能力很强，而有害微生物、较低浓度的SO_2便可抑制其活性。果实在破碎、榨汁后应马上添加SO_2，其添加量与原料品种、果汁成分、发酵温度有关。当原料清洁、无病害、酸度偏高时，可少加；而果实破裂、有病害，则需多加。为了有效防止果酒的氧化，保持酒的新鲜感，冷冻处理结束之前可另外添加$20 \times 10^{-6} \sim 30 \times 10^{-6}$（ppm）的$SO_2$。也有在灌装前再补加$60 \times 10^{-6} \sim 70 \times 10^{-6}$ SO_2来防止果酒氧化的，但应用不多。

我国规定的果酒SO_2总含量≤250mg/L。在生产进行中，应监控SO_2含量的变化，以控制其添加量。少量的 SO_2 不会影响果酒的正常发酵。优良酿酒酵母可耐受 100mg/L SO_2。若 SO_2 添加量过大，则会延迟起酵，甚至可能造成不起酵，而且过量的 SO_2 会生成亚硫酸加成物—硫醇（羟基磺酸盐），影响酒的风味。酿制果酒时可直接加 SO_2 气体、亚硫酸或亚硫酸盐。

5. 酒精和二氧化碳

酒精和二氧化碳都是发酵产物，它们对酵母的生长和发酵都有抑制作用。酒精对酵母的抑制作用因菌株、细胞活力及温度而异，在发酵过程中对酒精的耐受力差异即是酵母菌菌群更替转化的自然手段。葡萄酒酵母菌能忍耐 13% 的酒精，甚至可以忍耐 16% ～17% 的酒精浓度，而贝酵母在 16% ～18% 的酒精浓度下仍能发酵，甚至能生成 20% 的酒精。这些耐酒精的酵母是生产高酒精度的有用菌株。一般在正常发酵生产中，经过发酵产生的酒精，不会超过 15% ～16%。葡萄酒中的酒精含量与葡萄酒的感官质量关系密切，直接影响葡萄酒的口感。一般说来，酒精体积分数为 12% 的干红葡萄酒与干白葡萄酒，容易与葡萄酒中的总酸、单宁、残糖等成分形成最佳平衡状态，酒质醇厚，清爽，酒体丰满完整，是理想的酒精体积分数标准。

在发酵过程中二氧化碳的压力达到 0.8MPa 时，能停止酵母菌的生长繁殖；当二氧化碳的压力达到 1.4MPa 时，酒精发酵停止；当二氧化碳的压力达到 3MPa 时，酵母菌死亡。工业上常利用此规律外加 0.8MPa 的二氧化碳来防止酵母生长繁殖，保存葡萄汁。在较低的二氧化碳压力下发酵，由于酵母增殖少，可减少因细胞繁殖而消耗的糖量，增加酒精产率，但发酵结束后会残留少量的糖，可利用此方法来生产半干葡萄酒；起泡葡萄酒发酵时，常用自身产生的二氧化碳压力（0.4～0.5MPa）来抑制酵母菌的过多繁殖。加压发酵还能减少高级醇等的生成量。气压可以抑制二氧化碳的释放从而影响酵母菌的活动，抑制酒精发酵。

四、果酒生产工作程序

1. 原料的选择与预处理

果酒原料比较广泛，但为了获得高产优质的果酒，主要选择含糖量高、酸量适中的原料。具有本品种的色泽和香味，无特殊怪味，并且含有少量的单宁和果胶物质，如葡萄、桑葚、苹果、菠萝、荔枝、柑橘、樱桃、猕猴桃和其他便于榨汁的浆果类果实。果实采收后先洗净，并掏出霉烂和成熟度差的果实，然后用破碎机破碎。一般都连同果皮一起发酵。但白葡萄酒则是先进行榨汁，除去果皮、种核。柑橘则先除去皮和种子后破碎。破碎或榨汁过程要注意用具的清洗，以免污染影响发酵。

2. 果汁成分调整

为了保证果酒的质量，发酵前对果汁的含糖量、含酸量和含氮量都要进行适当的调整。

（1）糖分调整　糖分是根据各种果酒的酒精浓度要求调整的。理论上要生产 1% 酒精需要葡萄糖 1.56g 或蔗糖 1.475g。但实际发酵过程中除了主要生成酒精和二氧化碳外，还有少量的甘油、琥珀酸等产物的形成，并且酵母菌本身的生长繁殖也要消耗一定的糖分，还有酒精本身的挥发损失等。所以实际生成 1% 的酒精需 1.7g 左右的葡萄糖或 1.6g 左右的蔗糖。

一般果实含糖量为 9% ～20%，只能生成 5.3% ～11.8% 的酒精。而成品果酒的酒精浓度要求为 12% ～13%，甚至 16% ～18%。所以在发酵前，对含糖量达不到要求的果汁，需要加糖。一般加砂糖。加砂糖时，先用少量果汁将糖加热溶解，然后兑入，并将其搅拌均匀。经过补糖后的汁液含糖量以不超过24%为宜，以免影响酵母菌的活动。

（2）酸分调整　果汁中的含酸量以0.8～1.2g/100mL为宜，pH以3.5为宜，这种酸度既适于酵母菌活动，又能增进果酒的风味与色泽。含酸量过多时，可加入糖液或用含酸低的果汁调整，亦可用中性酒石酸钾中和。若酸度偏低，可加入酒石酸或柠檬酸调整。

3. 发酵

（1）从发酵液送入发酵容器，到新酒出池（桶）为主发酵，又称前发酵，是发酵的主要阶段。

1）发酵液的消毒灭菌

主发酵的进行以及果酒质量的好坏，在很大程度上与果酒酵母的质量有关，首先要抓好酵母菌的培养，其次是发酵液的消毒，以避免杂菌的污染。果汁的消毒方法一般有：

①加热灭菌：将果汁加热至60～65℃，保持30min，温度不超过65℃，以免糖的焦化和蛋白质胶体遭到破坏，造成发酵期微生物营养不良，发酵困难。

②二氧化硫杀菌：二氧化硫对细菌、霉菌杀伤力强而对酵母菌杀伤力弱，在普通的葡萄汁中用0.01%二氧化硫可以除去99.9%的野生酵母、霉菌和细菌，但经过选育和纯种培养的酵母则可以忍受。

经灭菌消毒的果汁可接入酒母液，酒母液的用量一般约为发酵液的3%～5%，温度较低的也可略多加些。

2）主发酵的管理

果酒的生产量和质量高低与主发酵期的技术管理有关。

①温度调节：酵母菌适宜繁殖温度为25～28℃，低于16℃繁殖则缓慢。主发酵最适宜温度为24～25℃。低于或高于该温度范围就必须做出相应的加温或降温措施。加温方法有：在发酵容器中安装蛇形管，通入蒸汽或热水；准备一部分发酵旺盛的酒母液加到发酵桶（池）中，促进发酵，提高品温；将部分果汁加热到35～38℃，然后与其余的果汁混合等。降温方法有给蛇形管中通入冷水；使用容积较小的发酵池，便于散热；采用能抵抗高温的酵母。

②空气调节：主发酵初期需要空气，以利于酵母菌繁殖；酵母菌活跃后，要减少空气供给，以利发酵。通气的方法最简单的是一天搅池翻汁2～3次，有条件的则在发酵桶（池）安装通气装置，将空气压入发酵液中，或将发酵液从桶的下部出口处放出，置于一开放容器中，以增加发酵液与空气接触面，而后再倒入发酵池进行发酵。

（2）新酒分离　主发酵结束后，无气泡发生，果渣沉淀。此时应及时将酒液和沉淀残渣分离，以防止过量的单宁等物质溶解于酒中，增加酒的苦味和涩味。

分离时用虹吸或泵抽，或将发酵桶底部阀门打开，经过筛网放出，不要挤压酒帽。流出的酒称为原酒，原酒与榨出的压榨酒分开贮存，进行后发酵。

（3）后发酵　分离后的新酒，由于酒液与空气接触，酵母菌又得到复苏，在贮存期中，能将酒液中残留的少量糖或需补充的糖进一步发酵以提高酒精浓度，这一过程称为后发酵。因后发酵比较缓慢，故宜在20℃左右条件下进行。

后发酵时，酒桶（池）要装满，加盖严封，装上发酵栓。后发酵时间约为3～5周，糖分下降到0.1%左右，后发酵结束，再进行第二次分离，除去沉淀，进行陈酿。

4. 陈酿

果酒在发酵过程中，因少量的甘油、琥珀酸、醛类、杂醇油等中间产物以及果皮、种子中的单宁也在发酵中渗出，给新酒带来刺激味，香气不足，口味平淡，甚至浑浊不清，这些都要通过陈酿来解决。陈酿时要求环境温度为 10～25℃，相对湿度 85% 左右，通风良好，一般在酒窖或发酵室内进行，大型果酒厂常修建有专供陈酿用的地下室。陈酿期管理工作有如下方面。

（1）添桶　果酒在贮存过程中，由于酒液挥发，容器吸收及渗透，气温降低酒液体积收缩等原因，酒量减少，造成空位，增加了与空气的接触面，容易引起好气性细菌的活动，造成污染。因此，若出现空位，必须用同批果酒添满。

（2）换桶　在陈酿期，果酒中的酵母、不溶解的矿物质、蛋白质与其他残渣，在贮存期产生沉淀时应及时换桶，使酒液与沉淀分开。

5. 澄清过滤

果酒中的悬浮物因受胶体溶液的阻力影响而难于沉淀，必须采取办法加速澄清。

（1）加胶澄清　因蛋白质或蛋白质与单宁形成的单宁盐为带电体，在不同的 pH 下，可能带正电荷，也可能带负电荷。当其与酒中悬浮液微粒的不同电荷相互作用而接近等电点时，便凝聚成絮状逐渐下沉。在沉淀过程中，带着其他悬浮微粒一同沉淀，使酒得以澄清。利用这一特性，果酒中必须含有一定数量的单宁，若含单宁少就在加胶前加入单宁。

（2）过滤　用各式压滤机或高速离心机分离。

6. 成品调配

果酒要保持具有浓度低、微酸甜，特有的芳香和色调。所以在出厂前应对果酒进行初步品尝和化学分析，然后根据规格要求进行调配。

（1）酒度　原酒的酒度若低于指标，最好用同品种酒度高的勾兑，也可添加同品种的果实蒸馏酒。

（2）糖分　用同品种的浓缩果汁调配最好，亦可用蔗糖液调配。

（3）酸分　含酸量不足，一般可加入柠檬酸补足。而葡萄酒最好用酒石酸。

（4）调色　果酒最好具有果实的天然色泽，色太浅，可用色泽浓的同类果酒调配。如葡萄酒多数用不同品种的葡萄搭配以调色和调香。

（5）增香　如香气不足，可加入天然香料的浸出液。

调配后的果酒有明显的不协调的生味，也容易再产生沉淀，所以在调配后再经一段时间的贮藏，使酒味醇和，芳香适口。

7. 冷热处理

（1）冷冻处理　冷冻处理是加速新酒老熟，缩短酒龄，提高稳定性的一种有效方法。在冷冻条件下，果酒中的酵母菌和其他杂菌基本上停止活动而沉淀。葡萄酒的酒石酸氢钾、酒石酸钙经冷冻后，由于溶解度降低而结晶析出；冷冻还能提高酒中氧的溶解度，使单宁、色素和有机胶体物质等因氧化而沉淀；原处于溶解状态的亚铁盐类也被氧化而沉淀析出，加速果酒澄清，提高透明度，改善酒的风味，加快老熟。

果酒的冷冻处理有人工冷冻和自然冷冻两种方法。人工冷冻是将果酒打入冷冻室，使果酒降到冷冻要求的温度进行保温冷冻。这种方法必须在有冷冻设备的厂里才可进行。自然冷冻就是利用冬季的自然低温进行冷冻。凡是没有冷冻设备的厂都用这种方法。冷冻的适宜温度要求控制在各种酒的冰点以上 0.5 ~ 1℃ 为好，不宜降到冰点或冰点以下的温度，否则会结冰，造成果酒冻害。各种酒度葡萄酒的冰点与酒精含量成反比（见表7—1），酒精含量越高，冰点越低。

进行人工冷冻时，应急速降温至要求温度才能收到良好效果，因过饱和的酒石酸盐在缓慢冷却时不能立即结晶，而在骤冷时则很容易结晶沉淀。冷冻时间一般在 3 ~ 5d。为了增加果酒的透明度，冷冻结束后，应立即在同温下进行过滤除渣。

表7—1　几种不同酒度的葡萄酒的冰点

酒度	冰点/℃	酒度	冰点/℃
9	-3.7	13	-5.7
10	-4.2	15	-6.9
11	-4.7	20	-20.7
12	-5.2		

（2）热处理　热处理可以促进酯化和氧化反应，提高酒的质量；可使蛋白质等胶体凝固，提高酒的稳定性，还能达到消毒的目的。

为避免热处理过程中由于温度高而使酒精和挥发性芳香物质的损失，热处理应在密闭的容器中进行，并控制在 50 ~ 65℃，时间为 20 ~ 30d。

（3）冷热交互处理　上述的冷冻和热处理各有优缺点：冷冻处理后，由于蛋白质和果胶物质在温度提高后又会转变为不溶性而使果酒发挥；热处理的澄清速度慢，透明度差。若将冷冻和热处理交互进行，即可取两者之优点而克服其缺点，使果酒的外观和风味得到进一步改善。冷热交互处理以先热后冷为最好。

8. 装瓶灭菌

装瓶前要进行一次清滤，并测定其装瓶成熟度。方法是用清洁的消毒空瓶装半瓶酒，用棉塞塞口，在常温下对光放置一周，如保持清晰，不发生沉淀或浑浊，即可装瓶。

五、果酒生产中常见的质量问题及控制措施

1. 二氧化硫的残留

二氧化硫在葡萄酒加工过程中起着重要作用，适量的二氧化硫起着杀菌、抑制杂菌繁殖、溶解葡萄皮中的某些有益物质，澄清、增酸、抗氧化作用，但二氧化硫用量过多时，不仅影响酒的品质，而且对人体造成伤害。

控制措施：二氧化硫的使用应是少量多次，在能保证酒品质的情况下，尽量少用或不用。

2. 白葡萄酒的氧化褐变

白葡萄酒中含有多种酚类物质，如单宁、芳香类物质等，这些物质具有较强的嗜氧性，在与空气接触过程中极易被氧化生成褐色聚合物，使白葡萄酒发生褐变，酒的新鲜果香味减少，甚至出现氧化味，使酒的外观和风味等品质发生劣变。

控制措施：①选择最佳采收期：选择在最佳葡萄成熟期采收，防止过熟霉变。②快速分离：快速压榨分离果汁，尽量减少果汁与空气接触的时间。③低温澄清处理：采用果胶酶低

温澄清离心处理。④控温发酵：将果汁泵入发酵罐低温（16～20℃）密闭发酵。⑤皂土澄清：采用皂土澄清过滤，减少氧化物质及氧化酶对葡萄汁的氧化作用。⑥避免与铜、铁等金属物质的接触：凡是与酒接触的铜铁等金属工具、设备、容器均需涂无毒防腐蚀材料。⑦添加二氧化硫：在白葡萄酒酿造全过程中，添加适量的二氧化硫。⑧充加惰性气体：在贮存过程中，使用氮气或二氧化碳密封贮酒容器。⑨添加抗氧化剂：在白葡萄酒装瓶前添加适量的维生素 C 等抗氧化剂。

3. 微生物病害

微生物对葡萄酒组分的代谢可以破坏酒的胶体平衡，使酒出现雾浊、浑浊、沉淀和风味变化。这些微生物通常有酵母菌、醋酸菌、乳酸菌。

控制措施：破碎后立刻加 100～125mg/L 二氧化硫；白葡萄酒贮存时进行冷冻处理；酒装瓶前巴氏杀菌、无菌过滤或添加防腐剂；一旦出现微生物病害，可结合加热杀菌处理。杀菌温度为 55～65℃。

4. 葡萄酒的铁、铜破败病

当葡萄酒中含铁、铜量过高时，容易发生铁、铜破败病。铁破败病又有白色破败病和蓝色破败病之分。白葡萄酒中常发生白色破败病，造成酒液呈白色浑浊；蓝色破败病常在红葡萄酒中发生，使酒液呈蓝色浑浊。铜破败病常发生于白葡萄酒中，使酒液有红色沉淀产生。

控制措施：降低果酒中铁、铜含量。将 120mg/L 的柠檬酸加入葡萄酒中可以防止铁破败病的发生，膨润土—亚铁氰化钾可以除去过多的铁、铜离子；防止铜破败病可通过皂土澄清，使用硫化钠使铜离子沉淀除去或离子交换除铜。

六、果蔬酿制常用设备及其使用

发酵容器一般为发酵与贮藏两用，要求不渗漏、能密闭、不与酒液起化学作用。使用之前必须同盛器的所在场所一样进行严格的清理和消毒处理。

发酵设备要求能控温，易于洗涤、排污，通风换气良好等。发酵容器与发酵设备使用前应进行清洗，用二氧化硫或甲醛熏蒸消毒处理。

1. 发酵桶

一般用橡木（柞木）、山毛榉木、栎木或栗木制作。由于木质系多孔物质，可发生气体交换或蒸发现象，酒在桶中轻度氧化的环境中成熟，赋予柔细醇厚滋味，尤其新酒成熟快，酒质好，是酿造高档红葡萄酒和某些特产名酒的传统、典型容器。但该类容器造价高，维修费用大，贮酒室要求建在地下，贮存管理麻烦。发酵桶呈圆筒形，上部小，下部大，容量 3000～4000L 或 10000～20000L，靠桶底 15～40cm 的桶壁上安装阀门，用以放出酒液。

2. 发酵池

水泥发酵池造价低，坚固耐用，大小不受限制，能密闭，使用方便。但占地面积大，不易搬迁，池表面易受腐蚀，施工不当会出现渗漏，维修费用较高，空池不易保管，不宜贮放高档葡萄酒。

通常用钢筋混凝土或石、砖砌成发酵池，形状有六面形或圆形，大小不受限制，能密闭，池盖略带锥度，以利气体排出而不留死角。盖上安有发酵栓、进料孔等。池壁及池底均需用防水材料处理，用防水粉涂布，也可镶瓷砖，以防渗漏。为了防止果酒（汁）的酸与钙起作用，影响酒的品质，需敷设瓷砖或用涂料涂敷，常见的涂料有石蜡涂料、环氧树脂涂料和酒石酸。池底稍倾斜，安有放酒阀、废水阀及排放渣汁活门等。

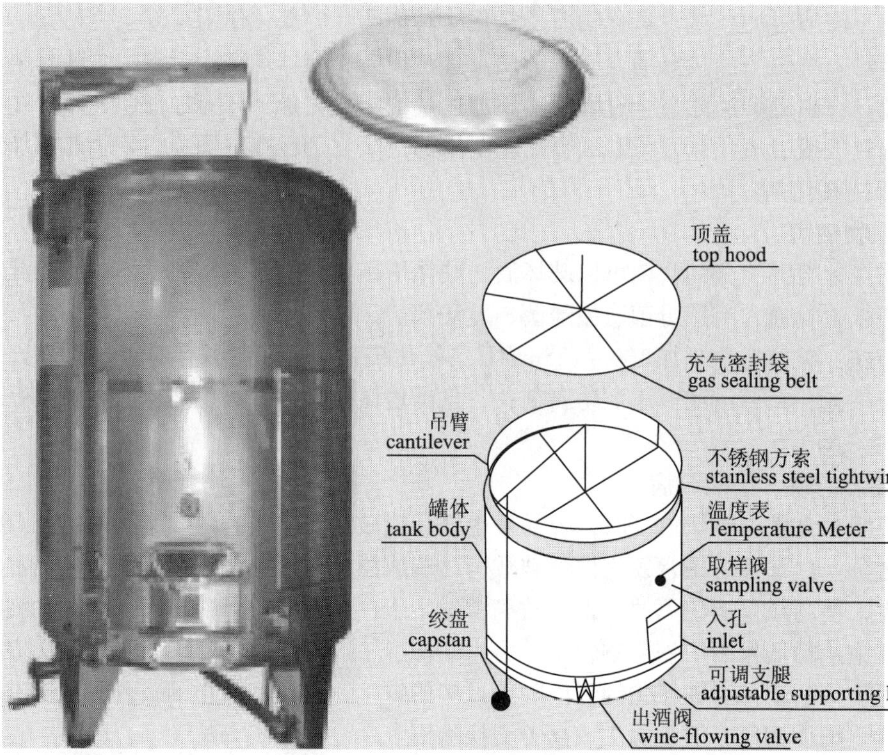

图7—1 发酵桶

3. 专门发酵设备

目前，国内外一些大型企业普遍采用金属材料制成的发酵罐，如旋转发酵罐、自控连续发酵罐等。发酵罐常用不锈钢和碳钢板制成内层有涂料的圆锥体发酵罐。占地面积小，可不建厂房，坚固耐用，易搬迁，维修费用低，密封条件好，易清洗，易保管，露天贮酒能起到人工老熟的作用，但造价高。罐内设置升温装置，灌顶端设有进料口和排气阀等，底端有出料口和排渣阀，单列或数个串联，适于大型酒厂。

任务2 干红葡萄酒酿造技术

一、干红葡萄酒原材料准备

葡萄、酵母液或活性干酵母、白砂糖、酒石酸等。

二、干红葡萄酒工艺流程

原料验收 → 分级、挑选 → 破碎、除梗 → 成分调整 → 主发酵 → 压榨、过滤 →
后发酵 → 陈酿 → 调配 → 过滤 → 灌装杀菌

三、干红葡萄酒操作规程

编号	工序名称	操作规程
1	原料选择	要求原料色深、糖分含量高（21g/100mL 以上）、酸分适中（0.6～1.29/100mL）、单宁丰富、风味浓郁、果香典型、完全成熟，糖分、色素达到最高而酸分适宜时采收。主要品种有赤霞珠、梅鹿辄、黑比诺等
2	破碎与除梗	将果粒压碎使果汁流出，并立即将果浆与果梗分离，以防止因果梗中苦涩物质增加酒的苦味，还可减少发酵醪体积，便于运输。可用除梗破碎机使破碎除梗一起完成
3	成分调整	①一般葡萄汁含糖量为 14～20g/100mL，只生成 8°～11.7°酒精，葡萄酒酒精浓度要求为 12°～13°乃至 16°～18°。提高酒度的方法，一是发酵前补加糖使生成足量浓度的酒精；二是发酵后补加同品种高浓度蒸馏酒或经处理的食用酒精，但优质葡萄酒一般用补加糖的方法 ②酸分调整：葡萄酒发酵要求酸度 0.8～1.29g/100mL 为适宜。若酸度低于 0.65g/100mL 或 pH 大于 3.6 时，可添加同类高酸果汁，或用酒石酸对葡萄汁直接增酸；若酸度过高，可用酸度低的果汁调整或加糖浆降低以及用降酸剂如酒石酸钾、碳酸钙、碳酸氢钾等中和降酸
4	酒母制备	酒母即经扩大培养后加入发酵醪的酵母液，生产上需经三次扩大培养后才使用。分别称一级培养、二级培养、三级培养，最后用酒母桶培养。也可采用活性干酵母，一般为 50～100mg/L，使用前用 10 倍左右 30～35℃温水或稀释 3 倍的葡萄汁将酵母活化 20～30min，即可加入发酵醪中发酵。也可将干酵母直接加入发酵醪中，但用量应加大
5	主发酵	将经预处理后的葡萄浆送入发酵设备中，充满系数 80% 为宜，接入酒母即开始发酵 　a. 发酵初期为酵母繁殖期。此时液面平静，随后有微弱 CO_2 气泡产生，表示发酵已开始。之后随着酵母繁殖速度加快，CO_2 逸出增多，品温升高。发酵进入旺盛期。此时管理要注意控制品温，温度宜在 30℃ 以下，不低于 15℃，最适宜温度为 25～28℃，同时注意空气的供给，以促进酵母的繁殖，常将果汁从桶底放出，再用泵呈喷雾状返回桶中，或通入过滤空气 　b. 发酵中期为酒精发酵期。此时品温升高，有大量 CO_2 逸出，甜味渐减，酒味渐增，皮渣上升在液面结成浮渣层（酒帽），高潮时，品温升到最高，酵母细胞数保持一定水平。随后，发酵势减弱，CO_2 释放减少，液面接近平静，品温下降至近室温，糖分减少至 1% 以下，酒精积累接近最高汁液开始清晰，皮渣和酵母部分开始下沉，酵母细胞数逐渐死亡减少，即主发酵结束。在管理上主要是控制品温在 30℃ 以下，并不断翻汁，破除酒帽

编号	工序名称	操 作 规 程
6	分离	主发酵结束后，应及时出桶，以免酒脚中的不良物质过多渗出，影响酒的风味。出桶分离时，不加压自行流出的酒为自流酒。压榨酒渣获得的为压榨酒，最初的2/3压榨酒可与自流酒混合，进入后发酵阶段
7	后发酵	将酒转入消过毒的贮酒桶中，留5%～10%空间，安装发酵栓进入后发酵。后发酵比较微弱，宜在20℃下进行。经2～3周，已无CO_2放出，残糖在0.1%左右，后发酵完成。将发酵栓取下，用同类酒添满，加盖严密封口。待酵母、皮渣全部下沉后，及时换桶，分离沉淀，转入陈酿
8	陈酿	新酿成的葡萄酒浑浊、辛辣、粗糙、不适宜饮用。必须经一定时间贮存，以消除酵母味、生酒味、苦涩味和CO_2刺激味等，使酒质清晰透明，醇和芳香 a. 环境条件：温度控制在12～15℃，以地窖为佳。相对湿度以85%为较适宜，既防止酒的挥发，又可减少霉菌的繁殖。酒窖内要定期通风，保持空气新鲜，无异味和CO_2的积累。注意保持贮酒室的卫生，定期熏硫，每年用石灰浆加10%～15%硫酸铜喷刷墙壁 b. 添桶：由于酒中CO_2逸出，酒液蒸发损失、温度的降低以及容器的吸收渗透等原因造成贮酒容器内液面下降，容易引起醭酵母活动，必须及时用同批葡萄酒重新添满 c. 换桶：也称倒桶。即将酒液从一个容器倒入另一个容器的过程。目的是清除酒脚，释放CO_2，吸入一定O_2，加速酒的成熟。换桶时间及次数因酒质不同而异，酒质较差应提早换桶并增加换桶次数。一般当年12月在空气中换桶一次，翌年2～3月在隔绝空气中换第二次，11月换第三次，以后根据情况每年换1次或两年1次。换桶应选择在低温无风时进行 d. 冷热处理：冷热处理可以加速陈酿，缩短酒龄，提高酒的稳定性。冷处理是将葡萄酒置于高于酒的冰点温度0.5℃的环境下，放置4～5d，最多8d。可加速酒中胶体及酒石酸氢盐等的沉淀，使酒液清澈透明，苦涩味减少。热处理可促进酯化作用，加速蛋白质凝固，提高酒的稳定性及杀菌灭酶作用。一般以50～52℃处理25d效果为好，并且需在密闭条件下进行，防止酒精及芳香物质的挥发
9	调配	在葡萄酒出厂前对成品酒进行调配。成品调配包括勾兑和调整两项内容 ①勾兑是选择原酒，并按适当比例混合。目的是使不同品质酒互相取长补短 ②调整是对勾兑酒的某些成分进行调整或标准化。调整的指标主要有以下内容： a. 酒度：原酒的酒精度若低于产品标准，用同品种高度酒调配，或同品种葡萄蒸馏酒或精制食用酒精调配 b. 糖分：糖分不足，用同品种浓缩果汁或精制砂糖调整 c. 酸分：酸分不足可加柠檬酸补充，1g柠檬酸相当于0.935g酒石酸，酸分过高可用中性酒石酸钾中和 d. 颜色：红葡萄酒若色调过浅，可用深色葡萄酒或糖色调配

编号	工序名称	操 作 规 程
10	过滤	采用薄板过滤机或微孔薄膜过滤器等完成。其中，微孔薄膜过滤器能有效地除去酒中的微生物，实现无菌罐装
11	包装与杀菌	葡萄酒常用玻璃瓶包装，优质葡萄酒配软木塞封口。装瓶时，空瓶先用2%~4%碱液，在30~50℃的温度下浸泡除污，再用清水冲洗，后用2%亚硫酸溶液冲洗消毒 葡萄酒的杀菌分装瓶前杀菌和装瓶后杀菌。装瓶前杀菌是将葡萄酒经巴氏杀菌后再趁热装瓶密封；装瓶后杀菌是将酒先装瓶密封后，再经60~75℃、10~15min杀菌。另外，对酒度在16°以上的干葡萄酒及含糖20%以上、酒度在11°以上的甜葡萄酒，可不进行杀菌
12	入库贮存	装瓶、杀菌后的葡萄酒，再经一次光验，合格品即可贴标、装箱、入库。对用软木塞封口的酒瓶应倒置或卧放

四、干红葡萄酒质量标准

项目	质 量 标 准
外观	①色泽：紫红、深红、宝石红、红微带棕色、棕红色；②澄清程度：澄清透明、有光泽、无明显悬浮物（使用软木塞封口的酒允许有3个以下不大于1mm的软木渣）
香味与滋味	①香气。非加香葡萄酒：具有纯正、优雅、怡悦、和谐的果香和酒香；加香葡萄酒：具有优美、纯正葡萄酒香与和谐的芳香植物香；②滋味：具有纯净、优雅、爽怡的口味和新鲜怡悦的果味香，酒体完整
酒精度20℃（体积分数）/%	7.0~13.0
总糖（以葡萄糖计）/（g/L）	≤4.0（干型） 4.1~12.0（半干型）
滴定酸/（g/L）（以酒石酸计）	5.0~7.5
挥发酸（以乙酸计）/（g/L）	≤1.1
干浸出物/（g/L）	≥17.0
菌落总数/（cfu/g）	≤100
大肠菌群/（MPN/100g）	≤3
致病菌	不得检出

任务 3　苹果酒酿造技术

一、苹果酒原材料准备

苹果、果胶酶、葡萄酒酵母菌、白砂糖、葡萄糖等

二、苹果酒工艺流程

原料验收→破碎→榨汁→氧化→酶解→澄清→发酵→过滤→接种→灌装→二次发酵→成品

三、苹果酒操作规程

编号	工序名称	操 作 规 程
1	原料选择	酿酒师根据产品要求，确定苹果品种的比例，一般经验为先加工酸苹果，后加工其他品种苹果
2	破碎	采用机械破碎，但不能将种子打破
3	榨汁	工厂一般采用带式榨汁机和气囊式榨汁机两种。带式榨汁机榨出的汁分一次汁、二次汁、三次汁等。其中一次汁最清，气囊式榨汁机榨出的汁都一样。两种设备的出汁率一般在 60%～70%
4	氧化	榨出的苹果汁在空气中暴露2h，促进氧化反应，目的是丰富成品苹果酒的口味
5	酶解澄清	果汁中加入果胶酶，同时加入 $CaCl_2$（0.1～0.15g/L）。酶解温度一般 10～12℃，完成时间 4～8d。酶解时果汁自然暴露空气中，反应时絮状物上浮，逐渐在果汁表面形成一层"帽子"一样的东西，随着反应的进行，"帽子"越来越厚，果汁越来越清，当"帽子"盖未形成裂纹时抽取清汁。抽取方法是将罐中苹果汁倒入 1L 盆中，再从 1L 盆倒入另一发酵罐中，目的是将清汁接触空气，为发酵提供足够的氧
6	发酵	采用自然发酵法。发酵温度控制在 10～12℃，发酵时果汁装满罐，产生的 CO_2 通过上盖的呼吸阀放出，发酵时间 2 个月左右
7	过滤	发酵结束时，酒精度为 3%～5%（体积分数），残糖 60～80g/L，这时用硅藻土过滤机过滤。若过滤出的酒不是很澄清，陈酿一段时间还要进行二次过滤，一般从果汁到澄清的原酒共过滤 3～4 次，在过滤时要特别注意设备和环境卫生，要消毒彻底，不能染菌，过滤后的原酒有时要加硫
8	接种	在澄清的原酒中，加入苹果活性干酵母，加入量为 2～4g/100L，苹果干酵母事先经过活化，接入原酒中打循环，要求混合均匀
9	灌装	采用等量灌装，要求香槟瓶耐压 10kgf/cm^2。
10	二次发酵	二次发酵在瓶中完成，要求发酵温度 10～12℃，发酵时间 2 个月，残糖在 50g/L 左右
11	入库贮存	成品贮存于常温库中

四、苹果酒质量标准

项 目	质 量 标 准
外观	色泽淡黄色；澄清透明，无悬浮物，无沉淀物
滋味与风格	具有苹果的酒香和清新的酒香；醇和清香，柔细清爽，酸甜适中，具有苹果酒的典型风格
酒精度20℃（体积分数）/%	7.0～13.0
糖度/（g/100mL）	9.0～10.0
总酸/（g/100mL）	0.6～0.8
挥发酸/（g/100mL）	≤0.12
菌落总数/（cfu/g）	≤100
大肠菌群/（MPN/100g）	≤3
致病菌	不得检出

任务4 猕猴桃酒酿造技术

一、猕猴桃酒原材料准备

猕猴桃、葡萄酒酵母菌、亚硫酸、白砂糖、葡萄糖等。

二、猕猴桃酒工艺流程

原料选择 → 预处理 → 主发酵 → 分离与压榨 → 后发酵 → 调配 → 陈酿 → 配酒、过滤 → 灌装 → 入库贮存

三、猕猴桃酒操作规程

编号	工序名称	操 作 规 程
1	原料选择	选择充分成熟、柔软的果实为原料。剔除生硬果、腐烂果、病虫害果
2	预处理	将果实洗净沥干，然后用人工或破碎机破碎为浆状。破碎时加适量软水
3	主发酵	将果浆放在已消毒的坛子或水泥池内进行自然发酵。果浆装入量为容器容积的80%。果浆入池后加入5%（果浆重）含糖8.5%的酵母糖液。发酵初期要供给充足的空气，使酵母加速繁殖。发酵中、后期需密闭容器。发酵温度控制在25～30℃。为了防止杂菌感染，每100kg果浆中加入7～8g亚硫酸。发酵期间每天搅拌2次，待含糖量降至0.5%以下，发酵液无声音和无气泡产生时即为主发酵终点。一般持续5～6d

编号	工序名称	操 作 规 程
4	分离与压榨	主发酵结束后，立即把果渣和酒液分离，先取出自流汁，然后将果皮、果渣放入压榨机榨出酒液，转入后发酵
5	后发酵	主发酵后的酒液中还有少量糖未转化为酒精，可将酒液的酒度调到12°，在严格消毒的容器内保温20～25℃，发酵1个月左右再行分离
6	调配、陈酿	把后发酵的酒液用虹吸法分离沉淀，再用食用酒精调酒度至16°～18°，然后放在地下室内密封陈酿1～2年
7	配酒、过滤	用食用酒精将陈酿酒的酒度调至15°～16°，再行过滤，即为成品酒
8	灌装	将过滤后的成品酒装入消过毒的洁净玻璃瓶内，立即压盖密封，贴标入库
9	入库贮存	成品贮存于常温库中

四、猕猴桃酒质量标准

项目	质量标准
外观	呈金黄色，透亮
香味与滋味	具有猕猴桃酒特有的芳香和陈酒醇香
酒精度20℃（体积分数）/%	16.0～18.0
总糖（以葡萄糖计）/（g/L）	12.0
滴定酸/（g/L）（以酒石酸计）	4.0～8.0
挥发酸（以乙酸计）/（g/L）	≤0.8
菌落总数/（cfu/g）	≤100
大肠菌群/（MPN/100g）	≤3
致病菌	不得检出

任务5 青梅酒酿造技术

一、青梅酒原材料准备

青梅汁、葡萄酒酵母菌、白砂糖、葡萄糖等。

二、青梅酒工艺流程

原料验收 → 成分调整 → 接种 → 主发酵 → 后发酵 → 贮酒陈酿 → 澄清 → 调配 → 过滤 → 杀菌 → 灌装 → 贮存入库

三、青梅酒操作规程

编号	工序名称	操作规程
1	成分调整	取100mL左右的青梅汁，测定其外观糖度和酸度，加入糖浆将青梅汁的糖度调整至20%左右，加入 $K_2C_4H_4O_6$ 和 $KHCO_3$ 将青梅汁酸度调整至pH5
2	接种	在青梅汁中接入10mL经过扩大培养的葡萄酒酵母菌液
3	主发酵	将容器密封，放在恒温培养箱中，24℃发酵6~7d。温度过高，有利杂菌繁殖，酒精易挥发，容易使原酒口味变粗糙，酒液浑浊；温度过低，发酵时间过长，不利于生产
4	后发酵	主发酵结束后，将前酵原酒过滤，在无菌状态下，将滤液倒入无菌容器中，保持18~20℃密闭容器发酵15d
5	陈酿	将经过后发酵的酒液放置在18℃~20℃密闭容器中静置贮存1个月，避免与氧接触，以便提高酒的质量
6	澄清	将经过陈酿的酒液加入果胶酶，其用量为0.3%，处理24h，然后下胶，加入一定量明胶静置，待其充分沉淀后，用布氏漏斗过滤
7	灭菌	滤液收集后，70℃水浴杀菌30min
8	灌装	杀菌后，采用无菌灌装
9	入库贮存	成品贮存于酒库中

四、青梅酒质量标准

项目	质量标准
感官指标	青梅酒呈淡黄色，均匀澄清，具有青梅特有的香味，无异香
酒精度20℃（体积分数）/%	≥11.0
可溶性固形物（以折光计）	≤5%
pH	≤5
残还原糖/%	≤0.2
食品添加剂	符合GB 2760要求
菌落总数/（cfu/g）	≤100
大肠菌群/（MPN/100g）	≤3
致病菌	不得检出

【知识拓展】　果醋的酿造技术

1. 果醋酿造基本原理

（1）醋酸发酵微生物

①酵母菌　酵母菌通过其酒化酶系把葡萄糖转化为酒精和二氧化碳，完成酿醋过程中的

酒精发酵阶段。酵母菌除能产生酒化酶外，还能产生麦芽糖酶、蔗糖酶、转化酶、乳糖分解酶及脂肪酶等。酒精发酵过程中还生成少量的有机酸、杂醇油、酯类，对形成醋的风味有一定的作用。酵母菌生长和发酵的最适温度为 $25 \sim 30 \, ℃$。菌种不同，其生活最适温度也稍有差异。酿醋用酵母与生产酒类使用酵母相同，目前果醋酒精发酵常用果酒酵母、葡萄酒酵母或啤酒酵母。为了增加醋的香气，还可使用产酯能力强的产酯酵母与果酒酵母混合发酵。

②醋酸菌　醋酸是在酿制过程中继酒精生成之后由醋酸菌将酒精转化而成的。醋酸菌具有氧化酒精生成醋酸的能力。按照醋酸菌的生理生化特性，可将醋酸杆菌分为醋酸杆菌属和葡萄糖氧化杆菌属两大类。醋酸杆菌主要作用是将酒精氧化为醋酸，在缺少酒精的醋醅中，会继续把醋酸氧化成二氧化碳和水，也能微弱氧化葡萄糖为葡萄糖酸。葡萄糖氧化杆菌能在低温下生长，增殖最适温度在 $30 \, ℃$ 以下，主要作用是将葡萄糖氧化为葡萄糖酸，也能微弱氧化酒精成醋酸，但不能继续把醋酸氧化为二氧化碳和水。酿醋用醋酸菌菌株，大多属于醋酸杆菌属，仅在传统酿醋醋醅中发现葡萄糖氧化杆菌属的菌体。

（2）醋酸发酵的生物化学变化

醋酸菌在充分供给氧的情况下生长繁殖，并把基质中的乙醇氧化为醋酸，这是一个生物氧化过程。

首先，乙醇被氧化成乙醛：$2CH_3CH_2OH + O_2 \rightarrow 2CH_3CHO + 2H_2O$；

其次，乙醛吸收一分子水成水化乙醛：$CH_3CHO + H_2O \rightarrow CH_3CH(OH)_2$；

最后，水化乙醛再氧化成醋酸：$CH_3CH(OH)_2 + O_2 \rightarrow CH_3COOH + H_2O$。

理论上 $100g$ 纯酒精可生成 $130.4g$ 醋酸，而实际产率较低，一般只能达理论数的 85% 左右。其原因是醋化时酒精的挥发损失，特别是在空气流通和温度较高的环境下损失更多。此外，醋酸发酵过程中，除生成醋酸外，还生成二乙氧基乙烷、高级脂肪酸、琥珀酸等。这些酸类与酒精作用在陈酿时产生酯类，赋予果醋芳香味。所以果醋也与果酒一样，经陈酿后品质更佳。

2. 果醋生产工作程序

（1）醋母制备

优良的醋酸菌种，可从优良的醋醅或生醋（未消毒的醋）中采种繁殖。亦可用纯种培养的菌种。其扩大培养步骤如下。

①固体培养　取质量分数为 1.4% 的豆芽汁 $100mL$、葡萄糖 $3g$、酵母膏 $1g$、碳酸钙 $1g$、琼脂 $2 \sim 2.5g$，混合均匀，加热熔化，分装于干热灭菌的试管中，每管装量约 $4 \sim 5mL$，在 $9.80 \times 10^4 Pa$ 的压力下杀菌 $15 \sim 20min$，取出，趁未凝固加入 50% 的酒精 $0.6mL$，制成斜面。冷却后，在无菌操作下接种优良醋醅中的醋酸菌种，在 $26 \sim 28 \, ℃$ 恒温中培养 $2 \sim 3d$ 即成。

②液体扩大培养　取浓度为 1% 的豆芽汁 $15mL$、食醋 $25mL$、水 $55mL$、酵母膏 $1g$ 及酒精 $3.5mL$。要求醋酸含量为 $1\% \sim 1.5\%$，醋酸与酒精的总量不超过 5.5%，装盛于 $500 \sim 1000mL$ 三角瓶中，常法消毒。酒精最好于接种前加入。接入固体培养的醋酸菌种 1 支，于 $26 \sim 28 \, ℃$ 的恒温下培养 $2 \sim 3d$ 即成。在培养过程中，每天定时摇瓶 1 次，或用摇床培养，充分供给空气以促使菌膜下沉繁殖。培养成熟的液体醋母，即可接入再扩大 $20 \sim 25$ 倍的准备醋酸发酵的酒液中培养，制成醋母供生产用。

（2）果醋酿制的方法和程序

①以固态果品原料酿醋

a. 酒精发酵：取果品洗净、破碎，加入 3% ~5% 酵母液，进行酒精发酵。在发酵过程中每天搅拌 3 ~4 次，约经 5 ~7d 发酵完成。

b. 制醋坯：在完成酒精发酵的果品中加入麸皮或谷壳、米糠等，加量为原料的 50% ~60%，作为疏松剂，再加培养的醋母液 10% ~20%（亦可用未经消毒的优良的生醋接种），充分搅拌均匀，装入醋化缸中，稍加覆盖，进行醋酸发酵。醋化期中，控制温度在 30 ~35℃ 之间。温度升高至 37 ~38℃ 时，将缸中醋坯取出翻拌散热，若温度适当，每日定时翻拌 1 次，充分供给空气，促进醋化。经 10 ~15d，醋化旺盛期将过，随即加入 2% ~3% 食盐，搅拌均匀，即成醋坯。将此醋坯压紧，加盖封严，待其陈酿后熟，经 5 ~6d 后，即可淋醋。

c. 淋醋：将后熟的醋坯放在淋醋器中。淋醋器用一底部凿有小孔的瓦缸或木桶，距缸底 6 ~10cm 处放置滤板，铺上滤布，从上面徐徐淋入约与醋坯量相等的冷却沸水，醋液从缸底小孔流出，为生醋。将生醋在 60 ~70℃ 下消毒 10 ~15min，即成熟醋。

②以果酒为原料酿醋

酿制果醋的原料酒，必须是酒精发酵完全的、澄清的。优良的果醋乃由优良的果酒酿得，质量较差或已酸败的果酒亦可酿醋。

a. 开式醋化法：将果酒酒精体积分数调整为 7% ~8%，盛于醋化器中，接种醋母液 5% 左右。醋化器为一浅木盆（搪瓷盆或耐酸水泥池均可），高约 20 ~30cm，大小不限，盆面用纱网遮盖，盆周壁近顶端设有许多小孔，以利通气并防醋蝇、醋鳗等侵入。酒液深度约为木桶高度的一半，液面浮以格子板，以防止菌膜下沉。在醋化期中，控制温度在30 ~35℃，每天搅拌 1 ~2 次，约经 10d，即可完成醋化。取出大部分果醋，留下菌膜及少量醋液在盆内，再加果酒，继续醋化。取出的生醋经消毒后即可食用。

b. 气泡醋化法（又名深层发酵法）：这是一种新的醋化法。根据醋化速度与接触的空气量成正比的关系，对发酵液连续吹送大量细小的空气泡，使空气与发酵液和醋酸菌充分接触，迅速醋化。由于醋酸菌在断绝氧的状态下，15s 就会死亡，因此在醋化时间内应使它与气泡流相接触。为了满足这一要求，需要采用特殊的气泡发生器。有的气泡发生器是设有高速旋转器的空气喷头，有的则为空化器。为了防止醋化时热量的积累，须附设冷热交换器。此法醋化率高，可达理论数的 98%，因醋化时气泡中的氧能较多地（约 50%）进入或溶入发酵液中，醋酸浓度高，容易酿得醋酸浓度为 6% ~8% 的果醋，也能酿得体积分数为 10% ~12% 的高品质果醋；醋化迅速，可连续进料和出料，使操作连续化、自动化；能杜绝醋鳗、醋蝇和粘液菌等发生。

速酿成的果醋，有生味，需装盛于陈酿器内，酌加酒精，使其含量达 0.5%，另加 1% ~2% 食盐，装满，密封，陈酿 1 ~2 个月或者半年，便成熟。经消毒后，即为熟醋。

3. 苹果醋的酿造技术

（1）原材料准备

苹果汁 1000L，葡萄酒干酵母 150g，碳酸铵、硫酸铵和磷酸铵 120g，二氧化硫 200g，醋酸杆菌适量。

（2）工艺流程

鲜苹果汁或稀释的浓缩苹果汁→酵母、营养素、果胶酶→酒精发酵→粗滤、离心分离→

酸化→粗滤→陈酿→细滤→稀释→杀菌装瓶→成品。

（3）操作步骤

①发酵

酒精发酵和醋酸发酵要分开进行。酒精发酵时，常用啤酒酵母，将苹果汁内的糖转化为酒精，其转化率约90％，其副产物为丙三醇（甘油）。醋酸发酵时，酒精的醋酸转化率高达90％。

使用鲜果汁或浓缩果汁需稀释到17°Bx。酒精发酵是用专门培养的酵母，发酵是在50m³容量的木桶或不锈钢罐内进行，一般需2～3周的时间，使酒精浓度达到92％。发酵时加入果胶酶，防止酒液混浊。现在常用葡萄酒干酵母，这种酵母可直接接种到果汁内，接种量为150mg/kg。

②澄清、分离

发酵后将酒榨出，然后放置1个月以上，以促进澄清和改善酸化质量。传统的加工方法是发酵后不再澄清。但完全由浓缩苹果汁制作苹果醋时，为了得到澄清的产品，必须进行离心分离和细滤。

③酸化

常用的酸化方法是连续充分深层培养发酵法。常用的酸化器是Fring型，在发酵罐的底部装有涡流式搅拌器，将空气吸入并连续将其向上混入成涡动流动的原料和醋酸杆菌中。醋酸杆菌的生长很快，其浓度达到10^6～10^8个/mL，在罐的顶部装有消泡器，可连续消泡。运转时，制成的苹果醋定期从发酵罐上部排出，新原料从底部进入。若制成醋酸含量为5％的苹果醋，24h内可得到发酵原料75％的产品；若制成醋酸含量为10％的苹果醋，24h内可得到发酵原料25％的产品。操作适当，可使原料的进入和产品的排出连续进行。

使用塔式深层培养酸化器，没有任何运动部件，完全依靠吸入的空气进行搅拌，压缩机从底部将空气泵入塔内，经过烧结玻璃板进入物料。酸化塔可用聚丙烯强化玻璃纤维制造，其纵横比（高度:直径）约为12:1。原料由塔底慢慢进入，成品醋由塔顶慢慢流出，这是真正的连续式发酵器。大多数加工厂在发酵苹果汁酸化之前，贮料要求经过营养强化，每1000L发酵苹果汁加120L碳酸铵、硫酸铵和磷酸铵。高酒精含量的苹果汁贮料在酸化前要加入10％的新鲜苹果醋，并贮存1个月。加入鲜醋可降低原料的pH，提高酸度和预防有害物质的产生。

④陈酿

酸化结束后，将产品泵入木桶和不锈钢罐内进行陈酿。有些加工厂此时进行粗滤。陈酿可增强香味和提高澄清度，减少装瓶后发生的混浊现象。过去陈酿时间通常在1年左右，现在陈酿一般为1～2个月。

⑤澄清和装罐

充分陈酿的苹果醋经粗滤后，用水稀释到适当的浓度（零售一般含醋酸为5％），再经板式热交换器杀菌，杀菌温度为65～85℃。杀菌后可趁热灌装在玻璃瓶内，或冷却后装在塑料瓶内。深层培养发酵苹果醋的醋酸杆菌含量高，最好使用高温杀菌。聚乙烯塑料瓶有一定的透气性，往往在装瓶后苹果醋会出现混浊。复合塑料瓶或PET塑料瓶的隔气性好，PVC塑料瓶使用也很普遍。若产品是用于腌菜的原料或销往远地零售，则不必稀释。有时将产品进行冷冻浓缩，制出高浓度的产品，供给腌菜工业作为原料。为了避免醋在装瓶后混浊，特别是未经过充分陈酿时，可在粗滤后、稀释前，用活性炭或用聚乙烯吡咯烷进行细滤，将造成混浊的多酚物质除去。另一种澄清方法是加澄清剂。常用的方法是在醋内加明胶，添加量为每5000L醋内加1kg，随后每5000L再加2kg膨润土，加入后充分搅拌，然后静置1周以上再灌装。还有一种快速、方便的方法，是用硅溶胶（一种二氧化硅）澄清，其添加量为每5000L的物料内加5L浓度为30%的硅溶胶，然后每5000L加入明矾2kg，在数小时内，容器的底部就会形成一层紧密的沉淀物。

 复习与思考

1. 果酒的基本概念是什么？
2. 什么是酒精发酵？
3. 简述葡萄酒酿造原理，并说明影响酒精发酵的因素。
4. 葡萄酒酿造的基本工艺流程是什么？其主要操作步骤有哪些？
5. 果醋酿造和果酒酿造的主要区别是什么？
6. 试写出苹果酒的工艺流程及质量指标。

项目八　果蔬糖制加工技术

【知识目标】

1. 了解果蔬糖制的基本概念和产品特点
2. 熟悉和理解果蔬糖制的基本原理
3. 熟悉果蔬糖制常用设备及其使用

【技能目标】

1. 掌握果脯蜜饯加工的一般工作程序及操作要点
2. 掌握果酱类加工的一般工作程序及关键操作技能
3. 熟练掌握典型果蔬糖制品生产技术及质量要求

果蔬糖制是以果品蔬菜为原料,与糖或其他辅料配合加工而成,利用高浓度糖液的防腐保藏作用制成糖制品的加工技术。果蔬糖制品具有高糖、高酸等特点,这不仅改善了原料的食用品质,赋予产品良好的色泽和风味,而且提高了产品在保藏期间的品质和期限。现代果蔬糖制产业发展迅速,在产品种类、产量和品质上都有了很大提高,并形成了各具地方特色的系列产品。其中以北京、苏州、潮州、广州、福州、四川等的制品尤为著名,如苹果脯、蜜枣、脆梅以及各种凉果和果酱、果冻,在国内外市场上享有很高的声誉。

任务 1　果蔬糖制相关知识

一、果蔬糖制品的分类

果蔬糖制品按其加工方法和状态分为两大类,即果脯蜜饯类和果酱类。果脯蜜饯类属于高糖食品,保持果实或果块原形,大多含糖量在 50%～70%;果酱类属高糖高酸食品,不保持原来的形状,含糖量多在 40%～65%,含酸量约在 1% 以上。

1. 果脯蜜饯类

(1)干态果脯　在糖制后进行晾干或烘干而制成表面干燥不粘手的制品,也有的在其外表裹上一层透明的糖衣或形成结晶糖粉,如各种果脯、某些凉果、瓜条及藕片等。

(2)湿态蜜钱　在糖制后,不烘干,而是稍加沥干,制品表面发粘,如某些凉果,也有的糖制后,直接保存于糖液中制成罐头,如各种带汁蜜饯或称糖浆水果罐头。

2. 果酱类

果酱类主要有果酱、果泥、果冻、果糕及果丹皮等。

(1)果酱　呈粘稠状,也可以带有果肉碎块,如杏酱、草莓酱等。

(2)果泥　呈糊状,即果实必须在加热软化后要打浆过滤,所以酱体细腻,如苹果泥、山楂泥等。

（3）果冻　将果汁和食糖加热浓缩而制成的透明凝胶制品。

（4）果糕　将果泥加糖和增稠剂后加热浓缩而制成的凝胶制品。

（5）果丹皮　将果泥加糖浓缩后，刮片烘干制成的柔软薄片。山楂片是将富含酸分及果胶的一类果实制成果泥，刮片烘干后制成的干燥的果片。

二、食糖的保藏作用

1. 食糖的高渗透压

糖溶液有一定的渗透压，通常应用的蔗糖其1%的浓度可产生70.9kPa的渗透压，糖液浓度达65%以上时，远远大于微生物的渗透压，从而抑制微生物的生长，使制品能较长期保存。

2. 食糖的抗氧化作用

糖溶液中的含氧量较低，在20℃时60%蔗糖溶液溶解氧的能力仅为纯水的1/6。因此高糖制品可减少氧化程度。

3. 食糖降低水分活性

微生物吸收营养要在一定的湿度条件下，要有一定的水分活性。糖浓度越高其水分活性越小，微生物不易获得所需的水分和营养。新鲜水果的水分活性大于0.99，而糖制品的水分活性约为0.80~0.75，固有较强的保藏作用。

三、果胶的凝胶作用

果胶物质以原果胶、果胶和果胶酸三种形态存在于果蔬中。原果胶在酸和酶的作用下分解为果胶。果胶是多半乳糖醛酸的长链，其中部分羟基为甲醇所酯化。通常将甲氧基含量在7%以上的果胶称为高甲氧基果胶，而甲氧基含量低于7%的果胶称为低甲氧基果胶。

1. 高甲氧基果胶凝胶形成条件

高甲氧基果胶的凝胶多为果胶、糖、酸凝胶。果酱、果冻的凝胶多为此种。但凝胶形成的基本条件必须含有一定比例的糖、酸及果胶。一般认为形成良好果胶凝胶所需的果胶、糖、酸三者的最佳配合条件是：糖65%~70%，pH 2.8~3.3，果胶0.6%~1%。

2. 低甲氧基果胶凝胶形成条件

低甲氧基果胶（指相当于50%的羧基游离存在）在用糖很少甚至不用糖的情况下，可用加入钙（10~30mg/g）或其他二价、三价离子（如铝）的方法，把果胶分子中的羧基相连生成凝胶，它是离子键结合而相连成的网状结构。

一般认为低甲氧基果胶凝胶条件是：低甲氧基果胶1%，pH为2.5~6.5时，每克低甲氧基果胶加入钙离子25mg（钙量占整个凝胶的0.01%~0.1%），即可形成正常凝胶，但加钙盐前必须先将低氧基果胶完全溶解）。低甲氧基果胶在食品工业上用途很广，可制成低糖和低热量的果酱、果冻等食品。

四、果脯蜜饯加工工作程序

1. 原料选择

果脯蜜饯加工要进行糖制，为防止煮碎煮烂，多选择组织致密，硬度较高的果蔬为原料。原料的种类和品种不同，适合加工的产品各异，根据产品的特性，正确地选择适宜加工的原料，是保证产品质量的基本条件。

2. 原料处理

按照产品对原料的要求进行必要的选别、分级。分级多以原料大小为主要依据,目的是达到产品大小相同、质量一致和便于加工。分级标准根据原料的实际情况、成品特点而定。并进行洗涤、去皮、切分、去心和划缝处理。

划缝可增加成品外观纹路,使产品美观。更重要的是加速糖制中的渗糖。划缝的方法有手工划缝或用划纹机划缝,划纹要纹络均匀,深浅一致。

3. 保脆硬化

在糖煮前进行硬化处理,可以提高原料的硬度,增强耐煮性。通常将原料投入含有石灰、明矾、氯化钙或氢氧化钙等的水溶液中,进行短时间的浸渍,达到硬化目的。利用硬化剂中含有的钙和铝离子与果胶物质形成不溶性的盐类,使组织硬化耐煮。硬化剂的选择、用量和处理时间必须适当。用量过大会生成过多的果胶酸钙盐,或引起部分纤维素钙化,从而使产品粗糙,品质下降。应用明矾溶液为 0.4% ~ 2%,亚硫酸氢钙溶液为 0.5% 左右,石灰溶液 0.15%。一般可用 pH 试纸检查是否浸泡合格。浸泡后用清水漂洗。

4. 护色

果脯原料大多数需要护色处理,主要是抑制氧化变色,使制品色泽鲜明。其方法主要有两种,熏硫和浸硫。

熏硫在熏硫室或熏硫箱中进行。熏硫室或箱能严格密封,又可方便开启。熏硫时,将分级、切分的原料装盘送入熏硫室,分层码放。一般 1t 原料用硫磺 2kg,或 1m³ 容积用 200g,熏制时间因品种而异:梨 16 ~ 18h,苹果、桃 16 ~ 20h, 杏 8 ~ 10h,樱桃 14 ~ 16h,李 12 ~ 14h,青橄榄 16 ~ 24h。

浸硫时先配制好含 0.1% ~ 0.2% SO_2 的亚硫酸或亚硫酸氢钠溶液,将原料置入该溶液中浸泡 10 ~ 30min,取出立即在流水中冲洗。

5. 着色

果蔬在糖制过程中易使所含色素遭到破坏,失去原有的色泽。为恢复原颜色,可进行着色。所用色素有天然色素和人工合成色素。目前,可供糖渍品着色的天然食用色素有红紫色的苏木色素、玫瑰茄色素、黄色的姜黄色素、栀子色素、绿色的叶绿素铜钠盐(可用微量)。人工合成色素有柠檬黄、胭脂红、苋菜红和靛蓝等。所有色素使用量不许超过 0.05g/kg。

染色时,把果蔬原料用 1% ~ 2% 明矾溶液浸泡,然后糖渍,或把色素液调成糖制液进行染色。或在最后制成糖制品时以淡色溶液在制品上着色。染色务求淡雅、鲜明、协调,切忌过度。

6. 糖制

(1)煮制

一般耐煮的原料采用煮制可迅速完成加工过程,但色、香、味差,并有维生素 C 的损失。煮制在具体应用中有下列几种方法。

①一次煮制法:对于组织疏松易于渗糖的原料,将处理后的原料与糖液一起加热煮制,从最初糖液浓度40%一直加热蒸发浓缩至结砂为止。这样一次性完成糖煮过程的方法称为"一次糖煮法"。

②多次煮制法:对于组织致密难以渗糖,或易煮烂的含水量高的原料,将处理过的原料经

过多次糖煮和浸渍,逐步提高糖浓度的糖煮方法。一般每次糖煮时间短,浸渍时间长。

③变温煮制法:利用温差悬殊的环境,使组织受到冷热交替的变化。组织内部的水蒸气分压,有增大和减小的变化,由压力差的变化,迫使糖液透入组织,加快组织内外糖液的平衡,缩短煮制时间,称为"变温糖煮法"。

④减压煮制法:在减压条件下糖煮,组织内的蒸汽分压随真空度的变化而变化,促使组织内外糖液浓度加速平衡,缩短糖煮时间,品质稳定,制品色泽浅淡鲜明、风味纯好。减压糖煮法需要在真空设备中进行,先将处理后的原料投入25%的糖液中,在真空度为83.5kPa,温度为60℃下热处理4~6min,消压。浸渍一段时间,然后提高糖液浓度至40%,再重复加热到60℃时,开始抽真空减压,使糖液沸腾,同时进行搅拌,沸腾约5min后可改变真空度,可使糖液加速渗透,每次提高糖浓度10%~15%,重复3~4次,最后使产品糖液浓度达到60%~65%时解除真空,完成糖煮过程,全部时间需1d左右。

⑤扩散煮制法:它是在减压煮制的基础上发展的一种连续化煮制方法,其机械化程度高,糖制效果好。先将原料密闭在真空扩散器内,抽空排除原料组织中的空气,然后加入95℃的热糖液,待糖分子扩散渗透后,将糖液顺序转入另一扩散器内,再将原来扩散器内加入较高浓度的糖液,如此连续几次,并不断提高不同扩散器内的糖浓度,最后使产品的糖浓度达到规定的要求,完成渗糖过程。

(2)蜜制

蜜制是我国蜜饯制作中传统的糖制方法。此法适于肉质疏松、不耐煮制的原料。其特点是分次加糖,不加热。由于糖有一定的粘稠度,在常温下渗透速度慢,产品加工需要较长时间,但制品能保持原有的色、香、味和完整的外形及质地,营养损失少。

蜜制的方法就是把经处理的原料逐次增加干糖进行腌渍。先用原料重量30%的干砂糖与原料拌均匀,经12~14h后,再补20%的干砂糖翻拌均匀。再放置24h,又补加10%的干砂糖腌渍。由于采用干砂糖腌渍,组织中水分大量渗出,使原料体积收缩到原来的一半左右,透糖速度降低。糖制时间1周左右,最后将原料捞出,沥干表面糖液或洗去表面糖液,即成制品。

7. 烘晒和上糖衣

干态果脯和"返砂"蜜饯制品,要求保持完整和饱满状态,不皱缩、不结晶,质地紧密而不粗糙,水分一般不超18%~20%,因此要进行干燥处理,既烘干或晾晒。

烘干多用于果脯和返砂蜜饯,烘干在烘房中进行,人工控制温度,升温速度快,排湿通气好,卫生清洁,原料受热均匀。烘烤中要注意通风排湿和产品换盘,烘烤时间在12~24h。烘烤至手感不粘、不干硬为宜。

晾晒多用于甘草、凉果类制品。晾晒在晒场进行,设有专门的晾架,晒至产品表面干燥或萎蔫皱缩为止。因产品受自然条件影响大,卫生条件较差。

制作糖衣蜜饯时,可在干燥后上糖衣。即用配制好的过饱和糖液处理干态蜜饯,干燥后使其表面形成一层透明状糖质薄膜。糖衣不仅外观好,并且保藏性强,可以减少蜜饯保藏期中吸湿和"返砂"。

8. 整形、包装

(1)整形　果脯和干态蜜饯,由于原料进行一系列处理后,使原料出现收缩、破碎、折断等,在包装前要进行整形、回软。整形按原有产品的形状、食用习惯和产品特点进行分级和整形。

（2）包装　果脯和干态蜜饯包装的重要目的是防潮防霉，一般先用塑料薄膜包装后，再用其他包装。可用大包装或小包装。以利于保藏、运输、销售为原则。带汁蜜饯以罐头包装为宜。挑选后装罐，加入糖液、封罐，在90℃下杀菌20～40min，取出冷却为成品。

五、果酱类产品加工工作程序

1. 果酱、果泥

（1）原料处理

原料进行洗涤、去皮、切分、去心等处理。为软化打浆准备。

（2）软化打浆

软化的主要目的是破坏酶的活性；防止变色和果胶水解；软化果肉组织，便于打浆；促使果肉中果胶渗出。预煮时加入原料10%～20%的水进行软化，也可以用蒸汽软化，软化时间为10～20min。然后进行粗打浆。

（3）配料

果酱的配方按原料分类及产品标准要求而异，一般要求果肉占总原料量40%～55%，砂糖占45%～60%。必要时配料中可适量添加柠檬酸及果胶。柠檬酸补加量一般控制成品含酸量为0.5%～1%，果胶补加量以控制成品含果胶量0.4%～0.9%为宜。

注意所有固体配料使用前应配成浓溶液过滤备用。砂糖配成70%～75%的溶液；柠檬酸配成50%的溶液；果胶粉不易溶于水，可先与其重量4～6倍的砂糖充分混合均匀，再以10～15倍的水在搅拌下加热溶解。

（4）浓缩

浓缩是果酱加工的重要工艺，其目的是排除果肉原料中的大部分水分；破坏酶的活性及杀灭有害微生物，有利于制品保存；使糖、酸、果胶等配料与果肉煮制渗透均匀，改善组织状态及风味；节约包装运输费用。常用的浓缩方法有常压浓缩法和真空浓缩法。

①常压浓缩：将原料置于夹层锅内，在常压下加热浓缩。将原料与糖液充分混合后，用蒸汽加热浓缩，前期蒸汽压力较大，后期为防止糖液变褐焦化，蒸汽压力要降低。每次蒸汽量不要过多。再次下料量以控制出品50～60kg为宜，浓缩时间以30～60min为宜。操作时注意不断搅拌，终点温度为105～108℃、含糖量达60%以上。

②真空浓缩（又称减压浓缩）：指原料在真空条件下加热蒸发一部分水分，提高可溶性固形物浓度，达到浓缩。浓缩有单效和双效浓缩两种。具体操作为先通入蒸汽于锅内赶出空气，再开动离心泵，使锅内形成真空，当真空度达0.035 MPa以上时，开启进料阀，待浓缩的物料靠锅内的真空吸力吸入锅中，达到容量要求后，开启蒸汽阀门和搅拌器进行浓缩。加热蒸汽压力保持在0.098～0.147MPa时，锅内真空度为0.087～0.096MPa，温度50～60℃。浓缩过程中若泡沫上升剧烈，可开启锅内的空气阀，使空气进入锅内抑制泡沫上升，待正常后再关闭。浓缩时应保持物料超过加热面，防止焦锅。当浓缩接近终点时，关闭真空泵开关，解除锅内真空，在搅拌下将果酱加热升温至90～95℃，然后迅速关闭进气阀出锅。

（5）灌装与杀菌

将浓缩后的果酱、果泥直接装入密封容器中密封，在常温或高压下杀菌，冷却后为成品。

2. 果冻

（1）原料处理

原料进行洗涤、去皮、切分、去心等处理。

（2）加热软化

目的是便于打浆和取汁。依原料种类加水或不加水,多汁的果蔬可不加水。肉质致密的果实如山楂、苹果等则需要加果实重量 1 ~ 3 倍的水。软化时间为 20 ~ 60min,以煮后便于打浆或取汁为原则。

（3）打浆、取汁

果酱可进行粗打浆,果浆中可含有部分果肉。取汁的果肉打浆不要过细,过细反而影响取汁。取汁可用压榨机榨汁或浸提汁。

（4）加糖浓缩

在添加配料前,需对所制得的果浆和果汁进行 pH 和果胶含量测定,形成果冻凝胶的适宜 pH 为 3 ~ 3.5,果胶含量为 0.5% ~ 1.0%。如含量不足,可适当加入果胶或柠檬酸进行调整。一般果浆与糖的比例是 1 : 0.6 ~ 0.8,浓缩达可溶性固形物含量 65% 以上,沸点温度达 103 ~ 105℃。

（5）冷却成型

将达到终点的稠浆液倒入容器中冷却成果冻。

六、果蔬糖制品加工中常见的质量问题及控制措施

在糖制品加工中,由于果实种类和质量的不同、操作上不够严格,会出现一些问题。

1. 变色

糖制品在加工过程及贮存期间都可能发生变色,在加工期间的前处理中,变色的主要原因是氧化引起酶促褐变,同时在整个加工过程和贮藏期间还伴随着非酶促褐,其主要影响因素是温度,即温度越高变色越深。

控制措施:针对酶褐变主要是做好护色处理,即去皮后要及时浸泡在盐水或亚硫酸盐溶液中,有的含气高的还需进行抽空处理,在整个加工工艺中尽可能地缩短与空气接触时间,防止氧化。而防止非酶褐变技术在加工中要尽可能缩短受热处理的过程,特别是果脯类在贮存期间要控制温度在较低的条件,如 12 ~ 15℃,对于易变色品种最好采用真空包装,在销售时要注意避免阳光暴晒,减少与空气接触的机会。注意加工用具一定要用不锈钢制品。

2. 返砂和流汤

返砂和流汤的产生主要是由于糖制品在加工过程中,糖液中还原糖的比率不合适或贮藏环境条件不当,引起糖制品出现糖分结晶(返砂)或吸湿潮解(流汤)。

控制措施:主要是在加工中要注意加热的温度和时间,控制好还原糖的比例;在贮藏时一定要注意控制恒定的温度,且不能低于 12 ~ 15℃,否则由于糖液在低温条件下溶解度下降引起过饱和而造成结晶;对于散装糖制品一定要注意贮藏环境湿度不能过低,即要控制在相对湿度为 70% 左右。如果相对湿度太低则易造成结晶(返砂),如果相对湿度太高则又会引起吸湿回潮(流汤)。糖制品一旦发生返砂或流汤将不利于长期贮藏,也影响制品外观。

3. 微生物败坏

糖制品在贮藏期间最易出现的微生物败坏是长霉和发酵产生酒精味。这主要是由于制品含糖量没有达到要求的浓度即65%～70%。

控制措施:即加糖时一定按要求糖度添加。但对于低糖制品一定要采取防腐措施,如添加防腐剂、采取真空包装,必要时加入一定的抗氧化剂、保证较低的贮藏温度等。对于罐装果酱一定要注意封口严密,以防主表层残氧过高为霉菌提供生长条件,另外杀菌要充分。

4. 煮烂和干缩

果脯加工中,由于果实种类选择不当,加热温度和时间不准,预处理方法不正确以及浸糖数量不足,会引起煮烂和干缩现象。原料质地较软的果品常发生煮烂现象。干缩现象产生的主要原因是果实成熟度低而引起的吸糖量不足、煮制浸渍过程中糖液的浓度不够等。

控制措施:对煮烂现象主要是注意选择理想适宜的成熟度、煮前用1%食盐水热烫几分钟、注意煮制的温度和时间。对于干缩现象主要是酌情调整糖液浓度和浸渍时间。

5. 果酱类产品的汁液分泌

由于果块软化不充分或浓缩时间短或果胶含量低未形成良好凝胶。

控制措施:原料软化充分,使果胶水解而溶出果胶;对果胶含量低的可适当增加糖量;添加果胶或其他增稠剂增强凝胶作用。

七、果蔬糖制常用设备及其使用

蜜饯类加工设备主要有腌渍池、夹层锅或预煮机(用于热烫和糖煮)、晒场或干燥机、包装机等。果酱类加工设备需要破碎、打浆、榨汁机械,可倾式夹层锅或真空浓缩锅、封罐机、杀菌锅等。

1. 预处理设备

(1)清洗机　现代化生产中根据不同品种果菜,均采用多种清洗机对果蔬进行清洗和去皮作业。如洗果机一般可达到每小时处理2000kg。此外,还有专用的根茎类清洗机。

(2)切条机或切片机　为了保证果脯蜜饯形状一致,均采用机器对果蔬进行切条或切片。

(3)打浆机　将煮烂的原料打碎成浆,并使浆、渣分离。打浆机有立式和卧式两种,使用较多的是卧式。

(4)夹层锅　用于果脯蜜饯生产中钝化氧化酶、疏松组织。凉果生产中用于软化果坯及透明处理。

(5)搅拌机

①平桨式搅拌机　用于粘稠性固体和液体物料的搅拌。是常用的搅拌机。

②锚式搅拌机　适用于加热时的搅拌,果浆浓缩往往采用这种设备。可加快热交换,防止物料在壁上焦化或结晶。

③行星式搅拌器　有相当高的传热效果。果酱制作、糖液配制时可安装在夹层锅上。

(6)螺旋式榨汁机

用于切碎果蔬的榨汁。

2. 糖渍设备

（1）糖渍罐　用于果脯及凉果生产渗糖腌制、渗味腌制等。是果脯生产中的关键设备（图8—1）。

图8—1　糖渍罐

（2）浓缩设备

①常压浓缩设备　即带有搅拌器的夹层锅。这种设备浓缩时间长、养分损失较大。

②真空浓缩设备　主要有夹层加热室带单效浓缩设备和双效真空浓缩锅。夹层加热室带搅拌浓缩设备由带搅拌器的夹层锅和真空装置组成。可用于果酱浓缩；双效真空浓缩锅的整个设备由电器仪表控制，效率高，可连续作业，但造价高。

3. 干燥及包装设备

（1）干燥机　果脯及凉果渗糖、渗味后，需立即实施整形干燥。现代化生产中采用气流式洁净烘房或气流式控温烘箱。我国目前许多南方凉果生产企业为追求降低成本，采用露天晾干方式干燥，卫生条件很差，造成产品微生物超标，随着国家监管力度的加大，露天晾干的干燥方式必然被取缔。目前除热风干燥设备外，还有真空干燥设备和微波干燥设备。

（2）包装机　蔬菜果酱分装可用于双活塞定量装料机、卧式双活塞装料机或GT7A10装料机。糖制品如果用软包装，一般选用聚乙烯塑料薄膜作包装材料。可用人工或机械装袋。如配备真空包装机，可防止制品变质，也便于保藏和运输。

（3）高压灭菌锅

高压灭菌锅又名高压蒸汽灭菌锅，可分为手提式灭菌锅和立式高压灭菌锅。利用电热丝加热水产生蒸汽，并能维持一定压力的装置。主要有一个可以密封的桶体，压力表，排气阀，安全阀，电热丝等组成。

任务2　苹果脯加工技术

一、苹果脯原材料准备

鲜苹果60kg、砂糖40kg、氯化钙50g、亚硫酸氢钠100g、柠檬酸少许、不锈钢刀具、台秤、夹层锅或不锈钢锅、烘箱、烘盘、陶缸、塑料薄膜热合封口机等。

二、苹果脯工艺流程

原料选择 → 去皮与切分 → 硬化与护色 → 糖煮 → 糖渍 → 烘干 → 整形与包装 → 入库贮存

三、苹果脯操作规程

编号	工序名称	操 作 规 程
1	原料选择	选用果形圆整、果心小、肉质疏松和成熟度适宜的原料
2	去皮与切分	用手工或机械去皮后,挖去损伤部分,将苹果对半纵切,再用挖核器挖掉果心
3	硬化与护色	将切好的果块立即放入0.1%的氯化钙和0.2%~0.3%的亚硫酸氢钠混合液中浸泡6~12h,进行硬化和护色。肉质较硬的品种只需进行护色。每100kg混合液可浸泡120~130kg原料。浸泡时上压重物,防止上浮。浸后取出,用清水漂洗2~3次备用
4	糖煮	在夹层锅内配成40%的糖液25kg,加热煮沸,倒入果块30kg,以旺火煮沸后,加入同浓度的冷糖液5kg,重新煮沸。如此反复煮沸与补加糖液3次,共历时30~40min,此后再进行6次加糖煮制。第一、第二次分别加糖5kg,第三、第四次分别加糖5.5kg,第五次加糖6kg。以上每次加糖间隔5min,第六次加糖7kg,煮制20min。全部糖煮时间需1~1.5h,待果块呈现透明状态,温度达到105~106℃,糖液浓度达到60%左右时,即可起锅
5	糖渍	趁热起锅后,将果块连同糖液倒入缸中浸渍24~48h
6	烘干	将果块捞出,沥干糖液,摆放在烘盘上,送入烘房,在60~66℃的温度下干燥至不粘手为度,大约需要24h
7	整形与包装	将干燥后的果脯整形,剔除碎块,冷却后用玻璃纸或塑料袋密封包装,再装入垫有防潮纸的纸箱中
8	入库贮存	成品贮存于常温库中

四、苹果脯质量标准

项目	质 量 标 准
感官指标	色泽:呈浅黄色至金黄色,有透明感和弹性;形状:块形完整,大小均匀,质地饱满,不返砂,不流汤;滋味:甜酸适度,并具有原果风味
总糖含量	60%~65%
含水量	18%~20%
残硫量(以SO_2计)	≤0.01%
菌落总数/(cfu/g)	≤500
大肠菌群/(MPN/100g)	≤30
致病菌	不得检出

任务3 金丝蜜枣加工技术

一、金丝蜜枣原材料准备

枣、白砂糖、铁锅、烘房、切枣机、压枣机等。

二、金丝蜜枣工艺流程

原料验收 → 分级 → 划缝 → 洗枣 → 煮枣 → 糖渍 → 初焙 → 捏枣 → 复焙 → 分级 → 包装

三、金丝蜜枣操作规程

编号	工序名称	操 作 规 程
1	原料验收	选择果形大、果肉丰厚疏松、果核小的枣。果实的成熟度对蜜枣的品质影响很大，在白熟期采收的果实加工的蜜枣吸糖率较高，透明度也高
2	分级	将枣果按切枣机进出口径的大小分级，同时剔除畸形枣、虫枣、过熟枣
3	划缝	将经挑选的枣果分等级投入切枣机的孔道进行切缝。深度以达到果肉厚度的一半为宜。过深易破碎，过浅不易浸透糖液
4	洗枣	划缝后的鲜枣置入竹箩筐内，放在清水中洗净，沥干水分
5	煮枣	在直径 86.5cm 大铁锅内放清水 1～1.5kg，用水量可按枣的干湿、成熟度、煮的时间和火力有所增减，砂糖 4.5～5kg，鲜枣 9kg。先把水和糖加热溶成糖液，然后倒入鲜枣，与糖液搅拌，用旺火煮熬不断，翻拌并捞除浮起的糖沫。待枣熬至变软变黄时，就减缓翻动。当糖色由白转黄时，减退火力，用文火缓缓熬煮，煮至沸点温度达 105℃ 以上，含糖量 65% 时为止，煮枣时间约 50min
6	糖渍	将煮好的枣连同糖液倒入冷锅，静置约 45min，使糖液均匀地渗透入枣果，并每隔 15min 翻拌 1 次，然后将糖枣倒入滤糖笋中滤去糖液
7	初焙	将滤干糖液的枣果及时送入烘房焙烘，焙烘时火力应先慢后快，焙烘时间约 1d，每隔 3～4h 翻动 1 次
8	捏枣	初焙的枣子柔软可塑，利于捏枣整形，使其美观。捏枣的另一个作用是破坏枣果上的糖衣。因初烘时，糖液失水在果实表面结成一层"糖衣"将刀缝封闭。捏枣可使刀缝微微张开，有利于果肉内水分的散发
9	复焙	用具同初焙。火力应先急后缓，因枣果已冷，可用较大火力（约 75～85℃），促使枣面显露糖霜，然后火力逐渐降低，时间 1～1.5d，先后翻动 8 次，使枣果干燥均匀。焙烘至用力挤压枣果不变形，枣色金黄、透亮、枣面透出少许枣霜即可
10	分级	拣出枣丝、破枣，然后把合格的蜜枣分为 6 个等级。特级 60 个/kg，一级 80 个/kg，二级 110 个/kg，三级 140 个/kg，四级 150 个/kg，五级 180 个/kg
11	包装	分级后的成品用纸盒或塑料薄膜食品袋分 0.5kg、1kg 进行小盒或小袋包装，再装入纸箱，每箱装 25kg

四、金丝蜜枣质量标准

项目	质量标准
感官指标	①色泽:呈棕黄或琥珀色,色泽基本一致。②组织与形态:枣形呈扁略带长形,纹丝细密。颗粒大小均匀,质地酥松。③滋味与气味:含糖饱满,香甜可口,有枣风味,无异味
不良品率	破头枣不超过5%
总糖	65%
含水量	16~18%
菌落总数/(cfu/g)	≤700
大肠菌群/(MPN/100g)	≤30
致病菌	不得检出

任务4 九制陈皮加工技术

一、九制陈皮原材料准备

橙皮100kg、甘草3kg、梅卤60kg、砂糖6kg、明矾500g、甜味剂200g、甘草粉1kg、食盐20kg、柠檬酸适量等。

二、九制陈皮工艺流程

原料验收 → 刨片 → 脱盐 → 晒制 → 加料腌渍 → 晒干 → 包装

三、九制陈皮操作规程

编号	工序名称	操作规程
1	原料验收	选用新鲜、黄色的甜橙、香橙皮为原料
2	刨片	用特制刨刀刨去橙皮外层,取内层备用
3	漂烫	取5kg梅卤、50g明矾与10kg橙皮,一起放入浸料罐中,淹浸2d后,捞出橙皮,取一锅,放水加热至沸,将橙皮移入其中,漂烫2~3min,立即倒入清水池用清水漂洗1d,然后捞出橙皮,沥干水分
4	腌制	将食盐2kg、梅卤1kg倒入罐内,搅拌均匀后,将橙皮放入浸料罐中,翻拌均匀,浸渍18~20d,捞出橙皮,将橙皮摊开在烘盘上,送入温度在60~65℃的烘房中干燥至七八成干后移出、冷却
5	烫煮	取甘草200g,加水5kg,加热煮沸,用文火沸煮1h,使甘草味及所含成分充分溶解。然后滤去甘草渣,取出滤液,加入砂糖、甜味剂,加热煮沸、浓缩,用柠檬酸调节pH为3左右。浓缩甘草汁待用
6	浸渍	将干燥的橙皮放入罐中,加入适量煮沸的甘草浓缩汁,浸渍2h左右,至橙皮完全吸收浓缩汁
7	烘制	将浸渍过的橙皮放在烘盘烘至八成干,再倒入甘草浓缩汁(此道工序可重复多次)
8	拌粉	将橙皮移出烘房,趁热拌入甘草粉,翻拌均匀,即成九制橙皮
9	包装	随后进行定量密封包装即可

四、九制陈皮质量标准

项目	质量标准
感官指标	①色泽:呈土黄或黄褐色;②组织与形态:片薄匀称柔软,片形基本一致,外表带有少量甘草粉;③滋味与气味:甜、酸、咸适中,香橙味浓郁,有甘草味,无异味
盐分	≤28%
总糖	15～18%
含水量	35～40%
菌落总数/(cfu/g)	≤2500
大肠菌群/(MPN/100g)	≤30
致病菌	不得检出

任务5　草莓酱加工技术

一、草莓酱原材料准备

草莓100kg、砂糖115kg、柠檬酸300g、山梨酸75g、真空浓缩锅、杀菌锅、灌装机等。

二、草莓酱工艺流程

原料选择 → 清洗、去蒂 → 破碎与打浆 → 加糖浓缩 → 装罐 → 密封 → 杀菌与冷却 → 入库贮存

三、草莓酱操作规程

编号	工序名称	操作规程
1	原料验收	选择含果胶及果酸多、芳香味浓的草莓品种。要求果实成熟度较高、果面呈红色或淡红色。剔除病虫果、霉果及软烂果
2	清洗、去蒂	将草莓倒入清水中浸泡3～5min,分装在洗涤筐中,再放入流动水或通入压缩空气的水槽中清洗,以洗净农药残留、泥土和尘埃等杂质。然后沥干水分,去净果蒂、果梗、萼片
3	破碎与打浆	经过破碎或打浆可以缩短加糖浓缩的时间。由于草莓组织较柔嫩,有时也可只破碎或不破碎而直接加糖浓缩

编号	工序名称	操 作 规 程
4	加糖浓缩	由于草莓含有丰富的花青素,通常草莓酱的浓缩均采用真空浓缩法。将破碎的草莓和糖液置于真空浓缩锅内,控制真空度为 46.60~53.30kPa,加热软化 5~10min,然后将真空度提高到 79.89kPa,当可溶性固形物浓缩至 60%~62% 时,添加 0.075% 山梨酸钾和 0.3% 柠檬酸(预先溶解备用),继续加热浓缩至其可溶性固形物含量达到 65%~68%,关闭真空阀,解除真空,并把蒸汽压力提高到 250kPa,加热至物料温度达到 100~105℃,即可停止加热
5	装罐	将温度计直接放入草莓酱体中央,当温度达到 104℃ 左右,或用手持测糖仪测得可溶性固形物达到 68% 以上,即可趁热罐装
6	密封	装罐完成后立即密封。注意密封时酱体温度应不低于 85℃
7	杀菌与冷却	装罐密封后投入沸水中杀菌 5~10min,然后逐渐用冷水冷却至罐温达 40℃ 为止
8	入库贮存	成品贮存于常温库中

四、草莓酱质量标准

项目	质 量 标 准
感官指标	草莓酱色泽呈紫红色或红褐色,有光泽,均匀一致;味酸甜,无焦糊味及其他异味;酱体胶粘状,可保留部分果块
总糖含量	不低于 57%(以转化糖计)
可溶性固形物含量	达到 65% 以上(按折光计)
菌落总数/(cfu/g)	≤100
大肠菌群/(MPN/100g)	≤30
致病菌	不得检出

任务6 山楂果冻加工技术

一、山楂果冻原材料准备

山楂、白砂糖、柠檬酸、手持折光仪、pH 试纸、不锈钢锅、过滤用具、破碎机、罐藏容器或塑料杯等。

二、山楂果冻工艺流程

原料验收 → 清洗 → 破碎 → 预煮 → 过滤、取汁 → 浓缩 → 冷却成型 → 切块 → 包装 → 贮存 → 出货

三、山楂果冻操作规程

编号	工序名称	操 作 规 程
1	原料验收	选择成熟度适宜(9成左右),果胶物质丰富,含酸量高,芳香味浓的原料;去除霉烂变质、病虫害严重的不合格果
2	清洗、破碎	清洗果面污物,对半切瓣备用,不需去核、去籽;也可用破碎机破碎原料备用
3	预煮、浸提、取汁	一般进行二次取汁。第一次,按原料∶水=(0.8~1)∶1的比例,加水煮沸原料8~10min,浸提5~10min,然后双层滤布过滤或过滤机过滤,收集第一次果汁。第二次,按同样的比例加水煮沸滤后的果渣3~5min,浸提3~5min,过滤得第二次果汁
4	浓缩	将两次取汁所得汁液混合,浓缩至可溶性固形物含量达8%~10%左右后加糖浓缩。按浓缩液∶糖=1∶(0.5~0.7)的比例分次加糖,继续浓缩至可溶性固形物达65%
5	凝冻成型	将浓缩液趁热倒入一定形状的容器中,待温度下降凝冻成型
6	切块	凝冻达到要求的果冻,用刀切成3.3cm左右的方块,或根据需要,切成其他形状的小块
7	包装	用玻璃纸把切块包好,再装入其他容器里
8	入库贮存	成品贮存于常温库中

四、山楂果冻质量标准

项目	质 量 标 准
感官指标	色泽呈玫瑰红色或山楂红色,半透明,有弹性,块形完整,切面光滑,组织细腻均匀,软硬适宜,酸甜适口
可溶性固形物	≥65%
菌落总数/(cfu/g)	≤100
大肠菌群/(MPN/100g)	≤30
致病菌	不得检出

 复习与思考

1. 果冻与果酱制作有何异同点?
2. 影响果冻胶凝的主要因素有哪些?
3. 列举几种典型果蔬糖制品的制作工艺流程和关键操作要点。
4. 试设计某一糖制品的工艺流程、操作要点及设备要求,并分析其生产的经济效益。

项目九　蔬菜腌制加工技术

【知识目标】

1. 了解蔬菜腌制的基本概念和产品特点
2. 熟悉和理解蔬菜腌制的基本原理
3. 熟悉蔬菜腌制常用设备及其使用

【技能目标】

1. 掌握酸泡菜加工的一般工作程序及操作要点
2. 掌握酱菜加工的一般工作程序及关键操作技能
3. 熟练掌握典型蔬菜腌制品生产技术及质量要求

蔬菜腌制是人类对蔬菜进行加工保藏的一种古老方法,历史悠久,是一种广为普及的加工方法。蔬菜腌制加工方法简单易行,成本低廉,产品种类繁多,风味各异,易于保存。我国劳动人民在长期生产实践中积累了丰富的经验,创造出许多色香味俱佳、名扬四海的特色产品,如重庆涪陵榨菜、北京八宝酱菜、浙江萧山萝卜干、四川泡菜、扬州三和四美酱菜、云南大头菜、贵州酸菜等,畅销国内外市场,主要出口美国、日本、韩国、新加坡。低盐、增酸、适糖是蔬菜腌制品发展的方向,低盐化咸菜、乳酸发酵的腌制品被誉为健康食品。蔬菜腌制品在国内外有着巨大市场,不论是日常佐餐,还是旅游、野餐等,都是必不可少的佳品。在国际腌制品市场上,中国泡菜以其辣中带甜,清爽可口,逐渐成为世界认可的健康发酵食品。

任务1　蔬菜腌制相关知识

一、蔬菜腌制品的分类

蔬菜腌制品的种类繁多,根据腌制工艺和食盐用量的不同、成品风味等的差异,可分为发酵性腌制品和非发酵性腌制品两大类。

1. 发酵性腌制品

利用低浓度的盐分,在腌制过程中,经过乳酸发酵,并伴有轻微的酒精发酵,利用乳酸菌发酵所产生的乳酸与加入的食盐及调味料等一起达到防腐的目的,同时改善质量和增进风味。代表产品为泡菜和酸菜等。

发酵性腌制品根据原料、配料含水量不同,一般分为半干态发酵和湿态发酵两种。湿态发酵是原料在一定的卤水中腌制,如酸菜。半干态腌制是让蔬菜失去一部分水分,再用食盐及配料混合后腌渍,如榨菜。由于这类腌制品本身含水量较低,保存期较长。

2. 非发酵性腌制品

在腌制过程中,不经发酵或微弱的发酵,主要是利用高浓度的食盐、糖及其他调味品进行保藏并改善风味。非发酵性腌制品依据腌渍配料及风味不同,分为盐渍的咸菜、酱渍的酱菜和糖醋渍的糖醋菜三大类。

(1)咸菜类 利用较高浓度的食盐溶液进行腌制保藏。并通过腌制改变风味,由于味咸,故称为咸菜。代表品种有咸雪里蕻、咸萝卜、咸大头菜等。

(2)酱菜类 将蔬菜经盐渍成咸坯后,再经过脱盐、酱渍而成的制品。如什锦酱菜、北京八宝菜、酱黄瓜等。制品不仅具有原产品的风味,同时吸收了酱的色泽、营养和风味,因此酱的质量和风味将对酱菜有极大的影响。

(3)糖醋菜类 将蔬菜制成咸坯并脱盐后,再经糖醋渍而成。糖醋汁不仅有保藏作用,同时使制品酸甜可口。代表产品有南京糖醋萝卜、北京白糖蒜等。

二、食盐的保藏作用

1. 高渗透压作用

食盐溶液具有较高的渗透压,1%的食盐可产生618kPa的渗透压,腌渍时食盐用量在4%~15%,能产生2472~9271kPa的渗透压力。远远超过大多数微生物细胞渗透压。由于食盐溶液渗透大于微生物细胞渗透压,微生物细胞内的水分会外渗产生生理脱水,造成质壁分离,从而使微生物活动受到抑制,甚至会由于生理干燥而死亡。不同种类的微生物耐盐能力不同,一般对蔬菜腌制有害的微生物对食盐的抵抗力较弱。如表9—1为几种微生物能忍耐的最大食盐浓度。

表 9—1　几种微生物能忍耐的最大食盐浓度

菌种名称	食盐浓度(%)	菌种名称	食盐浓度(%)
肉毒杆菌	6	植物乳杆菌	13
大肠杆菌	6	变形杆菌	10
发酵乳	8	霉菌	20
短乳杆菌	8	酵母菌	25
甘蓝酸化乳	12		

从表中看出,霉菌和酵母对食盐的耐受力比细菌大得多,酵母菌的耐盐性最强,达到25%,而大肠杆菌和变形杆菌在6%~10%的食盐溶液中就可以受到抑制。这种耐受力均是溶液呈中性时测定的,若溶液呈酸性,则所列的微生物对食盐的耐受力就会降低。如酵母菌在中性溶液中,对食盐的最大耐受浓度为25%,但当溶液的pH降为2.5时,只需14%的食盐浓度就可抑制其活动。

2. 抗氧化作用

与纯水相比,食盐溶液中的含氧量较低,对防止腌制品的氧化作用具有一定影响。可以减少腌制时原料周围氧气的含量,抑制好氧微生物的活动,同时通过高浓度食盐的渗透作用可排除组织中的氧气,从而抑制氧化作用。

3. 降低水分活度

食盐溶于水就会电离成Na^+和Cl^-,每个离子都迅速和周围的自由水分子结合成水合离子,随着溶液中食盐浓度的增加,自由水的含量会越来越少,水分活度会下降,大大降低微生物利用自由水的程度,使微生物生长繁殖受到抑制。

4. 杀菌防腐作用

食盐溶液中含有的钠离子、镁离子、钾离子和氯离子在高浓度时能对微生物产生杀菌毒害作用。食盐的防腐效果随浓度的提高而加强。但浓度过高会延缓有关的生物化学作用,当盐浓度达到12%时,会感到咸味过重且风味不佳。因此用盐量必须适合。生产上结合压实、隔绝空气、促进有益微生物菌群快速发酵等措施来共同抑制有害微生物的败坏,从而生产出优质的蔬菜腌制品。

三、微生物的发酵作用

在腌制品中有不同程度的微生物发酵作用,有利于保藏的发酵作用有乳酸发酵,微量的酒精发酵和醋酸发酵,不但能抑制有害微生物的活动,同时使制品形成特有风味起到一定的作用。也有不利于保藏的有害发酵作用。如丁酸发酵等,腌制中要尽量抑制。

1. 乳酸发酵

乳酸菌将原料中的糖分分解生成乳酸及其他物质的过程称为乳酸发酵。一般认为,凡是能产生乳酸的微生物都称为乳酸菌。一般发酵性蔬菜腌制品都有乳酸发酵过程。乳酸菌一般以单糖(葡萄糖、果糖等)和双糖(蔗糖、麦芽糖等)为原料,主要生成物为乳酸。乳酸菌适宜活动温度为 $25 \sim 32℃$,多为杆菌和球菌。常见的乳酸菌有植物乳杆菌、德氏乳杆菌、肠膜明串珠菌、短乳杆菌、小片球菌等,根据发酵生成产物的不同可分为:正型乳酸发酵和异型乳酸发酵。

正型乳酸发酵又称同型乳酸发酵,总反应式如下:

$$C_6H_{12}O_6(单糖) \xrightarrow{\text{正型乳酸发酵}} 2CH_3CHOHCOOH(乳酸)$$

这种乳酸发酵只生成乳酸,而且产酸量高。参与正型乳酸发酵的有植物乳杆菌和乳酸片球菌等,在适宜条件下可积累乳酸量达 $1.5\% \sim 2.0\%$。除正型的乳酸发酵外还有异型乳酸发酵,蔬菜腌制前期,由于蔬菜中含有空气,并存在大量微生物,使异型乳酸发酵占优势,中后期以正型乳酸发酵为主。在蔬菜腌制过程中同时伴有微弱的酒精发酵和醋酸发酵。酒精发酵对腌制品在后熟中,进行脂化反应生成芳香物质起到很重要的作用。

2. 影响乳酸发酵因素

腌制品是以乳酸发酵占主导地位,要充分利用好乳酸菌,达到保藏产品、提高质量的目的。必须满足乳酸菌生长所需要的环境条件。影响乳酸发酵因素很多。

①食盐浓度:食盐溶液可以起到防腐作用,对腌制品的风味有一定影响,更影响到乳酸菌的活动能力,经过实验证明,随食盐浓度的增加乳酸菌的活动能力下降,产生乳酸量减少。在 $3\% \sim 5\%$ 的盐水浓度时,发酵产酸量最为迅速,乳酸生成量多。浓度在10%时乳酸发酵作用大为减弱,乳酸生成较少。浓度达15%以上时,发酵作用几乎停止。腌制发酵性制品一定要把握好食盐的用量。

②温度:乳酸菌的生长适宜温度是 $26 \sim 30℃$,在此温度范围内,发酵快,产酸高。但此温度也利于腐败菌的繁殖,因此,发酵温度最好控制在 $15 \sim 20℃$,使乳酸发酵更安全。

③酸度:微生物的生长繁殖均要求在一定的 pH 条件下,如表9—2说明乳酸菌较耐酸,在pH 为3时不能生长,霉菌和酵母虽耐酸,但缺氧时不能生长。因此发酵前加入少量酸,并注意密封,可使正型乳酸发酵顺利进行,减少制品的腐败和变质。

表 9—2　几种主要微生物发育的最低 pH

种类	腐败菌	丁酸菌	大肠杆菌	乳酸菌	酵母	霉菌
最低 pH	4.4 ~5.0	4.5	5.0 ~5.5	3.0 ~4.4	2.5 ~3.0	1.2 ~3.0

④空气:乳酸发酵需要在嫌气条件下进行,这种条件能抑制霉菌等好气性腐败菌的活动,也能防止原料中维生素 C 的氧化。所以在腌制时,要压实密封,并使盐水淹没原料以隔绝空气。

⑤含糖量:乳酸发酵是将蔬菜原料中的糖转变成乳酸。1g 糖经过乳酸发酵可生成 0.5 ~0.8g 乳酸,一般发酵性腌制品中含乳酸量为 0.7% ~1.5%,蔬菜原料中的含糖量常为 1% ~3%,基本可满足发酵的要求。有时为了促进发酵作用,发酵前加入少量糖。

总之,在蔬菜腌制过程中,微生物发酵作用主要为乳酸发酵,其次是酒精发酵,醋酸发酵极轻微。腌制泡菜和酸菜要利用乳酸发酵,腌制咸菜及酱菜则必须抑制乳酸发酵。

四、蛋白质的分解作用

蛋白质的分解作用及其产物氨基酸的变化是腌制过程中的生化作用,它是腌制品色、香、味的主要来源。蛋白质在蛋白酶作用下,逐步分解为氨基酸。而氨基酸本身具有一定的鲜味和甜味。如果氨基酸进一步与其他化合物作用可形成复杂的产物。蔬菜腌制品色、香、味的形成都与氨基酸的变化有关。

1. 鲜味的形成

除了蛋白质水解生成的氨基酸具有一定的鲜味外,其鲜味主要来源于谷氨酸与食盐作用生成的谷氨酸钠。除了谷氨酸钠有鲜味外,另一种鲜味物质天冬氨酸的含量也较高,其他的氨基酸如甘氨酸、丙氨酸、丝氨酸等也有助于鲜味的形成。

2. 香气的形成

氨基酸、乳酸等有机酸能与发酵过程中产生的醇类相互作用,发生酯化反应形成具有芳香气味的酯。如氨基酸和乙醇作用生成氨基丙酸乙酯。乳酸和乙醇作用生成乳酸乙酯。氨基酸还能与戊糖的还原产物 4-羟基戊烯醛作用,生成含有氨基类的烯醛类香味物质,都为腌制品增添了香气。此外,乳酸发酵过程除生成乳酸外,还生成具有芳香味的双乙酰。十字花科蔬菜中所含的黑芥子苷在酶的作用下分解产生的黑芥子油,也给腌制品带来芳香。

3. 色泽的形成

蛋白质水解生成的氨基酸能与还原糖作用发生非酶褐变形成黑色物质。酪氨酸在酪氨酸酶或微生物的作用下,可氧化生成黑色素,这是腌制品在腌制和后熟过程中色泽变化的主要原因。腌制和后熟时间越长、温度越高,制品颜色越深,另外,腌制过程中叶绿素也会发生变化而逐渐失去鲜绿色泽,特别是在酸性介质中叶绿素发生脱镁呈黄褐色,也使腌制品色泽改变。

总之,蔬菜腌制加工,虽没有进行杀菌处理,但由于食盐的高渗透压作用和有益微生物的发酵作用,许多有害微生物的活动被抑制,加之本身所含蛋白质的分解作用,不仅能使制品得以长期保存,而且形成一定的色泽和风味。在腌制加工过程中,掌握好食盐浓度与微生物活动及蛋白质分解各因素间的相互关系,是获得优质腌制品的关键。

五、蔬菜腌制加工工作程序

1. 盐渍菜加工工作程序

(1)工艺流程

原料选择 → 清洗 → 修整、去皮 → 切分 → 晾晒、盐渍 → 装坛 → 检验 → 成品

(2)工艺要点

①原料选择:选择肉质致密、脆嫩,形状适中,粗纤维含量少,含少量低的新鲜蔬菜原料。要求成熟适度,无污染,无病虫害。

②清洗:清洗主要是除去蔬菜表面附着的泥沙、尘土、残留农药等。

③修整、去皮:在盐渍前必须进行修整、去皮,去除不可食用的根、须、叶等,以免影响腌制品的感官品质。

④切分:将清洗、修整后的原料按一定的规格切分,保证制品的外形美观。

⑤晾晒、盐渍:把切分好的蔬菜原料晾晒 3~5d,使原料呈半干状态,含水量控制在 60%~70%。然后加盐进行盐渍,根据蔬菜原料的不同特性,腌晒 1~3 次,食盐添加量依原料和腌制道数不同而异。

⑥装坛:经晾晒、盐渍的菜坯可加入适量的香辛调味料或辣椒,待充分拌匀后即装坛压实,并在坛口撒上一层约 1.5cm 厚的食盐后密封封口。

2. 酸泡菜加工工作程序

(1)工艺流程

原料选择 → 预处理 → 入坛泡制 → 发酵成熟 → 成品

(2)工艺要点

①原料选择:选择组织致密、质地脆嫩,肉质肥厚而不易软化的新鲜蔬菜原料。

②预处理:在入坛泡制前,应对新鲜蔬菜原料进行清洗、切分、去除不可食用部分。除家庭少量泡制外,工业化生产还需先将蔬菜原料先出坯处理,利用 25% 的食盐溶液,或直接用 10% 食盐腌渍几小时或几天,按原料质地而定。出坯处理可以除去过多水分,去掉一些原料中的异味,渗透部分盐分,防止腐败菌的滋生。

③卤水配制:用含矿物质较多的井水和泉水配制酸泡菜的卤水,可以保持产品的脆性,效果最好。硬度较大的自来水也可使用。食盐宜选用品质良好,含硫酸镁、氯化镁等苦味物质极少,而氯化钠含量至少在 95% 以上者为佳。卤水配制比例:食盐浓度为 6%~8%,同时为了增进色、香、味,还可加入 2.5% 黄酒、0.5% 白酒、3%~5% 鲜红辣椒、2%~3% 白糖及少量的香辛料。有时为了增加卤水的硬度,可再加入 0.5% $CaCl_2$。

④入坛泡制:经预处理的原料即可入坛泡制。入坛时先将原料装入坛内一半,装实压紧,放入香料袋,再装原料至离坛口 6~8cm 处,用竹片卡住原料,加入卤水将原料淹没,切忌原料露出液面,否则原料会因接触空气而变质。卤水注入离坛口 3~5cm 处。待 1~2d 后原料因水分渗出而下沉,即可再补加原料,让其发酵。如果采用陈卤,则可直接加入原料,补加食盐、调味料或香料等。

⑤发酵管理:原料装入坛后,将坛盖盖上,并在坛口水槽内加清水封闭坛口,即可进入发酵成熟过程。在其过程中,应注意保持水槽水满清洁,经常清洗更换。切忌油脂类物质混入坛

内,否则易使酸泡菜腐败发臭。

3. 酱菜加工工作程序

(1)工艺流程

原料选择 → 预处理 → 盐腌 → 切分 → 脱盐 → 压榨脱水 → 酱渍 → 成品

(2)工艺要点

①原料选择:选择质地脆嫩,组织紧密,肉质肥厚,富含一定糖分的新鲜蔬菜原料。

②预处理:去除不可食用的根、须、叶及病虫腐烂部分,以免影响腌制品的感官品质。同时进行洗涤、分级等处理。

③盐腌:这是酱菜半成品的加工过程。食盐浓度控制在15%~20%,要求腌透,一般腌制20~30d。对部分含水量高的原料可采用干腌法,3~5d后倒缸,腌制好的咸坯表面柔熟透亮,富有韧性,内部质地脆嫩,切面颜色一致。

④切分:依酱菜的性质,将半成品咸坯切成不同形状的条、块、丁、丝、片等。

⑤脱盐:由于腌制的咸坯含盐量高,很难吸收酱汁,且带有苦味。为了形成传统酱菜的各种风味,需脱除咸坯内多余的盐分和苦卤,以降低咸坯细胞液的浓度,提高酱渍时的渗透速度,缩短酱菜的成熟期。通常根据咸坯品种的不同及含盐量的多少,采用清水浸泡2~3d,并每天换水1~3次,脱除部分盐分和泡除苦味及辣味。

⑥压榨脱水:将浸泡脱盐后的咸坯采用压榨的方法使水分脱出,以便酱渍,且保证酱汁浓度。一般脱至咸坯的含水量为50%~60%。

⑦酱渍:酱渍是酱菜加工的最后一道工序,也是一道非常关键的工序。酱菜咸坯经脱盐、脱水后放入酱汁或酱油等料液中浸渍,待酱渍完成后,不仅使酱菜的表皮细胞膨胀,菜体外形恢复如初,而且使产品表里呈酱黄色,口味完全像酱一样鲜美。由于酱菜风味的形成主要依赖于蔬菜对酱料或其他调味料的吸附作用,因此选用品质优良的酱料和调味料,以及其用量就十分重要。南方酱菜多用甜面酱进行酱渍,也有一些品种用酱油等浸渍。用酱量以能将菜坯全部浸没在酱汁、料液中为度,一般酱与菜的搭配比例为1:1,即1kg酱菜需要耗1kg酱。

酱菜在酱渍过程中,应根据产品的工艺要求按时打耙(搅拌),即用酱耙将酱菜上下翻动,以便散发酱渍中产生的异味,加快酱渍速度,同时使菜坯位置移动,以便酱渍均匀,避免菜坯由于吸附酱色不均匀而造成"花色"现象,使菜坯细胞能够充分吸附酱汁料中的香气和滋味,保证酱菜形成良好的色、香、味。一般白天须每隔2~3h打耙一次,使缸内菜坯均匀地吸收酱汁。打耙时用酱耙将酱菜上下翻动,使缸内菜坯随着酱耙上下更替旋转,把缸底浅褐色的酱翻到上面,而把缸面深褐色的酱翻到缸底,经2~4h,待缸面酱色又由浅变成深褐色时,即可行第二次打耙。如此类推,直到酱渍完成。一般酱菜采用初酱和复酱两次酱渍。初酱多用使用过的酱,较稀薄,其作用在于既吸收酱中的有效成分,又能除去菜坯中的咸苦涩味;而复酱则用新鲜的酱,浓度较稠厚,其作用在于使菜坯吸收酱中的甜味、鲜味、香味,从而制成美味的酱菜。

4. 糖醋菜加工工作程序

(1)工艺流程

原料及预处理 → 盐渍 → 脱盐 → 糖醋渍 → 杀菌包装 → 成品

(2)工艺要点

①原料及预处理:选择适用于糖醋菜加工的原料,并清洗干净,按产品食用习惯进行切分、

去皮或去核等。

②盐渍:把处理好的蔬菜原料用8%左右食盐进行盐渍几天,至原料呈半透明状态为止。这样既排除了不良风味,同时又增强了原料组织细胞膜的透性,有利于糖醋液的渗透。

③糖醋液配制:糖醋液与糖醋菜品质密切相关,一般要求甜酸适中,含糖量30%~40%,含酸量2%左右。通常先将白砂糖加热溶解过滤后煮沸,待温度下降至80℃时,依次加入备好的配料(如2%醋酸、0.5%白酒、0.05%~0.1%香精或香料等),还可添加0.1%氯化钙保脆。

④脱盐:将盐渍处理好的原料用清水反复浸泡脱盐,至稍有咸味捞起,并沥去水分。

⑤糖醋渍:把脱盐后的原料放入配制好的糖醋液内,一般糖醋液用量与原料相等。经过几天糖醋液浸泡后即可食用。

⑥杀菌包装:如果较长期保存,糖醋菜需进一步杀菌包装。包装材料可用玻璃罐、塑料袋或复合薄膜袋。通常采用热装罐或抽真空包装,如密封温度≥75℃,热水中杀菌10min。注意热装罐密封或热杀菌后应迅速冷却,否则容易引起产品软化。

六、蔬菜腌制加工中常见的质量问题及控制措施

在腌制过程中,若出现有害的发酵和腐败作用,会降低制品品质,要严格控制。

1. 丁酸发酵

由丁酸菌引起,这种菌为专嫌气性细菌,寄居于空气不流通的污水沟及腐败原料中,可将糖和乳酸发酵生成丁酸、二氧化碳和氢气。可引起制品有强烈的不愉快气味,而又消耗糖和乳酸。

控制措施:保持原料和容器的清洁卫生,防止带入污物,原料压紧压实。

2. 细菌的腐败作用

腐败菌分解原料中的蛋白质及其含氮物质,产生吲哚、硫化氢和胺等恶臭。此种菌只能在6%以下的食盐浓度中活动,菌源主要来自于土壤。

控制措施:保持原料的清洁卫生,减少病源。可加入6%以上食盐加以抑制。

3. 有害酵母的作用

在腌制品的表面生长一层灰白色、有皱纹的膜,称为"生花"。另一种为酵母分解氨基酸生成高级醇,并放出臭气。

控制措施:这两种分解作用都是酵母活动的结果,采用隔绝空气和加入3%以上的食盐,加入大蒜等可以抑制此种发酵。

4. 起旋生霉腐败

腌制品较长时间暴露在空气中,好氧微生物得以活动滋生,产品生旋,并长出各种颜色的霉。如绿、黑、白等色。由青霉、黑霉、曲霉、根霉等引起。这类微生物多为好气性,耐盐能力强,在腌制品表面或菜坛上部生长,能分解糖、乳酸使产品品质下降。

控制措施:使原料淹没在卤水中,防止接触空气,使此菌不能生长。

七、腌制常用设备及生产工具

(1)清洗设备 参见速冻部分。

(2)切菜设备 主要有离心式切菜机、圆台式切菜机、橘型切菜机和大头菜切片机等。

(3)腌渍设备

①腌菜池：以砖、石或混凝土为筑池材料，里面应贴白瓷砖。池深不宜超过2m，四周池面要有一定坡度和良好的排水管道。

②腌菜缸：以陶瓷缸为主，对少量腌制菜操作和管理较方便，尤其对自产自销的工厂更适宜。使用陶瓷缸腌渍蔬菜，它的容量虽比水泥池小，不能供大批量加工之用，但特点是搬移方便、管理方便。陶缸不仅卫生，而且不易腐蚀。较高档且量不大的酱腌菜用陶缸生产更为合适。

③其他工具：包括计量设备、石头、水具、刀具、案板、苇席、晒架、木棒、酱耙、箩筐、簸箕、脱盐用小型压水设备及腌菜池或缸的覆盖设备等。

（4）包装及杀菌设备　一般采用真空包装机。杀菌采用蒸汽杀菌锅。

任务2　泡菜加工技术

一、泡菜原材料准备

甘蓝、白菜、萝卜、胡萝卜、青椒、尖红辣椒、食盐、白糖、生姜、八角、花椒、其他香料、氯化钙等。

二、泡菜工艺流程（图9—1）

原料选别 → 修整 → 清洗 → 入坛泡制 → 发酵成熟 → 成品
　　　　　　　　　　　　　↑
　　　　　　　　　　　卤水配制

图9—1

三、泡菜操作规程

编号	工序名称	操　作　规　程
1	原料选别	选择组织致密、质地嫩脆、肉质肥厚而不易软化的新鲜蔬菜。要求剔除病虫、腐烂蔬菜，且根据不同季节采取适当保藏手段，周年生产加工
2	修整	去除粗皮、老筋、须根及腐烂斑点等，剔除不适宜加工的部分，并对块形过大的适当切分
3	清洗	用清水洗净，稍加晾晒或沥干明水备用，避免将生水带入泡菜坛中引起败坏。也可用3%～4%食盐腌制蔬菜原料，达到预腌出坯作用
4	卤水配制	泡菜用水最好使用井水、泉水等饮用水。如果水质硬度较低，可加入0.05%的$CaCl_2$。一般配制与原料等重的5%～8%的食盐水（最好煮沸溶解后用纱布过滤一次），再按盐水量加入1%的白糖或红糖，3%的尖红辣椒，5%的生姜，0.1%的八角，0.05%的花椒，1.5%的白酒，还可按各地的嗜好加入其他香料，将香料用纱布包好。为缩短泡制的时间，常加入3%～5%的陈泡菜水，以加速泡菜的发酵过程，黄酒、白酒或白糖更好

编号	工序名称	操 作 规 程
5	入坛泡制	取无砂眼或裂缝的坛子洗净,沥干明水,放入半坛原料压紧,加入香料袋,再放入原料至离坛口5~8cm,注入泡菜水,使原料被泡菜水淹没,盖上坛盖,注入清洁的坛沿水或20%的食盐水,将泡菜坛置于阴凉处发酵
6	发酵成熟	发酵最适温度为20~25℃。成熟后便可食用。成熟所需时间,夏季一般5~7d,冬季一般12~16d,春秋季介于两者之间
7	泡菜管理	①保持坛沿清洁,经常更换坛沿水。或使用20%的食盐水作为坛沿水。揭坛盖时要轻,勿将坛沿水带入坛内 ②取食泡菜时,用清洁的筷子取食,取出的泡菜不要再放回坛中,以免污染 ③如遇长膜生霉花,加入少量白酒,或苦瓜、紫苏、红皮萝卜或大蒜头,以减轻或阻止长膜生花 ④泡菜制成后,一面取食,一面再加入新鲜原料,适当补充盐水,保持坛内一定的容量

四、泡菜质量标准

项目	质 量 标 准
感官指标	清洁卫生、色泽美观、香气浓郁、质地清脆、组织细嫩、咸酸适度
含盐量	2%~4%
含酸量(以乳酸计)	0.4%~0.8%
卫生检验	无明确卫生要求

任务3　榨菜加工技术

一、榨菜原材料准备

青菜头、食盐、辣椒末、花椒、混合香料等。

二、榨菜工艺流程

原料验收 → 剥皮穿串 → 晾晒 → 下架 → 头道盐腌 → 二道盐腌 → 修剪整理 → 淘洗 → 拌料装坛 → 后熟清口 → 成品

三、榨菜操作规程

编号	工序名称	操作规程
1	原料验收	要求青菜头组织细嫩、皮薄、粗纤维少,突起物圆钝,凹沟浅而小且呈圆形或椭圆形,单个重150g以上,且无病虫害、空心、抽苔
2	剥皮穿串	用刀将每个菜头基部的粗皮老筋剥去,但不伤及上部的青皮。青头重300~500g的用刀切成两块,500g以上者切成三块。切块时要求大小一致,老嫩兼备,青白齐全,呈圆形或椭圆形,以保证晾晒后干湿均匀,成品比较整齐美观。将剥皮、切块后的菜头,用长约2m的竹丝按大小分别穿串,穿菜时从切块两侧穿过,两端回穿牢固不滑脱。每串菜块约重5kg
3	晾架	将穿好的菜串搭挂在菜架两侧晾晒。菜架由木、背绳和牵藤搭成,要建在风力大、地势平坦的宽敞处。晾晒7d左右即可达到适当的脱水程度。脱水合格的干菜块要求:用手捏周身柔软无硬心,表面皱缩不干枯、无黑斑烂点,鲜菜块失重55%~65%
4	头道盐腌	下架后的干菜块应及时抽去竹丝,然后在菜池中进行盐腌。菜池大小根据需要建造,一般在地平面下建一个长、宽、深各为3.3m的池即可。将池底及四壁捶打紧实,涂抹厚5~10cm的耐酸(碱)水泥以防渗漏。菜池的腌制分两道完成。头道腌制,先将干菜块称重分层入池,每层菜池可铺菜块750~1000kg,140~50cm。按每100kg菜块用盐3.5~4kg均匀撒在菜块上,用踩池机复压紧搓揉。经72h后,盐全部溶化,并有大量菜水渗出,水量为菜块原重的20%左右时将菜块起池上囤。上囤24h后即为半熟菜块
5	二道盐腌	将经过头道盐腌一囤完毕的半熟菜块再称重入池盐腌。操作方法与头道相同,但每层菜池铺菜600~800kg,加盐量为半熟菜块的6%。约再经7d,待盐全部溶化,又有原半熟菜块重量8%~10%的菜水渗出后,再淘洗起池上囤,上囤24h后即为毛熟菜块
6	修剪整理	用剪刀仔细地剔净毛熟菜块上的飞皮、叶梗基部虚边、黑斑烂点,抽去老筋。将不规则形菜块修剪成圆形或椭圆形,并按大、中、小块及碎菜分级堆放
7	淘洗	将分级的菜块用经过澄清的"卤水"(菜池中腌菜时渗出的盐水)或新配制的含盐量为8%的盐水人工或机械淘洗,以除去菜块上的泥沙污物,随即上囤踩紧,待24h后流尽表面盐水,即为净熟菜块

编号	工序名称	操 作 规 程
8	拌料装坛	榨菜坛由陶土烧制而成,装坛前先检查每个菜坛是否符合质量标准。将淘洗囤干的净熟菜块100kg,按菜块大小加食盐,大块菜加6kg、中块菜加5.5kg、小块菜加5kg、碎菜加4kg,且各加辣椒末1.1kg、整粒花椒0.03kg及混合香料末0.12kg,充分拌匀后装坛。其中,混合香料末的配比为八角55%、干姜15%、山奈10%、肉桂8%、甘草5%、砂糖4%、白芷3%、沙头4%、白胡椒3%,混合碾细成末。装坛时先在地面挖一坛窝将空坛置窝内,深及菜坛3/4处,用稻草填在坛窝周围空隙处,稳定坛子勿使摇动,以便操作。菜块要边装边压紧实,装满后在坛口菜面上撒0.06kg红盐(即100kg食盐加2.5kg的辣椒末做成)。在红盐面上覆盖一层薄膜隔离,再用干萝卜叶扎紧坛口封严,即可入库堆码待其后熟
9	后熟清口	刚拌料装坛的菜块尚属生榨菜,其色泽、鲜味和香气均未完全形成,只有经存放在阴凉干燥处后熟一段时间,生味才逐渐消失,色泽蜡黄,鲜味和香气开始显现。一般榨菜的后熟时间至少不得低于2个月。在后熟期间还会出现坛口翻水现象,即坛口菜叶逐渐被上升的盐水浸湿,进而有黄褐色的盐菜水翻上来溢出坛外,不久又落下去,如此反复2~3次,而每次翻水后应进行"清口"处理,即取出菜叶并擦尽坛口及周围菜水,换上干菜叶扎紧坛口。通常需要清口2~3次
10	入库贮存	成品贮存于常温库中

四、榨菜质量标准

项目	质 量 标 准
感官指标	①色泽:菜块微黄色、辅料色泽正常,不发暗、变褐;②滋味:具有榨菜及辅料固有的滋味,无异味;③外观:菜块表面呈皱纹,辅料发布均匀;④组织形态:菜块呈圆球形或扁圆球形的全形菜,肉质肥厚嫩脆
水分	≤76%~78%
盐度(以氯化钠计)	≤14%~15%
总酸量(以乳酸计)	0.45%~0.7%
食品添加剂	应符合GB 2760规定

任务4 扬州乳黄瓜加工技术

一、乳黄瓜原材料准备

新鲜黄瓜、腌渍盐、甜酱等。

二、乳黄瓜工艺流程(图9—2)

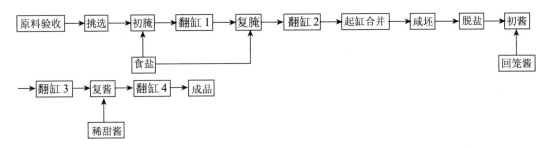

图9—2

三、乳黄瓜操作规程

编号	工序名称	操 作 规 程
1	原料验收	乳黄瓜要求皮色翠绿,粗细均匀,肉多籽少,质地脆嫩。每千克46~60条,身长11~15cm
2	初腌	每100kg鲜瓜用盐9kg。按层瓜层盐,食盐上多下少,逐层腌制,满缸为止。以后每隔8~12h转缸翻瓜一次。24h左右,捞出,沥卤
3	复腌	每100kg鲜瓜仍用盐9kg,方法同初腌。每天转缸翻瓜一次,第3天起缸合并,加入补盐调整浓度为20°Be'复腌菜卤,浸没瓜体10cm左右。贮存备用
4	脱盐	将乳黄瓜咸坯放入清水中进行浸泡脱盐。100kg咸坯用150kg水。使瓜坯含盐量下降到9%~10%时装袋
5	脱水	将脱盐后的菜坯装入布袋中,每袋约装12.5kg,将水压出
6	初酱	将脱水后的菜袋放入回笼酱中酱渍。初酱每天翻袋捺缸一次,4~6d后,将袋取出堆叠,3~4h将上下布袋调换一次,继续堆叠3~4h,压去卤汁
7	复酱	将初酱后的菜袋换入新鲜的稀甜酱中进行复酱。复酱用酱量和咸坯的配比为1:1。每天翻缸捺袋。复酱时间:复季7d,冬季14d,春秋季10d。即为成品
8	包装	散装或瓶(袋)装
9	出货	27件打一垛,每垛张贴标签,上面注明批号、数量及商检批号

四、乳黄瓜质量标准

项目	质量标准
色泽与香气	色泽青翠,有光泽;有浓郁的酱香,伴有酯香气和乳黄瓜的清香气
滋味与体态	鲜美、咸甜适宜,无酸味及其他异味;条形整齐均匀,质地脆嫩
盐度(以氯化钠计)	>10%
氨基酸态氮(以氮计)	>0.18
糖分(以还原糖计)	>9
酸度(以乳酸计)	<0.8
大肠杆菌/MPN/100g	散装:≤90;瓶(袋)装:≤30
致病菌	不得检出(沙门氏菌、志贺氏菌、金黄色葡萄球菌)

任务5　出口腌渍黄瓜加工技术

一、腌渍黄瓜原材料准备

新鲜黄瓜、腌渍盐、梅卤等。

二、腌渍黄瓜工艺流程

原料验收 → 清洗 → 下渍 → 翻池 → 本渍 → 出池 → 切条 → 清洗 → 包装 → 入库贮存 → 出货

三、腌渍黄瓜操作规程

编号	工序名称	操作规程
1	原料验收	原料验收要求:采用品质良好的"四叶系",表面无损伤,无畸形,无虫害的新鲜原料,表皮翠绿无发黄萎蔫,直径在2.5~3.5cm之间。为了保证原料的新鲜度要求当天进厂的原料要当天加工完
2	清洗	三道清水人工清洗,去除花蒂,用毛巾洗去表面的泥巴等杂质灰尘,去除不良品(腐烂、老化、病虫斑、畸形等),尽量轻拿轻放不要摔断
3	下渍	先将腌渍池清洗干净,用75%的酒精消毒,将清洗好的黄瓜称重,整齐排列入池。入池过程请注意动作要轻,不要弄断黄瓜,否则腌渍后肉会跑掉无法利用。分层按黄瓜重量的20%加盐,上面加重石为黄瓜重量的40%
4	翻池	腌渍5d后翻池。先取出重石,将黄瓜捞出装在干净的周转筐上,称重。黄瓜捞出后余下的下渍盐水过滤到桶中备用
5	本渍	将翻池后的黄瓜重新称重入池腌渍,分层按10%加盐,加梅卤2%(选用干净清澈的白粉梅的梅卤,使用前用滤袋过滤),上加盖竹笆,重石10%。同时加入下渍的盐水,确保盐水漫过重石。池面清理干净用75%酒精消毒,上用完整塑料布贴着池壁及盐水面,不留空气进行较好隔氧防止长霉。腌渍时间为2个月,注意后期卫生管理,防止生水混入引起长霉

编号	工序名称	操 作 规 程
6	切条	按要求将腌渍时间达到的黄瓜出池直接切分,切分规格有以下两种: ①长6cm,宽1.5~2cm,切面为扇形。一般一段黄瓜可切成2片到4片,具体视黄瓜的规格而定 ②长3cm,宽1.5~2cm。切断面为扇形。一般一段黄瓜可切成2片到4片,具体视黄瓜的规格而定。具体切断方法如下: A. 3cm 切断 a. 准备标记3cm段的记号的"案板" b. 切掉黄瓜的两端感觉较硬的部分 c. 成大概3cm的段,注意尽量没有产生剩余部分,防止出品率不高。例如:切去两端后的黄瓜有25cm时,按要求是切成3cm×8段和剩余1cm,如果将每段都切成3.1cm的话,就可以防止剩余部分的产生,即便不完全按3cm的段加工,做出来的东西漂亮是最重要的,如果3cm段中出现4cm的话,整体感觉就不美观了 B. 纵切方法 a. 基本上是4切。腌渍前的新鲜原料直径2.5cm左右时 b. 直径小于2.5cm的就3切 c. 直径比3切那种小的话就2切 纵切时按照直径的大中小进行4切、3切、2切,也同样要使1片的大小(包括重量)几乎相同,切断了的东西放入袋中的厚度错落不同,感观不好的现象要避免 上述切断方法中最重要的是,在成为最终商品时,大小摆齐的话,是感观良好漂亮的商品,而且要避免口感的参差不齐。切分好的黄瓜用新配制的22%盐水清洗一遍,准备包装
7	包装	按要求包装,28kg /件。装袋称重,固形物28kg/袋,并加2%梅卤(即每箱加560g梅卤)和22%的混合盐渍水(即由本渍后出池黄瓜留在池中的盐水过滤后,计算总体使用量不足部分,加入新配制的22%盐水充分混匀后使用)约6kg盖过黄瓜表面,排干净袋内空气一层袋均用橡皮筋扎口装箱
8	入库贮存	成品贮存于常温库中
9	出货	27件打一垛,每垛张贴标签,上面注明批号、数量及商检批号

四、腌渍黄瓜质量标准

项目	质 量 标 准
大小规格	①长6cm,宽1.5~2cm,切断面为扇形的条形 ②长3cm,宽1.5~2cm,切断面为扇形的条形
不良品率	不超过3%
盐度	18%~22%
卫生检验	无明确卫生要求
重量规格	28kg/件
包装物种类	塑料袋、塑料箱

任务6　出口腌渍红紫苏加工技术

一、腌渍红紫苏原材料准备

酱油、辣椒面、醋、白糖、白蒜(碾碎)、葱等。

二、腌渍红紫苏工艺流程

原料采收 → 挑理 → 清洗 → 加盐揉搓 → 压榨 → 抖料 → 加盐拌料 → 入池加梅卤腌渍 → 出池 → 包装 → 出货

三、腌渍红紫苏操作规程

编号	工序名称	操作规程
1	原料采收	①原料要求:紫苏原料要求叶面新鲜,不得萎蔫。颜色为鲜艳的紫红色无老黄叶、枯死叶、虫咬叶及带有虫卵叶 ②严格按照原料要求进行采收,采收量尽量与加工量一致,不允许库存过久。对无法立即加工的,要入高温库贮存,温度0~1℃,湿度90%~95%,存放时间不超过12h为宜
2	挑理	要求去除杂草、虫等异物,去除大粗梗,摘除坏叶,叶片保留,紫苏顶部保留2至3片芯叶,芯梗长不超过5cm
3	清洗	人工清洗三道,气泡清洗机清洗一道
4	搓揉	加10%的盐进行机器搓揉,直至叶片变软,时间为15nim
5	压榨	机器搓揉后的紫苏通过网带压榨机进行压榨,要求把紫苏在网带上铺平
6	抖料	把压榨后的紫苏在操作台上抖散,不能有结成一块的
7	加盐拌料	在操作台上按压榨后的重量加22%的盐进行均匀拌料
8	入池腌渍	把拌好料的紫苏装入小红桶倒入池中,加入120%的梅卤,在紫苏上加盖白绸布以防异物混入,用100%重石压紧,使液面盖过紫苏。腌渍期为2个月
9	出池	把腌渍好的紫苏捞出用大白筐装好入车间进行包装
10	挑选	人工挑选,挑出夹杂物和摘除粗梗变色叶片等
11	清洗	用过滤好的红紫苏水在气泡清洗机中清洗10~15min,去除杂质以及小细砂
12	称重	清洗后在网筐中自然沥液至液体不成线流下为止,装入错位箱中称重,紫苏11kg,加入过滤后的紫苏水4kg
13	包装	错位箱中套两层低压袋,装好后两层均用橡皮筋扎口
14	入库贮存	整齐地码放在库中以备出货
15	出货	按计划出货,70件/垛,贴上商检批号及出柜标签

四、腌渍红紫苏质量标准

项目	质 量 标 准
不良品率	不超过3%
盐度	17%～22%以上
卫生检验	无明确卫生要求
农残检验	合格
重量规格	11kg/件
包装物种类	错位箱

【知识拓展】

蔬菜腌制品生产经济效益分析

1. 蔬菜腌制品市场分析

蔬菜腌制是我国古老的传统加工方法。其加工简易,成本低廉,容易保存,并具有独特的色、香、味,为其他蔬菜加工品所不能代替,故至今仍是蔬菜的主要加工产品,且产量稳步上升。

酱腌菜在国内有着巨大的消费市场,不论是日常佐餐,还是旅游、野餐等,都是必不可少的佳品。根据酱腌菜的包装和档次,在不同的市场销售。普通酱腌菜一般集中在农贸市场、中小商店,由于包装简易和产量较少,通常供应本地市场。而知名品牌的酱腌菜,因包装精美、品质优良、保质期长,可以在全国范围销售,并有实力进入大型超市、商场等场所,日销售量大,影响面广,具有较大的经济效益。同时,我国每年还有大批量腌渍蔬菜出口,年出口量保持在20万吨左右,主要品种有大根、雪菜、榨菜、牛蒡等。

酱腌菜产品的价格差别较大,从5～8元/kg的普通产品到8～15元/kg的特色品牌,都有着巨大的消费群体。据市场调研,在超市常见的散装产品如乳黄瓜(8元/kg)、糖醋蒜(8元/kg)、八宝酱菜(8元/kg)、榨菜(5元/kg)等,这些产品每个超市每日的销售额都在数千元以上,而包装精美产品的营业额更是两倍以上。

特别在亚洲,腌制菜是一种最广泛、最大众化的蔬菜制品。在日本蔬菜腌制品约占整个蔬菜加工品的55%,盐渍蔬菜是日本家庭一日三餐的必备品,被认为是饮食文化之一。日本每年盐渍菜的市场消费额在40亿美元左右,每年从国外进口约24万吨,金额在2.4亿美元,而其中从中国进口为19.2万吨,约占进口总量的80%。随着日本城市化的进一步加快,对副食品和蔬菜的进口则增加更多,可以预计日本盐渍蔬菜市场对中国的依存度还将不断提高。

我国人民有着悠久的食用酱腌菜的传统,在民间保持着自行腌制的习惯。随着社会的发展,人民生活水平的提高和工作节奏的加快,使得蔬菜工业化腌制的比重不断加大。近几年,已经建立了一批具有一定规模的现代化蔬菜腌制加工企业,蔬菜腌制加工业的发展具有良好的前景。

2. 蔬菜腌制经济效益分析

以建立一个年生产量为400t的小型酱菜厂为例。

（1）项目投资估算

①建造酱菜生产车间一幢 $500m^2 \times 400$ 元/m^2，约 20 万元；②建造锅炉房一间 $100m^2$ $\times 300$ 元/m^2，约 3 万元；③建造办公室、消毒间及生活辅助设施约 10 万元；④水电力设施 1 万元；⑤购置相关加工、包装设备 25 万元；⑥货运车一辆 15 万元。

固定资产需投资 75 万元。

（2）流动资金

流动资金需 30 万元。

项目总投资需 105 万元。

（3）效益分析

每年生产酱菜 400t，按现行市场销售批发价 1 万元/t 估算，年销售收入为 400 万元，需缴纳各种税金 24 万元，生产成本 280 万元，年销售利润 96 万元，上缴企业所得税 31 万元，企业税后利润为 65 万元。

 复习与思考

1. 简述蔬菜腌制的基本原理。
2. 影响乳酸发酵的因素有哪些？
3. 如何保持蔬菜腌制品的色、香、味？
4. 选取本地特有果蔬原料设计开发一种腌制品。

项目十　果蔬资源深加工技术

【知识目标】

1. 了解果蔬资源深加工的目的和主要途径
2. 熟悉和理解果蔬深加工的基本方法
3. 熟悉果蔬中有效生物活性成分的种类及作用

【技能目标】

1. 掌握提取果胶的一般工作程序,掌握柑橘皮果胶的提取操作要点
2. 掌握香精油、有机酸及天然色素的提取方法
3. 掌握果蔬中有效生物活性成分的提取方法

在果蔬加工过程中,往往有大量废弃物产生,如风落果、不合格果以及大量的下脚料,如果皮、果核、种子、叶、茎、花、根等,这些废弃物中含有许多天然植物化学物质,这些物质具有重要的生理活性。如蓝莓被称为果蔬中的"第一号抗氧化剂",它可防止功能失调,改善短期记忆,提高老年人的平衡性和协调性等;红葡萄中含有白藜芦醇,能够抑制胆固醇在血管壁的沉积,防止动脉中血小板的凝聚,有利于防止血栓的形成,还具有抗癌作用。南瓜中含有环丙基结构的降糖因子,对治疗糖尿病具有明显的作用;大蒜中含有硫化合物,具有降血脂、抗癌、抗氧化等作用。由此可见,从果蔬中分离、提取、浓缩出这些功能成分,制成保健食品或将这些功能成分添加到各种食品中,已成为当前和今后果蔬加工的新趋势。

任务1　果胶的提取与分离

果胶是一种呈乳白色或淡黄色的胶体,在酸、碱条件下能发生水解,不溶于乙醇和甘油。果胶是作为亲水性胶体,其最重要的特性是胶凝化作用,即果胶水溶液在适当的糖、酸共存时能形成胶胨。果胶的这种特性与其酯化度(DE)有关,也就是酯化的半乳糖醛酸基与总的半乳糖醛酸基的比值。DE 大于 50%(相当于甲氧基含量在 7% 以上)的称为高甲氧基果胶(HMP);DE 小于 50%(相当于甲氧基含量在 7% 以下)的称为低甲氧基果胶(LMP)。一般水果中含有高甲氧基果胶,大部分蔬菜中含有低甲氧基果胶。

一、果胶的提取与分离的工作程序

1. 原料选择

尽量选用新鲜、果胶含量高的原料。常见果蔬中果胶含量见表 10—1。果蔬加工厂清除出来的果皮、瓤囊衣、果渣、甜菜渣等都可作为提取果胶的原料。在生产中具有工业提取价值的果胶主要是柑橘类的果皮、苹果渣及甜菜渣等,其中最富有提取价值的首推柑橘类的果皮。

表 10—1　常见果蔬中果胶含量

名　称	果胶含量(%)	名称	果胶含量(%)
柚子(皮)	6	桃	0.56 ~ 1.25
柠檬	4 ~ 5	李	0.2 ~ 1.5
橙	3 ~ 4	番茄	2 ~ 2.9
苹果(皮)	1.24 ~ 2	甜瓜	3.8
苹果(渣)	1.5 ~ 2.5	南瓜	7 ~ 17
梨	0.5 ~ 1.4	胡萝卜	8 ~ 10

若原料不能及时进入提取工序,原料应迅速进行 95℃ 以上、5 ~ 7min 的加热处理,以钝化果胶酶,避免果胶分解;如需长时间保存,可以将原料干制(65 ~ 70℃)后保存,但在干制前也应及时进行热处理。

2. 预处理

将原料破碎成 2 ~ 4mm 的小颗粒,然后加水进行热处理钝化果胶酶,尔后用温水(50 ~ 60℃)淘洗数次,以除去原料中的糖类、色素、苦味及杂质等成分,提高果胶的质量。有时为了防止原料中的可溶性果胶的流失,也可用酒精浸洗,最后压干待用。

3. 提取

提取是果胶制取的关键工序之一,方法较多。

①酸解法:此法是根据原果胶可以在稀酸下加热转变为可溶性果胶的原理来提取。将粉碎、淘洗过的原料,加入适量的水,用酸将 pH 调至 2 ~ 3 , 在 80 ~ 95℃ 下,抽提1 ~ 1.5h,使得大部分果胶抽提出来。常使用的酸有硫酸、盐酸、磷酸、柠檬酸、苹果酸等。该法是传统的提取方法,抽提时的加水量、pH 、时间、酸的种类对果胶的提取率和质量都至关重要,在果胶提取过程中果胶会发生局部水解,生产周期长,效率低。

②微生物法:此法是利用酵母产生的果胶酶,将原果胶分解出来。先将经预处理的物料加原料重 2 倍的水,放置于发酵罐内,然后再接种帚状丝孢酵母,用量为发酵物料的 3% ~ 5%。在 30℃ 下发酵 15 ~ 20h,再除去残皮和微生物。此法生产的果胶分子量大、凝胶强、质量高,提取完全。

③离子交换树脂法:将粉碎、洗涤、压干后的原料,加入 30 ~ 60 倍的水,同时按 10% ~ 50% 加入离子交换树脂,用盐酸调节 pH 为 1.3 ~ 1.6,在 65 ~ 95℃ 下保温搅拌 2 ~ 3h,过滤后即得到果胶提取液。此法提取的果胶质量稳定,效率高,但成本高。

④微波萃取法:这是微波技术应用于果胶提取的新方法。将原料加酸进行微波加热萃取果胶,然后给萃取液中加入氢氧化钙,生成果胶酸钙沉淀,然后用草酸处理沉淀物进行脱钙,离

心分离后用酒精沉析,干燥即得果胶。

4. 脱色、分离

一般提取液中果胶含量约为 0.5% ~ 2% ,可先经脱色,再行压滤分离。脱色通常采用 1% ~ 2% 的活性炭,60 ~ 80℃条件下保温 20 ~ 30min,然后进行压滤,以除去抽提液中的杂质。压滤时可加入 4% ~ 6% 的硅藻土作助滤剂,以提高过滤效率。也可以用离心分离的方式取得果胶液。

5. 浓缩

将分离提取的果胶液浓缩至 3% ~ 4% 以上的浓度。为了避免果胶分解,浓缩温度宜低,时间宜短。最好采用减压真空浓缩,真空度约为 13.33kPa 以上,蒸发温度为 45 ~ 50℃。浓缩后应迅速冷却至室温,以免果胶分解。若有喷雾干燥装置,可不冷却立即进行喷雾干燥取得果胶粉,然后通过 60 目筛筛分后进行包装。

6. 沉淀

在果胶提取液经过脱色、分离或浓缩后,还应进一步沉淀洗涤,以提高纯化果胶的纯度。

①酒精沉淀法:在果胶液中加入 95% 的酒精,使混合液中酒精浓度达到 45 % ~ 50%,果胶即呈絮状沉淀析出,过滤后,再用 60% ~ 80% 的酒精洗涤 1 ~ 3 次。也可以用异丙醇等溶剂代替酒精。此法得到的果胶质量好、纯度高、胶凝能力强,但生产成本较高,溶剂回收也较麻烦。

②盐析法:采用盐析法生产果胶时不必进行浓缩处理。一般使用铝、铁、铜、钙等金属盐,以铝盐沉淀果胶的方法为最多。先将果胶提取液用氨水调整 pH 为 4.0 ~ 5.0,然后加入饱和明矾,再重新用氨水调整 pH 为 4.0 ~ 5.0,果胶即可沉淀析出,若结合加热(70℃)有利于果胶析出。沉淀完全后滤出果胶,用清水洗涤数次,除去明矾。然后以少量的稀盐酸(0.1% ~ 0.3%)溶解果胶沉淀物,再用酒精再沉淀和洗涤。此法可大大节约酒精用量,是国外常用的工艺。

③超滤法:将果胶提取液用超滤膜在一定压力下过滤,使得小分子物质和溶剂滤出,从而使大分子的果胶得以浓缩、提纯。其特点是操作简单,得到的物质纯,但对膜的要求很高。

7. 干燥、粉碎

将湿果胶在 60℃左右温度下进行干燥(最好采用真空干燥)。干燥后的果胶含水量应在 10% 以下,然后将果胶送入球磨机等设备进行粉碎,并通过 60 目筛筛分,即得果胶制品。

8. 标准化处理

必要时进行标准化处理。所谓标准化处理,是为了使果胶应用方便,在果胶粉中加入蔗糖或葡萄糖等均匀混合,使产品的胶凝强度、胶凝时间、温度、pH 一致,使用效果稳定。

二、柑橘皮果胶的提取

1. 工艺流程

原料选择 → 预处理 → 酸解 → 脱色 → 浓缩 → 沉胶 → 干燥与粉碎 → 包装

2. 操作规程

编号	工序名称	操作规程
1	原料处理	提取果胶的柑橘皮需要在100℃沸水中灭酶5~8min,以防止果胶酶对果胶的破坏。灭酶后的柑橘皮用清水浸泡洗涤2~3次,以脱除残留色素和提取色素后残留的乙醇
2	酸解	将漂洗后的柑橘皮放酸解容器中,加10倍干重的清水,用1:1的盐酸调至pH为2,加热并保温在80~90℃,搅拌酸解1.5~2h。酸解完毕后,用抽滤或压滤的方式滤出酸解液。滤饼用热水洗涤2次,洗涤水量不宜过多。合并滤液和洗涤滤液,趁热将其转移到脱色釜中
3	脱色	脱色剂可根据来源的方便选择活性炭、硅藻土、脱色树脂(如732树脂)、木炭等,其脱色效果依次为脱色树脂>活性炭>硅藻土>木炭,价格则刚好相反。将酸解液加热并保温在70~80℃,加入脱色剂,搅拌脱色约30min。脱色剂的用量应视酸解液颜色的深浅而定,一般用量为酸解液质量的1%~5%。脱色后趁热过滤,滤液转移至浓缩釜中。若采用树脂脱色,可用稀碱溶液再生脱色后的树脂重复使用
4	浓缩	最好使用真空浓缩装置浓缩,温度控制在60℃左右,以保证果胶的品质。浓缩到原液体积的15%左右时,将浓缩液放出并迅速冷却
5	沉胶	在缓慢搅拌下,分散加入95%的乙醇使果胶沉淀出来。乙醇的加入量以溶液中乙醇总含量为50%为宜。加入完毕后,停止搅拌,静置6h。用抽滤或压滤方式过滤出粗果胶饼,滤液去蒸馏回收乙醇。将粗果胶饼打散,用95%以上的乙醇洗涤2遍,滤干,乙醇回用
6	干燥与粉碎	将洗涤后的果胶在60℃下真空干燥至含水量低于10%。冷却后粉碎,过80目筛就得到果胶产品

任务2　香精油的提取与分离

　　香精油在各种水果中都可以提取,以柑橘类香精油为最普遍,其中果皮中含量达到1%~2%。香精油具有很高的价值,广泛应用于食品、食用化工及医药等工业方面。迄今为止,世界上已提取出来的香精油在3000种以上,其中有商业价值的为500多种。香精油的提取方法有蒸馏法、浸提法、冷榨法、擦皮法(磨油法)等。目前,国内工业生产上以冷榨法为主。冷榨法也称压榨法,是利用机械加压可使外果皮的油胞破裂,得到香精油和水的混合物,再经油水分离即可得到冷榨香精油。

一、果蔬中的香精油提取方法

1. 蒸馏法

　　香精油具有沸点低,密度轻,可随水蒸气挥发等特点,因此可利用这些特点用蒸馏法提取。果皮提取:先用破碎机将原料粉碎成3~5mm的细粒,即可放入蒸馏法装置内提取香精油。柑橘的花及叶,核果类(杏、桃、梅、李等)的种仁,也可用蒸馏的方法提取香精油。

2. 浸提法

应用有机溶剂可以把香精油浸提出来,最好用沸点低的油醚,所得的香精油品质较好,用酒精较为方便。其方法是:先将原料破碎,花瓣则不需破碎。然后用有机溶剂在密封容器内浸渍,此工序应在较低温度条件下进行,以免浸出的香精油挥发,浸渍的时间一般为 3～12h。然后放出浸提液,同时轻轻压出原料中的浸液,这些浸液可再浸新的原料,如此反复可进行 3 次,最后得到较浓的带有原料色素的酒精浸提液,过滤后可以作为带酒精的香精油保存。如果需要浓缩的香精油,可将带酒精的浸提液进一步用蒸馏装置,以较低的温度将有机溶剂回收,回收的有机溶剂还能提取植物中的蜡质和其他成分。

3. 压榨法

柑橘类果实的香精油主要是以油滴状集中在外果皮的油胞里,可施加压力将油胞压破,挤出香精油来。压榨法的具体做法有以下几种。

①将新鲜的柑橘类果皮以白色皮层朝上,晾晒一天,使果皮水分减少后破碎,然后用水压机压榨,每 100kg(含水分 15%～18%)的干皮可得 300～600g 香精油。

②将柑橘类的外皮即有色层削下,可以榨出占有色皮层重量约 1% 的香精油。

压榨法采用机械操作,即先将新鲜果皮以饱和的石灰水浸泡 6～8h,使果皮变脆硬、油胞易破,以利于压榨。处理后的果皮以压榨进行榨油,此机械具有破碎及压油两种性能,能连续流水作业,压出的香精油用高压水冲下,经过滤后,引入高速离心机分出香精油。此法叫做压榨离心法。

此法提取不需加热,被称为"冷油",品质好、价值高。压榨后的残渣还可用蒸馏法再行取油。

二、芦柑香精油提取与分离

芦柑精油存在于芦柑的外果皮,是制造橘子香精的主要原料,可以广泛用作食品着香剂,也可用于日用化工品中。香精油的提取方法有压榨蒸馏法、冷榨法等,由于香精油具有热不稳定性,若经过 100℃ 以上的温度加热,则其中的有效成分就会被氧化或转化为其他物质,使香气变差。采用冷榨法制取的香精油品质较好,但出油率较低。

1. 工艺流程

原料选择 → 浸灰水 → 漂洗 → 压榨 → 过滤 → 分离 → 静置与抽滤 → 包装

2. 操作规程

编号	工序名称	操 作 规 程
1	原料选择	新鲜无霉烂。选出的鲜果皮置于清洁、干燥通风处摊晾,以防霉烂
2	浸石灰水	将芦柑皮浸于 7%～8% 的石水中(pH12),上面加压筛板,不让果皮上浮,浸泡 10h 以上,使果皮呈黄色、无白芯、脆而不断为宜。为使浸泡均匀,需翻动 2～3 次
3	漂洗	用流动水将果皮漂洗干净后捞起,沥干
4	压榨	将果皮均匀地送入螺旋式榨油机中,加压榨出香精油。操作时,要求排渣均匀畅通,皮渣要呈颗粒状,在加料的同时要打开喷口,喷射喷淋液,用量约与橘皮重量相等,等到喷液量、芦柑皮加料量和分离量三者达到平衡。喷淋液由清水 400～500L,小苏打 1kg 和硫酸钠 2kg 配制而成,调节 pH 为 7～8

编号	工序名称	操 作 规 程
5	过滤	榨出的油水混合液经过滤机或布袋过滤,除去糊状残渣
6	分离	用离心机进行油水分离
7	静置与抽滤	离心分离出的香精油往往带有少量水分和蜡质等杂质,须在 5～10℃的冷库中静置5～7d,让杂质下沉,后用吸管吸出上层澄清精油,并通过滤纸与薄石棉纸滤层的漏斗减压抽滤,即可得到黄色油状液体香精油
8	包装	用干净、干燥的棕色玻璃瓶或陶罐等容器装填并加盖密封,最后用硬脂蜡密封,放于冷库或阴凉处,以防挥发损失和变质

任务 3　有机酸的提取技术

有机酸在食品工业上用途很广,是制作饮料、蜜饯、果酱、糖果等所不可缺少的添加剂。另外,有机酸在医药、化学工业也有广泛的用途。水果提取有机酸就是在柠檬、橙、橘子、苹果、葡萄等含酸量较高的水果中,采用钙盐法或生物发酵法等制得。

一、柠檬酸钙盐法提取工艺

1. 工艺流程

原料选择 → 压榨 → 澄清过滤 → 中和 → 除盐 → 酸解 → 脱色 → 浓缩晶析 → 离心干燥

2. 操作规程

编号	工序名称	操 作 规 程
1	原料选择	选择柠檬、橙、橘子、青梅等柠檬酸含量较高的水果
2	澄清过滤	橘汁、梅汁等原料中含有不少果胶及杂质,需进行澄清,促进杂质沉淀,然后用压滤机压滤
3	中和	把橘汁、梅汁等咸酸水加热至75℃时,逐渐加入碳酸钙乳浆,继续加热2h,初温控制在5℃左右,最后可升高到100℃,至溶液呈青绿色时,即表示已完成中和反应。然后静置沉淀,此沉淀即为果酸钙(以柠檬酸钙为主)
4	除盐	所得柠檬酸钙含有盐分,可用清水洗涤,加热至70～80℃,反复多次,直至盐分除净为止,干燥备用
5	酸解	柠檬酸钙浆液加热至60～70℃,加入浓度为35%的硫酸,沸腾3h左右,待柠檬酸钙分解完成,即静置沉淀,上层清液为柠檬酸溶液
6	脱色	将暗红色的柠檬酸用1%～2%活性炭脱色半小时,则得无色清液
7	浓缩晶析	将无色柠檬酸液进行浓缩,至固形物含量75%时,于结晶缸内静置结晶。4～5d可完成晶析
8	离心干燥	柠檬酸结晶还含有一定水分和杂质,需用离心机除去。然后在75℃下干燥到含水量达1%以下,最后通过过筛、分级、包装即为成品

二、酒石酸发酵法提取工艺

1. 工艺流程

原料选择 → 提取 → 发酵 → 分离 → 中和沉淀 → 烘干 → 溶解 → 脱色 → 精制 → 干燥

2. 操作规程

编号	工序名称	操 作 规 程
1	原料选择	葡萄榨汁后的葡萄皮或葡萄残次果穗
2	提取	加入其质量2.5~3倍、温度为80~85℃的热水,保温浸提4h。再在搅拌下加入硫酸,调节其pH为4~5,保温浸提4h
3	发酵	过滤,收集滤液。滤渣再次用相同方法提取、过滤,收集滤液并与第一次滤液合并。向滤液中加入葡萄糖,按照发酵常规要求调整好糖度,接入酒母进行乙醇发酵,到达终点后蒸馏出酒精,酒糟加1.5~2倍质量的55~60℃温水,搅拌均匀后静置过夜
4	分离	次日离心,收集清液备用。滤渣干燥后用于提取葡萄籽油,提油后的滤饼再提取单宁,最后再磨碎筛分,作为蛋白饲料添加剂
5	中和沉淀	将滤液升温至90~95℃,搅拌下加入过100目筛的碳酸钙或石灰粉末,中和至pH为7时止。然后静置过夜。次日将上层清液泵入另一容器,在充分搅拌下加入定量氯化钙,加完后继续搅拌15~20min,静置4h以上,收集沉淀并与前面的沉淀合并
6	烘干	向沉淀中加入1~2倍冷水,搅拌洗涤10min,放置30min,仔细虹吸出上层清液,一共洗涤3次,用甩干机甩干,然后于80℃下迅速烘干
7	溶解	将烘干的沉淀用2~4倍水分散,加入硫酸,溶解酒石酸,生成硫酸钙。然后静置数小时,离心,收集上清液。沉淀用水洗涤2~3次,同法过滤并收集滤液
8	脱色	合并滤液,用活性炭或脱色树脂脱色
9	精制	经浓缩、冷却析晶、重结晶等工序处理,获得纯白色结晶性粉末
10	干燥	在65℃下烘干获得右旋酒石酸成品

任务4　天然色素的提取与分离

果蔬种类繁多,色彩纷呈,是色素的巨大资源库,从果蔬菜中提取的天然食用色素,不仅安全性较高,部分天然色素还有一定的营养和药理作用,并且色泽更接近天然原料的颜色。具有较高的安全性,有的还具有一定的营养。且天然色素价格昂贵,市场前景广阔,能够促使蔬菜增值,是果蔬深加工的一个发展方向。

一、天然植物色素种类和应用

1. 黄酮类及花青素类色素

黄酮类色素溶解度范围较广,多呈浅黄色,少数为橙黄色,具有抗衰老、防癌、抗癌、抗菌、抗病毒、调节内分泌等多方面功效,还可作血管保护剂,调节冠状、下肢血管的扩张,防止动脉硬化反应法、浓缩法等。果蔬色素生产上主要有以下几种提取方法。

（1）溶剂提取法

该浸提方法常用于水溶性、醇溶性的花青素类、黄酮类脂溶性色素的提取,根据色素性质的差异,选择不同的提取溶剂、再经过滤、减压浓缩、真空干燥得到色素粗品。

①常用溶剂:一般有水、酸碱溶液、有机溶液（如乙醇、丙酮、烷烯烃、苯等）。其中,乙醇是天然食用色素较优提取剂。溶剂提取法常与其他方法结合,可有效提高产品质量和得率,如用高压法提取植物中的天然色素。以提取番茄中的番茄红素为例,将番茄先进行高压处理,然后用有机溶剂提取番茄红素,使得提取效率提高了 4.8 倍。

②常用方法:常用提取方法有索氏提取、热过滤抽提、超声波辅助提取等方法。超声波辅助提取的得率较高,基本等同于索氏提取的得率。工业上多采用多级或连续浸取技术:多级浸取,特别是连续浸取技术在技术原理上比间歇浸取技术有无可比拟的优势。不仅可以同时实现高浓度、高浸取率的效果,而且能耗低,工人劳动强度低,易于实现自动控制。多级浸取叶绿素和类胡萝卜素得率比单罐间歇提取提高 16%,技术优势明显。

溶剂提取法萃取剂便宜,设备简单,操作简单易行,提取率较高,但原料预处理能耗大,产品质量不佳,色泽变化较大,纯度较低,有异味或溶剂残留,影响产品的应用范围。且提取过程溶剂用量大,回收困难。

（2）微波萃取法

对番茄红素等脂溶性色素,有机溶剂不易渗透细胞壁、细胞膜,可采用该法辅助提取,有利于提高萃取效率。采用微波萃取,与传统加热法相比,不仅提高了得率,而且大大缩短了提取时间,减少了能耗。

（3）超临界 CO_2 流体萃取法

超临界 CO_2 萃取技术是以液态 CO_2 为溶剂进行提取的,是一种不同于传统天然食用色素提取的新工艺,其提取率与提取温度、提取压力、CO_2 消耗量等因素有关。适于萃取非挥发性、热敏性、脂溶性色素,如辣椒红素、胡萝卜素、胭脂树橙、叶黄素、番茄红素。

番茄红色素、辣椒红色素等超临界流体萃取技术研究表明,提取率和色价是常规法的数倍,显示出该技术的优势。但是设备投资高和能耗高导致的高成本,限制了该技术的工业应用。

2. 天然色素的精制方法

（1）膜分离法

精制膜分离是指借助膜的选择渗透作用,在外界能量或化学位差的推动下对混合物中溶质和溶剂进行分离、分级、提纯和富集。与其他传统的分离方法相比,膜分离技术具有过程简单、经济性好、无相变、分离系数较大、节能、高效、无二次污染、可在常温下连续操作等优点。2% 壳聚糖膜对萝卜红色素有较好的富集作用,富集程度达 84%。国外已经将超滤膜运用到天然色素的工业化精制。

（2）结晶法

采用结晶和重结晶方法精制天然色素,在结晶过程中由于只有同类物质才能排成晶体,因此这种精制方法有良好的选择性,结晶物纯度高,工艺过程成本低,设备简单。姜黄色素、辣椒红素等的提取都可采用该法。

（3）酶法

酶是具有专一性的高效催化剂,其催化作用常在常温、近中性的条件下进行,这就特别适合耐热性不强的天然色素的精制。该法利用酶的催化作用,使天然色素粗制品中的杂质通过酶反应除去。

（4）吸附解析法

该法根据不同色素的性质选择相应的吸附剂,用吸附解析的方法精制色素。我国用该法精制萝卜红色素,除去了90%以上的糖和果胶杂质。此外,选择适宜的离子交换树脂,也能达到精制的目的。

二、葡萄皮色素的提取技术

葡萄皮色素为天然红色素,pH < 5 时为红色,pH > 5 时为紫色。作为高级酸性食品着色剂,应用于果冻、果酱、果汁饮料等着色。其着色力强,效果好,用量为 0.1% ~ 0.3%。新鲜葡萄皮中红色素含量占4%左右,葡萄皮红色素溶解于甲醇、乙醇水溶液,可用50% ~ 80%的醇溶液提取。

1. 工艺流程

原料选择 → 粉碎 → 回流提取 → 浓缩 → 沉淀 → 精制 → 干燥 → 成品

2. 操作规程

编号	工序名称	操 作 规 程
1	粉碎	葡萄皮用纯净水洗净,80℃ 烘干 8 ~ 12h 后粉碎,过 80 目筛,获得葡萄皮粉末
2	回流提取	向葡萄皮粉末中加入 7 倍质量、pH 为 2 ~ 4 的 60% ~ 80% 乙醇—柠檬酸提取液,于 60 ~ 80℃下回流提取 70min。过滤,收集滤液,滤渣同法再次提取 70min。再次过滤,收集合并滤液用于制备精制葡萄皮红色素
3	浓缩	将过滤液进行真空减压浓缩,浓缩温度为 90 ~ 95℃,真空度 – 0.08 ~ 0.06MPa,获得浓缩液
4	沉淀	在搅拌下缓慢向浓缩液中加入乙酸铅溶液,溶液加入量约为浓缩液体积的 5% ~ 8%,直至无沉淀析出时止。过滤,收集滤渣,用纯净水反复洗涤 3 ~ 5 次,再进行真空抽滤,获得葡萄皮红色素 – 铅沉淀
5	精制	将该沉淀用酸性乙醇溶液溶解,溶液中产生氯化铅白色沉淀,酸性乙醇溶液的配制方法是 100 份无水乙醇中加入 8 份浓盐酸。过滤,收集滤液,用氢氧化钠调节 pH 为 3 ~ 4,进行真空减压浓缩,浓缩条件同前,获得浓缩液
6	干燥	在 80℃下干燥 10 ~ 12h 或进行喷雾干燥,获得葡萄皮红色素产品

任务5　果蔬生物活性物质的提取

果蔬生物活性物质是指果蔬中含有的可以调节人体生理功能、提高免疫力、预防疾病,具有营养保健功能的化合物,如有机硫化合物、类胡萝卜素、类黄酮和多糖等。在我国传统中医学理论中,许多水果蔬菜都是药食同源。近年随着生活水平的不断提高,果蔬中的活性成分所具有的众多生理生化功能引起了人们浓厚的研究兴趣,果蔬保健食品等的研究成为当前食品工业发展的热点之一。

一、果蔬中生物活性物质的种类

1. 功能性低聚糖、功能性单双糖

如低聚果糖、低聚木糖、低聚纤维糖等,存在于洋葱、大蒜、芦笋、香蕉等。

2. 功能性脂类

如 ω-3 多不饱和脂肪酸、ω-6 多不饱和脂肪酸、亚油酸、α-亚麻酸、卵磷脂等,存在于香菇、花生和核桃等。

3. 多糖类

如南瓜多糖、苦瓜多糖、沙棘多糖、大枣多糖、甘薯多糖、无花果多糖等;果胶、粗纤维素、膳食纤维等,存在于南瓜、沙棘、猕猴桃、酸枣、刺梨等。

4. 氨基胺、肽与蛋白质

如牛磺酸、酪蛋白磷肽、降压肽、免疫球蛋白、酶蛋白等,存在于韭菜、木瓜等。

5. 维生素

十字花科蔬菜如大白菜、卷心菜等及其他绿色蔬菜、草莓和柑橘类水果都含有多种维生素。

6. 矿物元素

包括常量元素、微量元素,如铁、铬、硒、钙等,绿叶蔬菜、西红柿、青椒、柑橘、枣、葡萄等果蔬中,都含有丰富的铁质;柚子、韭菜含有丰富的钙质。

7. 其他活性成分

如酚类、萜类化合物、有机硫化物等,山楂、大枣含有丰富的萜类化合物,苹果、葡萄、洋葱、菜花等含量较为丰富。

二、红葡萄白藜芦醇提取工艺

红葡萄中富含一种多羟基芪类化合物——白藜芦醇,其含量约为 $21 \sim 25$ mg / 100g(干葡萄皮)。白藜芦醇属单宁质多酚,具有降血脂、抗血栓、预防动脉硬化、增强免疫能力等重要生理活性,是一种极具开发价值的天然活性物质。

1. 工艺流程

原料选择 → 提取 → 粗浓缩 → 纯化 → 浓缩 → 成品

2. 操作规程

编号	工序名称	操 作 规 程
1	提取	将葡萄皮干燥,粉碎,过40目筛,然后用40倍质量的乙酸乙酯分数次提取,提取温度为 $60 \sim 80$℃,每次提取40min,提取率为0.12%
2	粗浓缩	提取完成后过滤,收集滤液进行真空浓缩,浓缩条件为温度 $90 \sim 95$ ℃、真空度 $-0.08 \sim -0.06$MPa,获得浓缩液
3	纯化	将浓缩液上硅胶柱,然后用80%甲醇洗脱,洗脱液流速为 $1 \sim 2$ 倍硅胶柱体积/h,用量为硅胶柱体积的 $6 \sim 8$ 倍
4	浓缩	收集洗脱液,进行真空浓缩,浓缩条件同乙酸乙酯,获得浓缩液。最后将浓缩液进行精密过滤,收集滤液,即为白藜芦醇浓缩液
5	成品	葡萄皮白藜芦醇收得率54.38%,其中白藜芦醇含量为15.20%

三、橙皮苷的提取工艺

橙皮苷是橙皮中的黄酮类化合物,不仅具有抗氧化作用,还具有防霉抑菌作用,特别适合于作酸性食品的防霉剂,同时还是一种功能成分,具有止咳平喘、降低胆固醇和血管脆性、抗衰老等功效,可用于生产保健食品。橙皮苷具有酚羟基,呈弱酸性,可采用碱提酸沉的方法提取,其提取工艺如下。

柑橘果皮→石灰水浸提 6~12h（ pH 为 11~13）→压榨过滤→收集滤液→用 1∶1 的盐酸调其 pH 为 4.5 左右→加热至 60~70℃,保温 50~60min→冷却静置→收集黄色沉淀物→离心脱水→干燥(70~80℃烘 7h,使含水量≤3%)→粉碎→橙皮苷粗品。

四、山楂黄酮的提取工艺

山楂中的黄酮类化合物具有很好的医疗保健价值。山楂黄酮可抗心肌缺血,能使血管扩张。山楂果渣不仅含有大量的果胶、纤维素等,而且还含有一定量的黄酮类物质,具有很高的利用价值。山楂黄酮的提取工艺如下。

山楂果渣→水浸泡→0.4%~0.6% KOH 溶液 70~90℃下保温浸提(2 次,每次 1h)→过滤→合并滤液→浓缩至 40%~50%→95% 乙醇沉淀去杂质(去淀粉、果胶、蛋白质等)→离心分离→收集滤液→蒸馏→过滤→乙酸乙酯提取→黄酮类浓缩液(同时回收溶剂)→真空干燥→粉碎→黄酮类粗品。

复习与思考

1. 简述果蔬深加工的目的和基本途径。
2. 果胶提取方法有哪些?
3. 简述香精油提取的一般工艺流程及操作规程?
4. 果蔬资源中有哪些生物活性成分,举例说明活性成分的提取方法。

附录　果蔬采后的主要病害简表

病害名称	病原菌	最低发病温度	表现症状
1. 仁果类　苹果 Malus pumila Mill. ,梨 Prvrus communis L			
霉心病	Alternaria alternata (Fr.) Keissler	-3℃	病状变化较大,病部产生深灰色的霉,果心空窝,果肉腐烂变黑
褐腐病	Monilinia fructigena (Aderh. EtRuhl.) Honey	-2℃	侵染初期果实表面呈浅褐色小环斑,随侵染的扩展病部出现白霉,呈同心轮纹状,上面有灰褐色孢子
灰霉病	Botrytis cinerea Pers. ex. Fr	-2℃	果蒂部发病较多,病斑软化变褐扩展到整个果实,病部产生灰褐色孢子和黑色的菌核
青霉病	Penicillium expansum (LK) Thom	-2℃	开始呈水浸状褐色斑块,在20~25℃时病斑迅速扩大,与健康果肉之间有明显的边,病部产生蓝绿色孢子,接触传染快
黑腐病	Sphaeropsis malorum PK	2℃	果实表面呈小褐斑,凹陷,症状变化大,腐果有时变硬,呈深褐色,病部有黑色病原物
白腐病	Dothiorella gregaria Sacc.	2℃	果实表面呈小褐斑,凹陷,果肉软化,果实出现漂白或烫熟状,腐烂部位流水
炭疽病	Colletotrichurm gloeosporioides (Penz.) Arx.	3℃	开始为浅褐色小斑点,然后凹陷色变深,病部产生暗色呈环状形的物质,湿度大时,表皮破裂,有苦味
2. 核果　杏 Prunus armeniaca L. ,樱桃 P. avium L. ,桃和油桃 P. persica (L.) Batsch. ,李 P. salicina Lindl. 和 P. domestica L			
褐腐病	Monilia spp. (M. laxa;M. ructicola; M. Fructigena)	-2℃	侵染组织开始呈水侵状小斑,迅速发展变褐,破裂,表面产生大量灰色孢子,呈环形状分布
软腐病	Rhizopus spp. (R. oryzae;R. stolonifer)	2℃	侵染组织呈褐色环形水侵状,表皮易剥离,覆盖大量白色粗菌丝,上面有肉眼能见的黑色孢子头,病组织软化,有酒或酸味
青霉病	Penicillium expansum (LK) Thom	-2℃	病状呈圆形,软化,浅褐色,白霉层上有蓝绿色孢子,病菌在桃、杏果上产生的孢子密厚,李和樱桃上的孢子在病部呈环形状,病果有霉味

续表

病害名称	病原菌	最低发病温度	表现症状
黑霉病	Alternaria Alternata (Fr.) Keissler	-3℃	病斑可以出现在果实任何部位,病组织的表面有一层橄榄绿孢子的覆盖物。桃、杏、李上的病斑较硬,下陷。甜樱桃的褐色病斑上有大量的白色菌丝
疮痂病	Cladosporium herbarum (Pers.) Lind	-5℃	侵染与伤口有关,病组织开始有一层白霉,随后产生大黑绿色孢子。病斑表面不大,但向果核内扩展
炭疽病	Colletotrichum gloeosporioides (Penz.) Arx.	3℃	果面出现褐色同心圆形病斑,销凹陷皱褶,果实软腐,病部有橙色粘质粒
灰霉病	Botrytis cinerea Pers.	-3℃	侵染组织呈浅褐色环斑,果肉软化,上面产生灰褐色孢子

3. 葡萄 Vitis vinifera L.

病害名称	病原菌	最低发病温度	表现症状
灰霉病	Botrytis cinerea Pers. ex Fr	-2℃	发病前期果皮光滑,后期果粒松动易脱,表皮褐变,病部产生灰褐色孢子。在潮湿度空气中有利于菌丝生长
青霉病	Penicillium spp.	-2℃	病菌侵染果梗和果面,白色菌丝上产生绿蓝色孢子,组织软化,流水,有霉味
曲霉病	Aspergillus nigerv. Tieghern	-1℃	被侵染的组织发白,呈水浸状,腐烂处产生黑色的孢子,孢子头肉眼可见,孢子成熟时易脱落,腐烂果有酸味
黑斑病	Cladosporium herbarum LK. ex Fr.	-5℃	病菌采前侵染,可直接入侵果实,果皮漂白,出现环形黑斑,病部有大量橄榄绿色孢子产生,多湿季节发病严重
毛霉病	Mucor spp. (M. racemosus Fres.;M. mucedo L. Fres.; M. hiemalis Webmer)	0℃	病斑圆形或不规则,水浸状,病组织软化,表面生白色或灰白色绵毛,上有灰黑色霉点,腐果破裂后溢汁

4. 柑橘 S 甜橙 Citrus sinensis L. Osbeck,橘子 C. Reticulata Blanco,柠檬 C. Limon L. Burman

病害名称	病原菌	最低发病温度	表现症状
青霉病	Penicillium italicum Wehm	0℃	侵染组织软化,呈水渍状,白色菌丝上长满青色孢子,边缘清楚,较整齐,发病较慢,有霉气味
绿霉病	Penicillium digitatun Sacc.	3℃	侵染组织软化,呈水渍状,绿色孢子外有较宽的白色菌丝带,边缘不明显,发病较快
褐腐病疫病	Phytophthora citrophtgora (Sm. And Curt.) leon	3℃	开始的症状为灰褐色病斑,随病斑扩展革质变硬,腐果有刺激气味

病害名称	病原菌	最低发病温度	表现症状
蒂腐病	Phomopsis Citri Fawcett	2℃	果实蒂部周围组织经微软化,侵染的果皮变褐,下面的组织变黑
酸腐病	Ceotrichum candidum LK. ex Pers.	2℃	症状开始为水浸状斑,组织软化,但不变色,病斑表面有粘性灰白色孢子。组织破裂,溢出酸味水状物
黑腐病	Alternaria citre Ell. And Pierce.	-2℃	病斑在果蒂部呈圆形,褐色,病组织变黑,表现为黑腐,黑心,在橘子上表现为褐斑
焦腐病	Botrydiplodia theobromae Pat.	2℃	果蒂周围出现水侵状病斑,病部果皮暗褐色,果凡腐烂,变黑,味苦

5. 猕猴桃　Actinidia deliciosa Chevalier Liang&Ferguson

病害名称	病原菌	最低发病温度	表现症状
灰霉病	Botrytis cinerea Pers. ex Fr.	-2℃	病菌从伤口和果蒂部侵入,侵染的组织软化,发暗,呈水浸状,萼部有白霉和灰褐色孢子
蒂腐病	Phomopsis spp.	-1℃	病菌从果蒂侵入,随果实成熟逐步扩展,病部有白霉和分泌物,烂果有酸味和酒味
青霉病	Penicillium expansum(Lk)Thom	0℃	病菌从伤口入侵,病部有大量青绿色孢子产生,成熟的果实容易感病

6. 香蕉　Musa paradisiacal L. var. sapiemtum

病害名称	病原菌	最低发病温度	表现症状
炭疽病	Colletotrechum musae (Berk. and Curt.) Arx	7℃	绿色果实上病斑由暗褐色变成黑色,外部有一道浅色边,呈晶体状,微凹陷,直径有几厘米。成熟果实上症状开始为大量的小黑圆点,随后扩大成片,凹陷,病部有橙红色孢子
蕉腐病	Botrydiplodia theobromae Pat.	8℃	病菌从香蕉的冠口侵入,上面有白灰色菌丝,侵染组织变黑,腐烂向下蔓延,病害严重时诱导香蕉成熟
黑心病	Phoma musae (Berl Er Vogl) Sutton	5℃	病部出现许多突出的小黑点,周缘呈暗褐色小斑,果指变黑,果皮开裂,果肉干腐
红玉斑点	Magnaporthe grisea (Hebert) Barr	5℃	成熟的绿果表面出现小的红色凹陷斑点,在运输和后熟过程中,变成直径0.5cm的浅黑色斑点,并向全果扩展

7. 荔枝　Litchi chinensis Sonn

病害名称	病原菌	最低发病温度	表现症状
霜疫霉病	Peronophythoru litchi Chen ex. koat al	2℃	果蒂出现不规则、无明显边缘的褐色病斑,潮湿时长出白色霉层,病斑扩展迅速,全果变褐,果肉发酸成浆,溢出褐水
炭疽病	Colletotrichum gloeosprioides Penz.	2℃	开始在果端部出现褐色圆形病斑,直径为2~5mm,逐渐扩展全果,病部组织上面有红色粘质小粒,果肉腐败变味
酸腐病	Geotrichum candidum LK. ex Pers	4℃	发病初期是果实的蒂部变褐,逐渐扩大至全果,果皮硬化,果肉腐烂酸臭,溢出酸水,上生白霉

病害名称	病原菌	最低发病温度	表现症状
8. 芒果　Mangifer indica L.			
炭疽病	Colletotrichum gloeosprioides Penz.	9℃	病菌侵染始于花期,幼果易感病,病斑黑色,形状不一,稍凹陷,病部果肉坏死,潮湿时产生橙红色粘质粒,病害发展迅速,全果变黑烂掉
蒂腐病	Phomopsis cytosporella Penz. et Sacc.	8℃	发病初期蒂部出现褐色病斑,水浸状,不规则,病斑迅速扩展至全果,变成暗褐色,果肉软腐
蕉腐病	Botrydiplodia theobromae Pat.	9℃	病害常发生在蒂部,病斑由褐变黑色,边缘清楚,病组织软化,上面有一些黑色小点物
轮纹病	Dothiorella dominicana Pet et Cif	8℃	病斑圆形,褐色,直径 10～30mm,具明显的环状轮纹,病组织深褐色,软化腐烂,上有许多小黑点
9. 西瓜　Citrullus lanatus Thunb. Matsum. & Nakai var. lanatus 和甜瓜			
炭疽病	Colletotrichum orbiculare（Berk. et Mont.）v. Arx	5℃	病害初期为暗绿色、水渍状小斑点,后呈圆形暗褐色斑块,凹陷处裂开,潮湿时病斑上产生橙红色粘质小粒
蕉腐病	Botrydiplodia theobromae Pat	9℃	病部变褐微皱,边缘不清晰,皮下果肉发黑,迅速腐烂,后期病部产生许多黑色小粒
黑斑病	Alternaria alternata（Fr.）Keissler	0℃	病部呈褐色圆斑,稍凹陷,外有淡褐色晕环,逐渐扩大变黑,病斑上有黑褐色霉状物,果肉变黑,坏死,海绵状
软腐病	Rhizopus spp.	5℃	多从伤口发病,病斑圆形,水浸状,有时龟裂,布满灰白色绵毛状物,上有小黑点,病部流水,迅速腐烂
10. 大白菜　Brassica oleracea var. capitata L. 和花椰菜 Brassica oleracea var. botrytis L.			
灰霉病	Botrytis cinerea Pers. ex Fr	-4℃	在外部叶片上产生病斑,呈褐色软腐状,上有灰色霉层,迅速扩展,导致整球腐烂
细菌软腐病	Erwinia carotovora subsp. carotovara（Jones）Bergey et al.	9℃	主要危害叶柄和菜心,初期呈浸润半透明状,病部扩展后为明显的水渍状,表皮下陷,有污白色溢脓,组织软化,有恶臭
水状软腐病	Sclerotinia sclerotiorum（Lib.）de Bary	0℃	开始为粉褐色水浸斑,迅速扩大,破裂,有液溢出,产生白色菌丝,上形成直径为 2～10mm 的黑色子实体
11. 番茄　Lycopersicon esculentum Mill. 和甜椒 Capsicum annuum L.			
黑斑病	Alternaria alternata（Fr.）Keissler	0℃	病斑发生在近蒂部,组织变硬变干,由褐色变黑色,产生灰黑色霉,上有深橄榄绿色孢子,病向果内扩展
炭疽病	Colletotrichum spp.	2℃	病害发生在成熟果上,开始呈环形水浸状淡褐色斑点,变黑,凹陷,上有橙红色黏质粒,病斑中央有小的黑色子实体,果实迅速腐烂

病害名称	病原菌	最低发病温度	表现症状
灰霉病	Botrytis cinerea Pers. ex Fr.	-4℃	病果呈水浸状,灰白色,软腐,果皮开裂,汁液溢出,上面有灰色孢子

12. 胡萝卜 Daucus carota L. 和萝卜 Raphanus sativus L.

病害名称	病原菌	最低发病温度	表现症状
黑腐病	Alternaria spp.	-2℃	病斑黑色,稍下陷,上有黑色霉状物,病害向内扩展,烂肉发黑
菌核病	Sclerotinia sclerotiorum (Lib.) de Bary	0℃	被侵染的组织软化,产生大量白色絮状菌丝,上有黑色颗粒状菌核

13. 洋葱 Allium cepa L.,大蒜和蒜薹 Allium sativum L.

病害名称	病原菌	最低发病温度	表现症状
灰霉病	Botrytis allii Munn.	-4℃	初期呈现黄色水浸状病斑,上面产生灰色孢子,蒜薹软化,断条,腐烂
青霉病	Penicillium hisutum	-2℃	被害处出现淡黄色病斑,潮湿时上面长出青蓝色霉状物,严重时病菌入侵蒜瓣内,组织发黄、松软,干黄

参 考 文 献

[1] 罗云波,蔡同一主编. 园艺产品贮藏加工学(贮藏篇). 北京:中国农业大学出版社,2001

[2] 刘兴华,陈维信主编. 果品蔬菜贮藏运销学. 北京:中国农业出版社,2002

[3] 陈月英主编. 果蔬贮藏技术. 北京:化学工业出版社,2008

[4] 赵晨霞主编. 果蔬贮运与加工. 北京:中国农业出版社,2002

[5] 潘静娴主编. 园艺产品贮藏加工学. 北京:中国农业大学出版社,2006

[6] 单杨主编. 柑橘加工概论. 北京:中国农业出版社, 2004

[7] 陈忠辉主编. 植物及植物生理学. 北京:中国农业出版社,2003

[8] 沈建忠主编. 植物及植物生理. 北京:中国农业大学出版社,2009

[9] 陆定志,傅家瑞等编著. 植物衰老及其调控. 北京:中国农业出版社,2001

[10] 曹建康,姜微波等编著. 果蔬采后生理生化实验指导. 北京:中国轻工业出版社,2007

[11] 秦文,吴卫国,翟爱华主编. 农产品贮藏加工学. 北京:中国计量出版社,2007

[12] 胡小松主编. 我国果蔬贮藏与加工发展专题报告. 食品与机械,2007

[13] 王三根等编著. 植物生理生化. 北京:中国农业出版社,2001

[14] 李富军等编著. 果蔬采后生理与衰老控制. 北京:中国环境科学出版社,2004

[15] 邵长富,赵晋福主编. 软饮料工艺学. 北京:中国轻工业出版社,1987

[16] 胡小松,李积红,崔雨林编著. 现代果蔬汁加工工艺学. 北京:中国轻工业出版社,1995

[17] 倪元颖,张欣,葛毅强编著. 温带、亚热带果蔬汁原料及饮料制造. 北京:中国轻工业出版社,1999

[18] 朱蓓薇主编. 饮料生产工艺与设备选用手册. 北京:化学工业出版社. 2003

[19] 仇农学主编. 现代果汁加工技术与设备. 北京:化学工业出版社. 2006

[20] 赵亚利,阮美娟主编. 饮料制作工. 北京:中国轻工业出版社,2010

[21] 李光强. 浅析饮料无菌冷灌装技术. 中国高新技术企业. 2008,(19)

[22] 蓝渊. 五大要点突显无菌冷灌装优势. 中国食品工业. 2005,(5)

[23] 龙焱主编. 果蔬糖渍加工. 北京:中国轻工业出版社,2001

[24] 张存莉主编. 蔬菜贮藏与加工技术. 北京:中国轻工业出版社,2008

[25] 杨金英,王剑平. 低糖果脯加工技术及其设备应用现状. 粮油加工与食品机械. 2003,(8)

[26] 李祥主编. 特色酱腌菜加工工艺与技术. 北京:化学工业出版社,2009

[27] 罗云波,蔡同一主编. 园艺产品贮藏加工学(加工篇). 北京:中国农业大学出版社,2001

［28］赵丽芹主编．果蔬加工工艺学．北京：中国轻工业出版社,2002

［29］叶兴乾主编．果品蔬菜加工工艺学．北京：中国农业出版社,2002

［30］宋纪蓉等编著．果品生物加工技术与资源循环经济．北京：科学出版社,2006

［31］邓伯勋主编．园艺产品贮藏运销学．北京：中国农业出版社,2002

［32］杜玉宽,杨德兴主编．水果蔬菜花卉气调贮藏及采后技术．北京：中国农业大学出版社,2000